计算机系列教材

徐效美 主编
巩艳华 薛梅 高文卿 董刚 苏庆堂 副主编

Access 2016 数据库应用案例教程

清华大学出版社
北京

内 容 简 介

本书由浅入深、由简到繁，循序渐进地介绍了 Access 2016 数据库的基本操作和基本知识，主要内容包括数据库系统的基础知识，Access 2016 数据库及其表、查询、窗体、报表、宏、VBA 与模块等相关知识。最后一章综合全书所讲内容，系统、完整地创建了图书信息管理系统，使读者熟悉数据库应用系统开发和设计的基本流程。本书还配有辅助教材《Access 2016 数据库应用实验教程》。

本书内容丰富，结构清晰，语言精练，突出应用性和实用性。部分章节围绕实例操作展开，通过对实例操作的讲解介绍相关知识，便于教学与读者自学。

本书可作为高等院校、职业院校和各类社会培训学校的教材，也可作为 Access 数据库开发人员的参考用书。

图书在版编目(CIP)数据

Access 2016 数据库应用案例教程/徐效美主编. —北京：清华大学出版社，2018(2023.12 重印)
(计算机系列教材)
ISBN 978-7-302-51710-8

Ⅰ. ①A… Ⅱ. ①徐… Ⅲ. ①关系数据库系统—教材 Ⅳ. ①TP311.138

中国版本图书馆 CIP 数据核字(2018)第 266959 号

责任编辑：白立军 杨 枫
封面设计：常雪影
责任校对：梁 毅
责任印制：沈 露

出版发行：清华大学出版社
网 址：https://www.tup.com.cn，https://www.wqxuetang.com
地 址：北京清华大学学研大厦 A 座 **邮 编**：100084
社 总 机：010-83470000 **邮 购**：010-62786544
投稿与读者服务：010-62776969，c-service@tup.tsinghua.edu.cn
质量反馈：010-62772015，zhiliang@tup.tsinghua.edu.cn
课件下载：https://www.tup.com.cn，010-83470236
印 装 者：三河市龙大印装有限公司
经 销：全国新华书店
开 本：185mm×260mm **印 张**：19 **字 数**：451 千字
版 次：2018 年 12 月第 1 版 **印 次**：2023 年 12 月第 7 次印刷
定 价：49.00 元

产品编号：079637-01

前　言

大数据时代，从我们的衣食住行到企事业的政策方案制定，无不应用着数据库技术，数据库科学已是我们身边的科学。数据库应用技术是以面向应用培养的大学生要掌握的一门技术。

Access 是 Microsoft 公司 Office 办公套件中一个重要的组成部分，是世界上最流行的桌面数据库管理系统之一。它提供了大量的工具和向导，即使没有任何编程经验，也可以通过可视化的操作完成大部分数据库管理和开发工作。Access 功能完备，简单易学，适应性强，因此，不仅成为初学者的首选，还被越来越广泛地应用于各类信息管理软件开发之中。

本书内容由浅入深，语言通俗易懂，图文并茂，实用性强。读者可以边学习、边实践，轻松掌握 Access 数据库技术及开发应用系统的方法。本书以一个数据库应用系统为主线，以实例引导和驱动，力求避免术语的枯燥详解和操作的简单罗列，使读者通过实例快速掌握 Access 数据库的基本功能和操作方法，学以致用地完成小型实用的数据库应用系统的开发。

全书以数据库应用系统“学生信息管理”为主线，通过操作实例详细介绍 Access 2016 的 6 个数据库对象——表、查询、窗体、报表、宏和模块的基础知识和基本操作，VBA 编程及使用 Access 开发数据库应用系统的完整过程。

全书共分为 8 章，包括 Access 数据库基础知识、表、查询、窗体、报表、宏、VBA 与模块、数据库系统实例，并有配套的《Access 2016 数据库应用实验教程》辅助教材。

本书由徐效美担任主编，巩艳华、薛梅、高文卿、董刚、苏庆堂担任副主编。

在本书的编写过程中，得到许多专家和同行的精心指点和热情帮助，在此一并表示衷心感谢！

尽管编者为本书的编写付出了很大的努力，并希望能成为一部精品，但由于水平有限，书中疏漏之处在所难免，恳请同行及读者批评指正。我们的邮箱是 xiaomei_yt@163.com。

本书对应的课件、数据库文件和习题答案可以到清华大学出版社官网 http://www.tup.com.cn 下载。

编　者

2018 年 7 月

目　　录

第 1 章 Access 数据库基础知识

本章导读

当今时代，信息、人才、资源已经成为各领域竞争的主要内容。随着信息快速、广泛地传播，信息的处理加工尤为重要，信息存储是一个热门话题，也是信息系统的核心和基础，因此，数据库技术得到越来越广泛的应用。数据库是计算机最重要的技术之一，是计算机软件的一个独立分支，数据库也是建立管理信息系统的核心技术，当数据库与网络通信技术、多媒体技术结合在一起时，计算机应用将无所不在、无所不能。

本章主要介绍数据库系统的基本概念，包括数据管理的发展过程、数据库的体系结构、数据库系统的组成、数据模型、数据库设计基础等。通过本章的学习，读者能够对数据库技术有一个总体上的宏观把握，为后续章节的学习打下坚实的基础。

1.1 数据库系统概述

数据库技术产生于 20 世纪 60 年代末、70 年代初，它的出现使计算机应用进入了一个新的时期，并使社会的每一个领域都与计算机应用发生了联系，使人类对数据的处理进入了一个崭新的时代。数据库能够把大量的数据按照一定的结构保存下来，开辟了数据处理的新纪元。数据处理的基本问题是数据的组织、存储、检索、维护以及加工利用。这些正是数据库所要解决的问题。

在学习 Access 之前，我们先了解一下什么是“数据”“数据库”和“数据库管理系统”。

1.1.1 数据、数据库和数据库管理系统

1. 信息与数据

信息与数据是两个密切相关的概念，信息是各种数据所包含的意义，数据则是承载信息的物理符号。例如，某个人的年龄、某个考生的考试成绩、某年度的国民生产总值等，都是信息。如果将这些信息用文字或其他符号记录下来，那么，这些文字或符号就是数据。同一数据在不同的场合具有不同的意义。例如，66 这个数字，既可以表示一个人的年龄，也可以表示水的温度，或者表示某个考生某科目的考试成绩。在许多场合下，对信息和数据的概念并不作严格的区分，可互换使用。例如，通常所说的“信息处理”和“数据处理”，这两个概念的意义是相同的。

信息是对现实世界事物存在方式或运动状态的反映。它已成为人类社会活动的一种重要资源，与能源、物质并称为人类社会活动的三大要素。一般来说，信息是一种被加工成特定形式的数据，这种数据形式对接收者来说是有意义的，而且对当前和将来的决策具

有明显的或实际的价值。

数据是将现实世界中的各种信息记录下来、可以识别的符号。它是信息的载体，是信息的具体表现形式。在计算机内部，所有的数据均采用0和1进行编码。在数据库技术中，数据的含义很广泛，除了数字之外，文字、图形、图像、声音和视频等也视为数据，它们分别表示不同类型的信息。在此，定义数据为描述事物的符号记录。

例如，在学校的学生档案中，可以记录学生的姓名、性别、出生日期、所在院系、电话号码和入学时间等。按这个次序排列组合成如下所示的一条记录就是数据。

(王小帅，男，1996-11-10，外国语学院，13220937878，2015-09-01)

另外，同一种信息可以用多种不同的数据形式进行表达，而信息的意义不随数据的表现形式的改变而改变。例如，要表示某只股票每天的收盘价格，既可以通过绘制曲线图表示，也可以通过绘制柱状图表示，还可以通过表格表示，而无论使用何种方式来表示，丝毫不会改变信息的含义。

2. 数据库

对于数据库(DataBase)的概念，这里举一个例子来说明。每个人都有很多亲戚和朋友，为了保持与他们的联系，我们常常将他们的姓名、地址、电话等信息都记录到笔记本的通讯录中。这个“通讯录”就是一个最简单的“数据库”，每个人的姓名、地址、电话等信息就是这个数据库中的“数据”。可以在笔记本这个“数据库”中添加新朋友的个人信息，也可以由于某个朋友的电话变动而修改他的电话号码这个“数据”。

实际上，“数据库”就是为了实现一定的目的，按某种规则组织起来的“数据”的“集合”。

数据库，从字面上理解，即存储数据的仓库。但是，它与人们直观意义上的仓库有着本质的区别。首先，它存在于计算机上；其次，它看不见摸不着，我们对它的认识只能是理性的，与现实生活中仓库的直观性有着本质的区别。严格地讲，数据库是储存于计算机内的大量数据的集合。而衡量一个数据库的标准，就是它的冗余度的大小、数据的组织方式、数据的存储方法、数据的共享性、独立性的强弱、数据库可拓展性的大小等。

3. 数据库管理系统

图书管理员在查找一本书时，首先要通过目录检索找到那本书的分类号和书号，然后在书库找到那一类书的书架，并在那个书架上按照书号的大小次序查找，这样很快就能找到所需要的书。数据库里的数据像图书馆里的图书一样，也需要让人能够很方便地找到。如果所有的书都不按规则，胡乱堆在各个书架上，那么借书的人根本就没有办法找到他们想要的书。同样的道理，如果把很多数据胡乱地堆放在一起，让人无法查找，这种数据集合也不能称为“数据库”。

数据库管理系统(DataBase Management System)就是从图书馆的管理方法改进而来的。人们将越来越多的资料存入计算机中，并通过一些编制好的计算机程序对这些资料进行管理，这些程序后来就被称为“数据库管理系统”，就像图书馆的管理员一样，它们可以管理输入到计算机中的大量数据，下面将要学习的 Access 就是一种数据库管理系统。

为了实现数据的科学组织与存储，以及高效地获取和维护数据，需要使用数据库管理系统。所谓的数据库管理系统，是一个多级系统结构，需要一组软件提供相应的工具进行数据的管理和控制，以达到保证数据的安全性和一致性的基本要求。这组软件就是数据库管理系统，它具有数据组织定义、数据操作与查询优化、数据控制及数据维护、数据管理以及提供各种接口等功能。

1.1.2 数据库系统

数据库系统(DataBase System)是指在计算机系统中引入数据库后的系统，一般由数据库、数据库管理系统、数据库应用系统、相关人员等组成，如图 1.1 所示。数据库系统的相关人员包括数据库管理员、应用程序员和终端用户等。

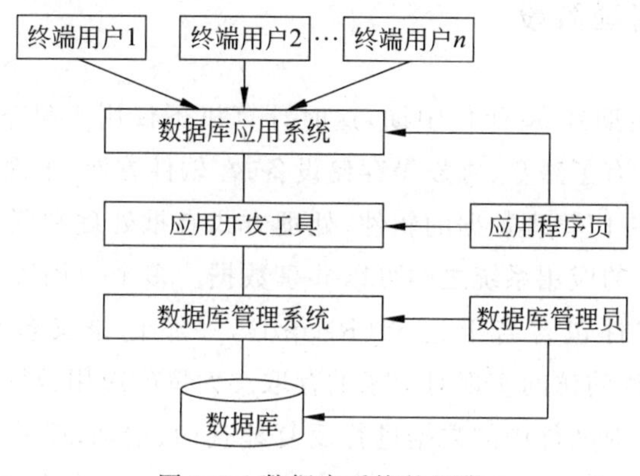

图 1.1 数据库系统的组成

在不引起混淆或歧义的情况下，数据库系统经常被简称为数据库。

1.2 数据库管理技术的发展

数据库管理是对数据进行分类、组织、编码、存储、检索和维护，是数据处理的核心。其中，数据处理是指对各种数据进行收集、加工、存储和传播。随着科技的发展和计算机软硬件的发展，数据库管理技术主要经历了人工管理、文件系统管理、数据库系统管理 3 个阶段。

1.2.1 人工管理阶段

20 世纪 50 年代中期以前，当时计算机主要用于科学计算，没有大容量的存储设备，外存只有纸带、卡片、磁带。没有操作系统，没有管理数据软件，处理方式只能是批处理。数据没有共享，数据是面向程序的，一组数据只能对应一个程序，不同程序不能直接交换数据。多个应用程序涉及某些相同的数据时，也必须由程序员各自定义，数据不具有独立性，数据的逻辑结构或物理结构发生变化后，必须对应用程序做相应的修改。

人工管理数据具有以下特点：数据不保存；应用程序管理数据；数据不共享；数据不具有独立性。

人工管理阶段应用程序与数据之间的对应关系如图 1.2 所示。

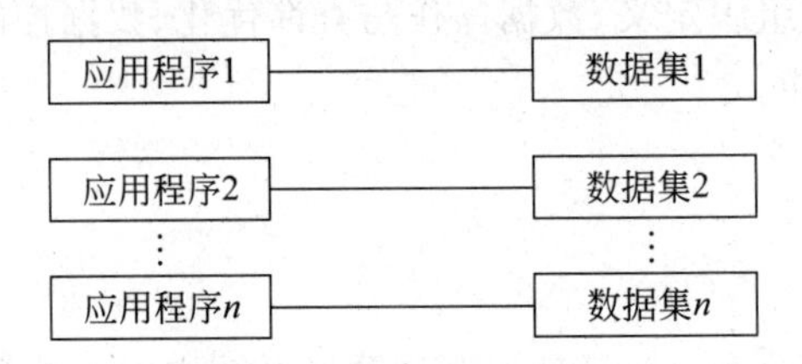

图 1.2　人工管理阶段应用程序与数据之间的对应关系

1.2.2　文件系统管理阶段

20 世纪 50 年代后期到 60 年代中期，这时计算机不仅用于科学计算，还大量用于信息处理。在硬件方面，有了磁盘、磁鼓等存储设备；在软件方面，出现了高级语言和操作系统。操作系统中有了专门管理数据的软件，处理方式有批处理和联机处理。一个应用程序对应一组文件，不同的应用系统之间可以共享数据。多个应用程序可以设计成共享一组文件。一个数据文件包含若干记录（Record），一个记录又包含若干数据项（Data Item），用户通过对文件的访问实现对记录的存取。大量的应用数据以记录为单位长期保留在数据文件中，可以对文件中的数据进行反复地查询、增加、删除和修改等操作。程序与数据之间有一定独立性。通常称支持这种数据管理方式的软件为文件管理系统，它一直是操作系统的重要组成部分。

文件系统管理数据具有如下特点：数据可以长期保存；数据由文件系统管理；数据具有一定的共享性，但是共享性差，数据冗余度大；数据独立性差；一旦数据的逻辑结构改变，必须修改应用程序，修改文件结构的定义。因此，文件系统仍然是一个不具有弹性的无结构的数据集合，即文件之间是孤立的，不能反映现实世界事物之间的内在联系。

文件系统管理阶段应用程序与数据之间的对应关系如图 1.3 所示。

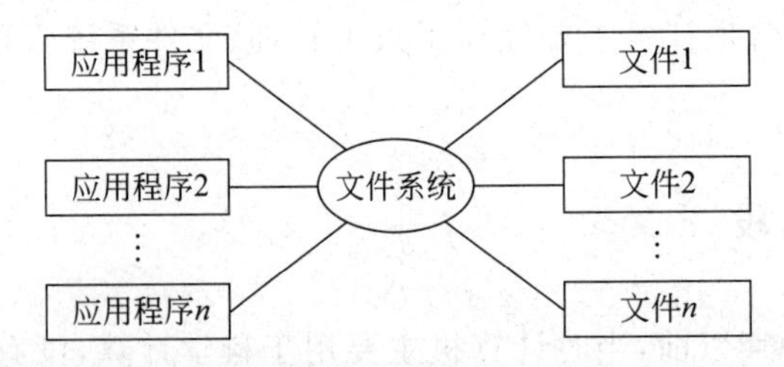

图 1.3　文件系统管理阶段应用程序与数据之间的对应关系

1.2.3 数据库系统管理阶段

20世纪60年代后期至今，计算机已应用到人类生活的各个领域。计算机系统有了进一步发展，外存储器有大容量磁盘，存取数据速度明显提高，数据库技术日趋成熟，出现了许多数据库管理系统，如微机上流行的dBase，大中小型计算机上使用的Oracle数据库管理系统等。数据库系统克服了文件系统的缺陷，提供了对数据更高级、更有效的管理。概括起来，数据库系统管理阶段的数据管理具有如下主要特点：

(1) 采用数据模型表示复杂的数据结构，这是数据库与文件系统的根本区别。数据模型不仅描述数据本身的特征，还描述数据之间的联系。数据不再面向特定的某个或多个应用，而是面向整个应用系统。

(2) 数据冗余明显减少，实现了数据共享。

(3) 有较高的数据独立性。数据的逻辑结构与物理结构之间的差别可以很大，用户以简单的逻辑结构操作数据，而不需要考虑数据的物理结构。

(4) 提供了方便的用户接口。

(5) 数据由数据库管理软件统一管理和控制。

(6) 增强了系统的灵活性。对数据的操作可以以记录为单位，也可以以数据项为单位。

数据库系统管理阶段应用程序与数据之间的关系如图1.4所示。

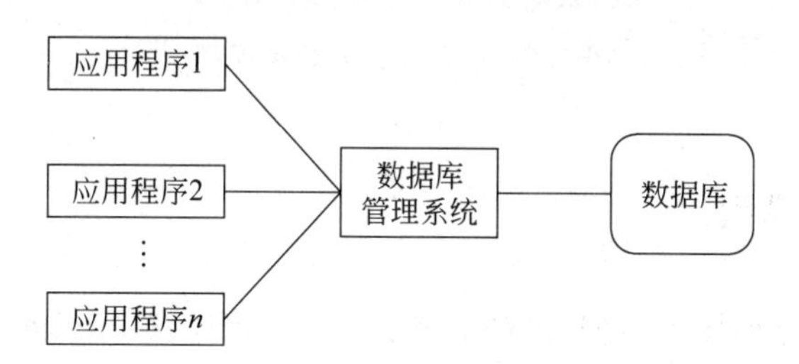

图1.4 数据库系统管理阶段应用程序与数据之间的关系

1.3 数据模型

数据库系统建立在数据模型的基础上，数据模型是对现实世界特征的模拟和抽象。

由于计算机不能直接处理现实世界的具体事物，所以人们必须事先把具体事物转换成计算机能够处理的数据。在人们从客观事物中获取计算机数据的过程中，需要用某种方法描述对象之间的关系，通常将这种描述对象之间关系的方法称为模型。

1.3.1 数据模型的分类

模型是对现实世界的抽象。在数据库技术中，人们通过数据模型来描述数据库的结构和语义，通过现实世界→信息世界→机器世界的抽象转化过程构建数据库系统，并根据数据模型所定义的规范来管理和使用数据库中的应用数据。

1. 现实世界、信息世界和机器世界

(1) 现实世界。现实世界是人们通常所指的客观世界，事物及其联系就处在这个世界中，一个实际存在并且可以识别的事物称为个体。个体可以是一个具体的事物，比如一台计算机、一栋楼，也可以是一个抽象的概念，如某人的爱好与性格。

(2) 信息世界。信息世界是现实世界在人们头脑中的反映，是人们对客观事物及其联系的抽象描述和概念化。通常，信息世界也称为概念世界。

(3) 机器世界。机器世界是数据化的信息世界，又称为数据世界。

2. 抽象过程和数据模型

数据模型的种类很多，目前被广泛使用的数据模型可分为两类：一类是概念数据模型，用于信息世界建模，就是将现实世界的问题用概念模型来表示；另一类是逻辑数据模型，用于机器世界建模，就是将概念模型转换为数据库管理系统所支持的数据模型，如图 1.5 所示。

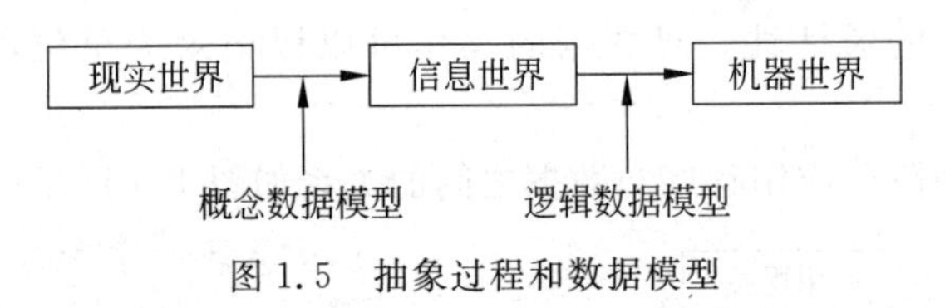

图 1.5 抽象过程和数据模型

1.3.2 概念数据模型

概念数据模型，简称概念模型，是独立于计算机系统的数据模型，它完全不涉及信息在计算机中的表示，只是用来描述某个特定组织所关心的信息结构。概念模型是按用户的观点对数据建模，与具体的数据库管理系统无关。

1. 基本概念

(1) 实体(entity)。客观存在并可相互区别的事物称之为实体。实体可以是具体的人、事、物，也可以是抽象的概念或联系，如一个学生、一场比赛等。同类型实体的集合是实体集。例如，全体学生就是一个实体集。

(2) 属性(attribute)。实体所具有的某一特性称为属性。一个实体可以由若干属性来刻画，不同实体是由不同的属性区别的。例如，学生实体用学号、姓名、性别、出生日期、专业等若干属性来描述。

(3) 实体型(entity type)。具有相同属性的实体必然具有共同的特征和性质。用实体名及其属性名集合来抽象和刻画同类实体，称为实体型。例如，学生(学号，姓名，性别，出生日期，专业)就是一个实体型。

2. 实体之间的联系

两个实体型之间的联系可以分为以下三种。

(1) 一对一联系。如果对于实体集 A 中的每一个实体,实体集 B 中至多有一个(也可以没有)实体与之联系,反之亦然,则称实体集 A 与实体集 B 具有一对一联系,记为1∶1。例如,一个班级只有一个正班长。

(2) 一对多联系。如果对于实体集 A 中的每一个实体,实体集 B 中有 n 个实体($n \geqslant 0$)与之联系,反之,对于实体集 B 中的每一个实体,实体集 A 中至多只有一个实体与之联系,则称实体集 A 与实体集 B 有一对多联系,记为 $1:n$。例如,每个学生只在一个班级中学习。

(3) 多对多联系。如果对于实体集 A 中的每一个实体,实体集 B 中有 n 个实体($n \geqslant 0$)与之联系,反之,对于实体集 B 中的每一个实体,实体集 A 中也有 m 个实体($m \geqslant 0$)与之联系,则称实体集 A 与实体 B 具有多对多联系,记为 $m:n$。例如,课程与学生之间的联系:一门课程同时有若干学生选修,一个学生可以同时选修多门课程。

3. E-R 图

E-R图也称实体-联系图(Entity-Relationship Diagram),它提供了表示实体型、属性和联系的方法,用来描述现实世界的概念模型。

E-R图是描述现实世界概念模型的有效方法,是表示概念模型的一种方式。用矩形表示实体型,矩形框内写明实体名;用椭圆表示实体的属性,并用无向边将其与相应的实体型连接起来;用菱形表示实体型之间的联系,在菱形框内写明联系名,并用无向边分别与有关实体型连接起来,同时在无向边旁标上联系的类型(1∶1、$1:n$ 或 $m:n$)。

图1.6是“学生”实体、“教师”实体和“课程”实体之间的E-R图,图中只列出了部分属性。

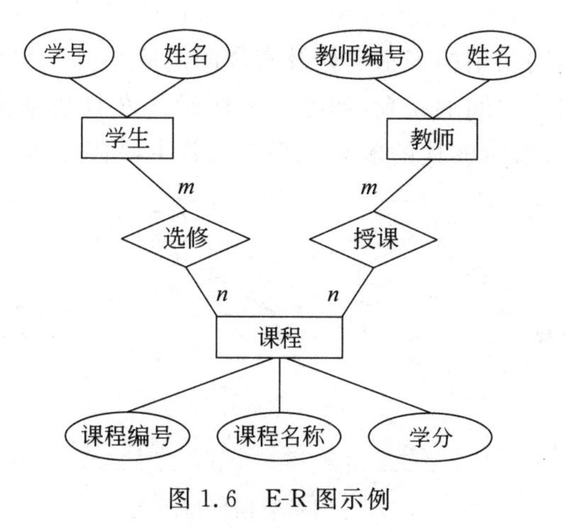

图1.6 E-R图示例

1.3.3 逻辑数据模型

在机器世界中，将描述实体及其联系的方法称为逻辑数据模型，简称数据模型。数据模型是信息世界中概念模型的数据化，是数据库的逻辑结构和设计基础。一个数据模型的优劣将决定着数据库的性能。数据模型应该满足下列要求。

(1) 直观、易懂，能够很容易地被人们使用和理解。

(2) 具有很强的仿真性，能够比较逼真地反映现实世界中的事物及其联系。

(3) 在计算机中易于实现存储和操作。

常见的数据模型有层次数据模型、网状数据模型和关系数据模型，不同数据模型应用于不同类型的数据库管理系统，数据库管理系统的类型由它支持的数据模型来决定。

1. 层次数据模型

层次数据模型通过树结构表示实体及实体间的联系，树中每个节点表示一个实体，节点之间的箭头表示实体之间的联系，如图 1.7 所示。其主要特征如下：

(1) 有且仅有一个根节点。

(2) 其他节点有且仅有一个父节点。

(3) 同层次的节点之间没有联系。

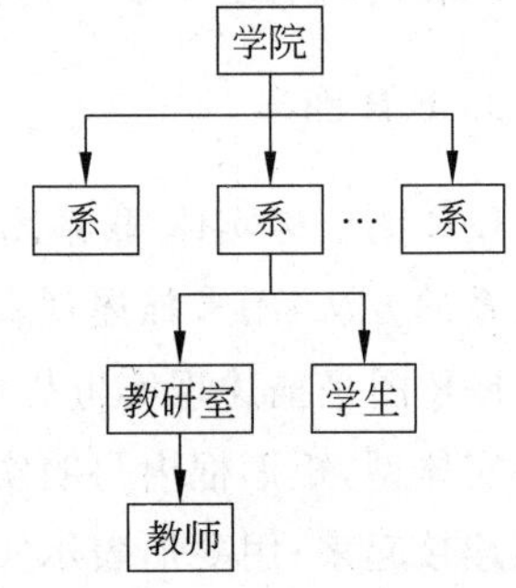

图 1.7 层次数据模型示例

层次数据模型是数据库系统最早使用的一种模型，在数据库早期阶段应用得比较广泛，它能够比较真实、直观地反映实体及其联系。由于每个实体节点(根节点除外)只有一个直接父节点，因此，通过层次模型不能描述实体的多对多联系，它最适合表示实体的一对多联系。

2. 网状数据模型

网状数据模型通过网状结构表示实体及实体间的联系，网中每个节点表示一个实体，节点之间的箭头表示实体之间的联系，如图 1.8 所示。网状数据模型是拓展的层次数据模型，网状数据模型适合表示实体的多对多联系。其主要特征如下。

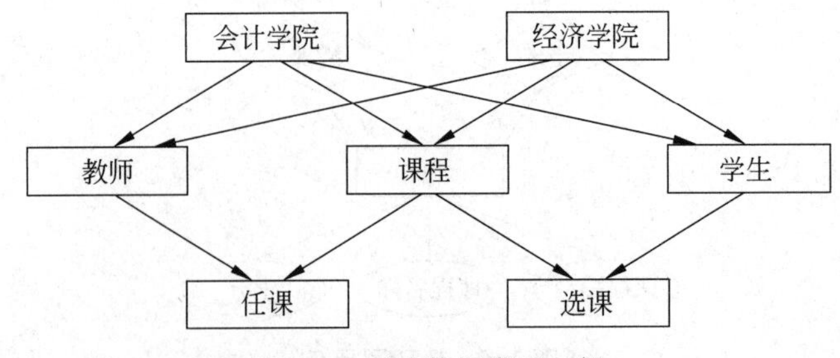

图 1.8 网状数据模型示例

(1) 一个节点可以有多个父节点。

(2) 可以有一个以上的节点无父节点。

(3) 两个节点之间可以有多个联系。

层次数据模型和网状数据模型的最大优点是直观地描述实体及其联系,易于被人们理解和掌握;缺点是内部结构复杂。

3. 关系数据模型

关系数据模型是通过二维表结构表示实体联系的数据模型,如表1.1所示。通常将此种二维表称为关系或表。在关系数据模型中,一张二维表描述一种实体型,表中一行数据描述一个实体,表中一个字段描述实体的一个属性。用同一表中相同字段实现同类实体之间的联系,用不同表中具有相同含义的字段实现不同实体型之间的联系。

表1.1 教师实体关系

教师编号	姓名	性别	出生日期	学历	职称
110003	郭建政	男	1977/6/20	大学本科	副教授
110035	酉志梅	女	1961/8/18	大学本科	讲师
120008	王守海	男	1962/11/27	研究生	教授
120018	李浩	女	1971/1/9	研究生	副教授
120019	陈海涛	男	1967/5/15	大学本科	讲师

关系数据模型具有坚实的数学理论基础,它是简单的、易于理解的、有效的、容易实现存储和操作的一种数据模型。

目前广泛使用的数据库管理系统Access、SQL Server、Oracle都支持关系数据模型,它们由此得名关系数据库管理系统。

1.3.4 关系数据库

基于关系模型的数据库管理系统称为关系数据库。关系数据库是目前的主流数据库产品。

1. 关系数据库的基本术语

(1) 关系。一个关系就是一个二维表,每个关系有一个关系名。其格式为

关系名(属性名1,属性名2,…,属性名 n)

(2) 元组。在一个关系中,水平方向的行称为元组,每一行是一个元组。元组对应表中的一个具体记录。

(3) 属性。二维表中垂直方向的列称为属性,每一列有一个属性名。

(4) 域。域是指属性的取值范围,即不同元组对同一个属性的取值所限定的范围。

(5) 主键。其值能够唯一地标识一个元组的属性或属性的组合。如学生表中学号字段可以作为主键,而性别字段不能唯一标识一个元组,因此不能作为主键。

(6) 外键。表之间的关系是通过外键来建立的,一个表的外键就是与它所指向的表的主键对应的一个属性。如果两个表之间呈现"一对多"关系,则"一"表的主键字段必然出现在"多"表中,成为联系两个表的纽带,"多"表中的这个字段就被称为外键。

2. 关系的基本性质

关系是一个二维表,但并不是所有的二维表都是关系。关系应具有以下基本性质:

(1) 每一列中的数据项类型相同,来自同一个域。

(2) 不同的列要给予不同的属性名。

(3) 列的顺序无所谓,即列的次序可以随意交换。

(4) 任意两个元组不能完全相同。

(5) 行的顺序无所谓,即行的次序可以任意交换。

(6) 每一个数据项都必须是不可分的。

3. 关系运算

对关系进行的操作称为关系运算。关系的基本运算有两类:传统的集合运算和专门的关系运算。关系的运算结果仍然是关系。传统的集合运算主要包括并、交、差。在关系数据库中查询用户所需数据时,需要对关系进行专门的关系运算。专门的关系运算主要有选择、投影和连接 3 种。

(1) 选择。从关系中找出满足给定条件的那些元组的操作称为选择。其中的条件是以逻辑表达式给出的,该逻辑表达式值为真的元组将被选取。这是从行的角度进行的运算,即从水平方向抽取元组。

例如,从表 1.1 所示关系选出性别为"男"的元组,结果如表 1.2 所示。

表 1.2 选择运算

教师编号	姓名	性别	出生日期	学历	职称
110003	郭建政	男	1977/6/20	大学本科	副教授
120008	王守海	男	1962/11/27	研究生	教授
120019	陈海涛	男	1967/5/15	大学本科	讲师

(2) 投影。从关系模式中挑选若干属性组成新的关系的操作称为投影。这是从列的角度进行的运算,相当于对关系进行垂直分解。

例如,从表 1.1 所示关系经过投影运算列出教师的"姓名""出生日期""学历"和"职称",结果如表 1.3 所示。

(3) 连接。

笛卡儿积:一个具有 n 个属性的关系 R 与一个具有 m 个属性的关系 S 的笛卡儿积仍为一个关系,该关系的结构是 R 与 S 的结构的连接,属性个数为 $n+m$,元组为 R 中的

每个元组连接 S 中的每个元组所构成的元组的集合，其元组数为 R 中的元组数与 S 中的元组数的乘积。

表 1.3 投影运算

姓名	出生日期	学历	职称
郭建政	1977/6/20	大学本科	副教授
西志梅	1961/8/18	大学本科	讲师
王守海	1962/11/27	研究生	教授
李浩	1971/1/9	研究生	副教授
陈海涛	1967/5/15	大学本科	讲师

连接运算是从两个关系的笛卡儿积中选择属性间满足一定条件的元组，生成一个新的关系的操作。连接运算的结果实际上是笛卡儿积的一个子集。新关系中包含满足连接条件的所有元组。

每一个连接操作都包含连接条件和连接类型，连接条件决定运算结果中元组的匹配和属性的去留；连接类型决定如何处理不符合条件的元组。在连接运算中，按关系的属性值对应相等为条件进行的连接操作称为等值连接，去掉重复属性的等值连接称为自然连接，自然连接是最常用的连接运算。

例如，表 1.1 和表 1.4 所示关系自然连接的结果如表 1.5 所示。

表 1.4 授课关系

课程编号	教师编号	学时
1100011	110003	48
1100012	110003	36
1100013	110035	54
1100015	120020	36

表 1.5 连接运算

教师编号	姓名	性别	出生日期	学历	职称	课程编号	学时
110003	郭建政	男	1977/6/20	大学本科	副教授	1100011	48
110003	郭建政	男	1977/6/20	大学本科	副教授	1100012	36
110035	西志梅	女	1961/8/18	大学本科	讲师	1100013	54

4. 关系完整性

关系完整性是为保证数据库中数据的正确性和相容性，对关系模型提出的某种约束条件或规则。关系完整性通常包括实体完整性、参照完整性和用户定义的完整性。其中实体完整性和参照完整性是关系模型必须满足的完整性约束条件，被称作关系的两个不变性，应该由关系系统自动支持。

(1) 实体完整性。实体完整性是指关系的主关键字不能重复也不能取空值。

一个关系对应现实世界中一个实体集。现实世界中的实体是可以相互区分、识别的，亦即它们应具有某种唯一性标识。在关系模式中，以主关键字作为唯一性标识，而主关键字中的属性(称为主属性)不能取空值；否则，表明关系模式中存在着不可标识的实体(因空值是“不确定”的)，这与现实世界的实际情况相矛盾，这样的实体就不是一个完整实体。按实体完整性规则要求，主属性不得取空值，如主关键字是多个属性的组合，则所有主属性均不得取空值。

(2) 参照完整性。参照完整性是定义建立关系之间联系的主关键字与外部关键字引用的约束条件。

关系数据库中通常都包含多个存在相互联系的关系，关系与关系之间的联系是通过公共属性来实现的。所谓公共属性，它是一个关系 R(称为被参照关系或目标关系)的主关键字，同时又是另一关系 K(称为参照关系)的外部关键字。如果参照关系 K 中外部关键字的取值与被参照关系 R 中某元组主关键字的值相同，或取空值，则在这两个关系间建立关联的主关键字和外部关键字引用符合参照完整性规则要求。如果参照关系 K 的外部关键字也是其主关键字，根据实体完整性要求，主关键字不得取空值，因此参照关系 K 外部关键字的取值实际上只能取相应被参照关系 R 中已经存在的主关键字值。

(3) 用户定义的完整性。实体完整性和参照完整性适用于任何关系数据库系统，它主要是针对关系的主关键字和外部关键字取值必须有效而做出的约束。

用户定义的完整性是根据应用环境的要求和实际的需要，对某一具体应用所涉及的数据提出约束性条件。这一约束机制一般不应由应用程序提供，而应由关系模型提供定义并检验，用户定义完整性主要包括字段有效性约束和记录有效性约束。

1.4 数据库设计基础

在创建数据库之前，首先要对所创建的数据库进行整体规划与设计。合理的规划与设计是构建快速、有效、准确数据库的基础。

数据库应用系统与其他计算机应用系统相比，一般具有数据量庞大、数据保存时间长、数据关联比较复杂、用户要求多样化等特点。设计数据库的目的实质上是设计出满足实际应用需求的实际关系模型。在具体实施时表现为数据库和表的结构设计合理，不仅存储了所需要的实体信息，而且还能够反映出实体之间客观存在的联系。

1.4.1 数据库设计原则

为了合理组织数据，应遵从以下基本设计原则。

(1) 关系数据库的设计应遵从概念单一化、一事一地的原则。一个表描述一个实体或实体间的一种联系。避免设计大而杂的表，首先分离那些需要作为单个主题而独立保存的信息，然后确定这些主题之间有何联系，以便在需要时将正确的信息组合在一起。通过将不同的信息分散在不同的表中，可以使数据的组织工作和维护工作更简单，同时也可以保证建立的应用程序具有较高的性能。

例如，将有关教师基本情况的数据，包括姓名、性别、工作时间等，保存到教师表中。工资单的信息应该保存到工资表中，而不是将这些数据统统放到一起。同样道理，应当把学生基本信息保存到学生表中，把有关课程的成绩保存在成绩表中。

(2) 避免在表之间出现重复字段。除了保证表中有反映与其他表之间存在联系的外部关键字之外，应尽量避免在表之间出现重复字段。这样做的目的是使数据冗余尽量小，防止在插入、删除和更新时造成数据的不一致。

例如，在课程名称表中有了课程名称字段，在成绩表中就不应该有课程名字段。需要时可以通过两个表的连接找到所选课程对应的课程名称。

(3) 表中的字段必须是原始数据和基本数据元素。表中不应包括通过计算可以得到的二次数据或多项数据的组合。能够通过计算从其他字段推导出来的字段也应尽量避免。

例如，在学生表中应当包括出生日期字段，而不应包括年龄字段。当需要查询年龄的时候，可以通过简单计算得到准确年龄。

在特殊情况下可以保留计算字段，但是必须保证数据的同步更新。例如，在成绩表中出现的期末成绩字段，其值是通过“平时成绩×0.3＋考试成绩×0.7”计算出来的。每次更改其他字段值时，都必须重新计算。

(4) 用外部关键字保证有关联的表之间的联系。表之间的关联依靠外部关键字来维系，使得表结构合理，不仅存储了所需要的实体信息，而且反映出实体之间客观存在的联系，最终设计出满足应用需求的实际关系模型。

1.4.2 数据库设计步骤

开发数据库应用系统的一般步骤如图1.9所示。

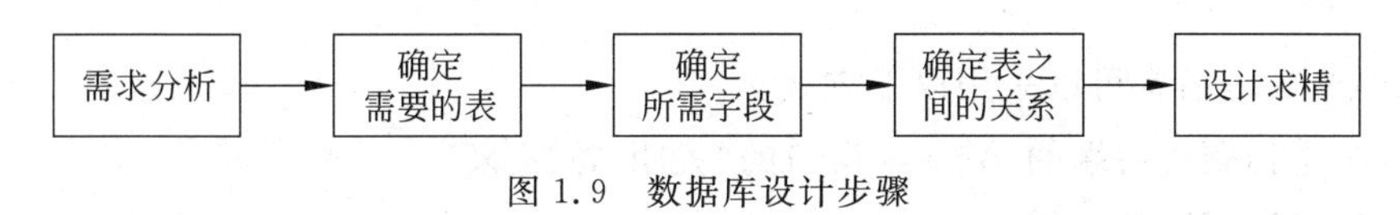

图1.9 数据库设计步骤

(1) 需求分析。确定建立数据库的目的，这有助于确定数据库保存哪些信息。

(2) 确定需要的表。可以着手将需求信息划分成各个独立的实体，例如教师、学生、课程名称、成绩等。每个实体都可以设计为数据库中的一个表。

(3) 确定所需字段。确定在每个表中要保存哪些字段，确定关键字，字段中要保存数据的数据类型和数据的长度。通过对这些字段的显示或计算应能得到所有需求信息。

(4) 确定表之间的关系。对每个表进行分析，确定一个表中的数据和其他表中的数据有何联系。必要时可在表中加入一个字段或创建一个新表来明确联系。

实际上，可以将一对一关系的两个表合并为一个表，这样既不会出现重复信息，也便于表的查询。任何多对多的关系都可以拆成多个一对多的关系。

(5) 设计求精。对设计进一步分析,查找其中的错误和存在的问题,并加以改进优化。在表中输入几个示例数据记录,考察能否从表中得到想要的结果,需要时可调整设计。数据库设计是一个不断发现问题、逐步求精的过程。

在数据库中载入了大量数据之后,再要修改这些表就比较困难了。因此在开发应用系统之前,应确保设计方案比较合理。

1.5 认识 Access 2016

Microsoft 公司推出的数据库管理系统——Access 2016 是 Microsoft Office 2016 系列应用软件的一个重要组成部分,Access 2016 是一个面向对象的、采用事件驱动的新型关系数据库管理系统。它提供了强大的数据处理功能,可以帮助用户组织和共享数据库信息,以便根据数据库信息做出有效的决策。它具有界面友好、易学易用、开发简单、接口灵活等特点。使用 Access 即可构建数据库,无须编写代码也无须成为数据库专家。精心设计的模板有助于快速构建数据库,利用查询轻松查找所需数据,立即为简单数据条目创建窗体,在分组和摘要报表中汇总数据,数十个向导助你轻松入门并保持工作高效。因此,目前许多中小型网站都使用 Access 作为后台数据库系统。

1.5.1 启动和退出 Access

1. 启动 Access

在安装好 Microsoft Office 2016 软件包之后,就可以从 Windows 界面启动 Access 2016 了。启动后的初始界面如图 1.10 所示。在此界面中可以打开最近使用过的数据库,也可以使用模板新建 Access 数据库。

2. 退出 Access

退出 Access 通常可以采用以下方式。

(1) 单击标题栏右端的 Access 窗口的"关闭"按钮 ×。

(2) 按 Alt+F4 组合键。

(3) 右击标题栏空白处,在弹出的下拉菜单中单击"关闭"命令。

(4) 双击标题栏左端的 Access 窗口的"控制菜单"图标。

在退出 Access 系统时,如果没有对文件保存,会弹出对话框提示用户是否对已编辑的文件进行保存。如果由于断电等原因意外退出 Access 系统,可能会损坏数据库。

1.5.2 Access 的工作环境

启动 Access 2016 后屏幕上会打开 Access 2016 的初始界面,如图 1.10 所示。此时没有打开任何数据库文件,所以很多功能菜单还看不到。

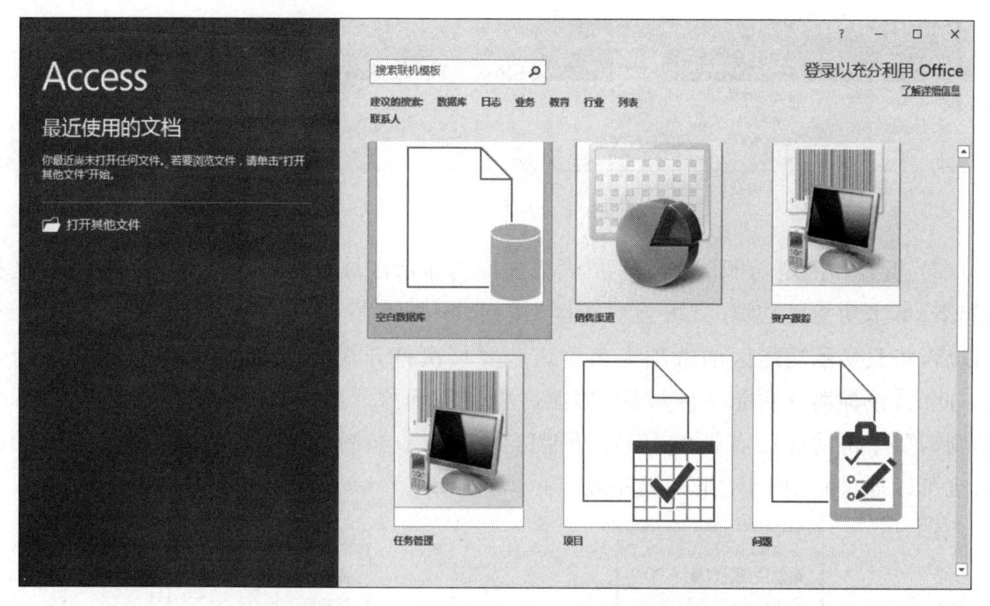

图 1.10　Access 2016 初始界面

与以前的版本相比，尤其是与 Access 2007 之前的版本相比，Access 2016 的用户界面发生了重大变化。Access 2016 用户界面主要由功能区、Backstage 视图、导航窗格、工作区、状态栏等组成，它们提供了供用户创建和使用数据库的环境。

1. 功能区

功能区是一个横跨窗口顶部且将相关常用命令分组在一起的选项卡集合，它把主要命令菜单、工具栏、任务窗格和其他用户界面组件的任务或入口点集中在一起，在同一时间只显示活动菜单中的命令。

(1) 常规命令选项卡。在 Access 2016 的功能区中有 5 个常规命令选项卡，分别是“文件”“开始”“创建”“外部数据”和“数据库工具”。每个选项卡下方均列出不同功能的命令组，用户可以通过这些工具，对数据库中的数据库对象进行设置。如“创建”选项卡中包含“表格”“查询”“窗体”“报表”“宏与代码”等命令组，如图 1.11 所示。

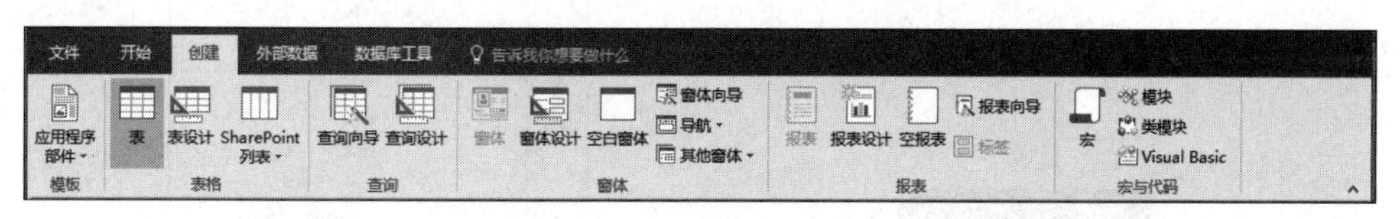

图 1.11　功能区

(2) 上下文命令选项卡。除常规命令选项卡之外，Access 2016 还有上下文命令选项卡。根据上下文(即进行操作的对象以及正在执行的操作)的不同，常规命令选项卡旁边可能会出现一个或多个上下文命令选项卡，如图 1.12 所示。

上下文命令选项卡包含在特定上下文中需要使用的命令和功能。例如，在数据表视图中编辑一个表时，会出现“表格工具”下的“字段”选项卡和“表”选项卡，如图 1.12 所示。

图 1.12　上下文命令选项卡

(3) 折叠和固定功能区。为了扩大数据库的显示区域，Access 2016 允许把功能区折叠起来，单击功能区右端的“折叠功能区”按钮 即可折叠功能区，如图 1.13 所示。折叠以后，将只显示功能区的选项卡名称。若要再次打开功能区，只需单击任一选项卡即可。此时，鼠标离开功能区区域后，功能区将自动隐藏。如果要功能区一直保持打开状态，则需要单击功能区右端的“固定功能区”按钮 ，如图 1.14 所示。折叠和固定功能区，也可以通过 Ctrl+F1 组合键完成。

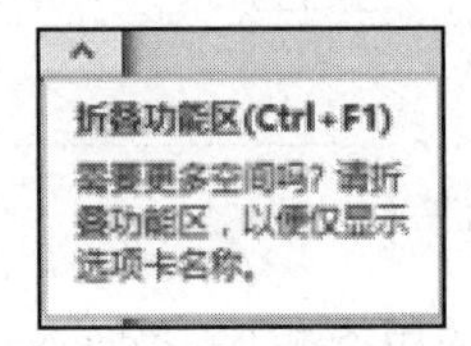

图 1.13　折叠功能区

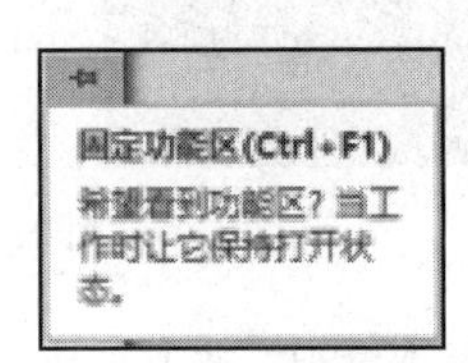

图 1.14　固定功能区

(4) 快速访问工具栏。快速访问工具栏位于窗口的左上角，包含最常用的命令，如图 1.15 所示。单击快速访问工具栏最右边的向下箭头按钮 ，在弹出的下拉菜单中，可自定义快速访问工具栏，如图 1.16 所示。

图 1.15　快速访问工具栏

图 1.16　自定义快速访问工具栏

2. Backstage 视图

Backstage 视图是功能区的“文件”选项卡上显示的命令集合，如图 1.17 所示。它包含应用于整个数据库文件的命令和信息以及早期版本中“文件”菜单的命令。可以在其中管理文件及其相关数据，如创建文件、保存文件、打开文件、关闭文件、检查隐藏的元数据或个人信息以及设置选项等。简言之，可通过该视图对文件执行所有无法在文件内部完成的操作。

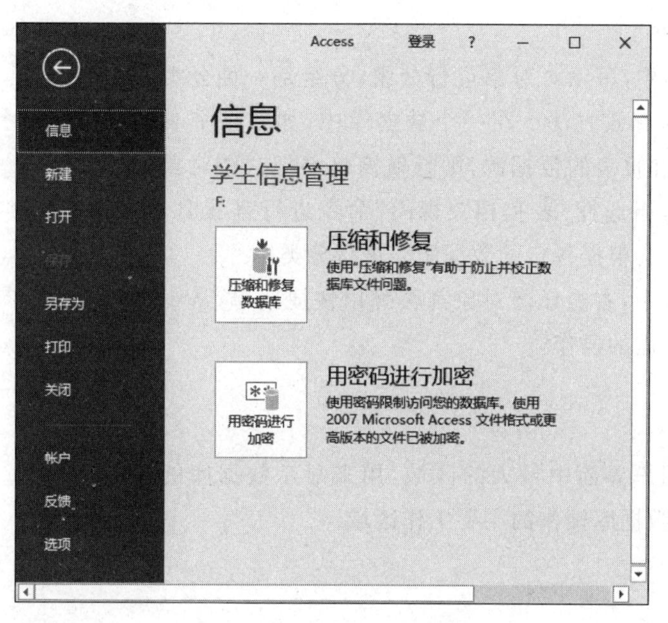

图 1.17 Backstage 视图

单击 Backstage 视图左上角的"后退"按钮，可以返回到 Access 程序窗口。

3. 导航窗格

导航窗格位于程序窗口的左侧，用于显示当前数据库中的各种数据库对象，如图 1.18 所示。单击导航窗格右上角的"百叶窗开/关"按钮«可以折叠导航窗格，折叠状态的导航窗格如图 1.19 所示。如果需要较大的空间显示数据库，则可以把导航窗格折叠起来。单击折叠状态的导航窗格上方的"百叶窗开/关"按钮»可以将导航窗格展开。

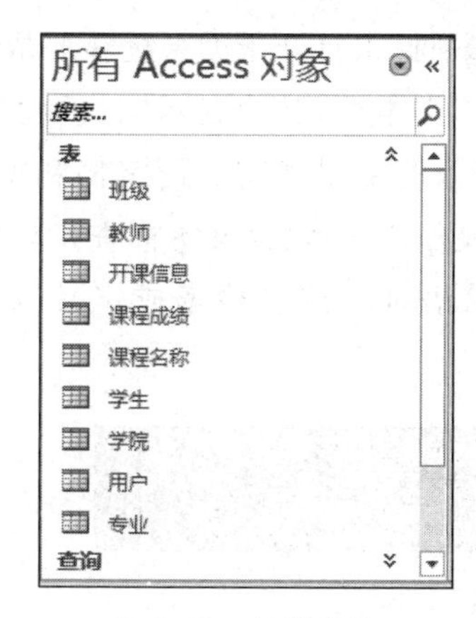

图 1.18 导航窗格

图 1.19 折叠状态的导航窗格

导航窗格实现对当前数据库的所有对象的管理和对相关对象的组织。导航窗格显示数据库中的所有对象，并按类别将它们分组。单击导航窗格右上方的向下箭头按钮 ，可以显示如图 1.20 所示的分组列表。

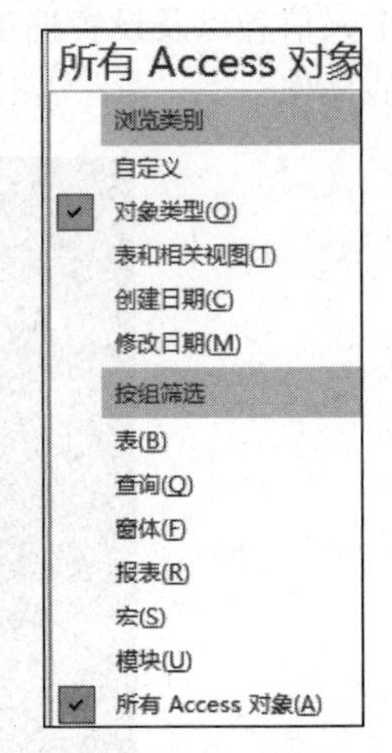

图 1.20　导航窗格中的分组列表

在导航窗格中，可以对对象进行分组，分组是一种分类管理数据库对象的有效方法。在一个数据库中，如果某个表是某个窗体、查询和报表的数据源，则导航窗格将把这些对象归组在一起，例如，当选择“表和相关视图”命令进行查看时，各种数据库对象就会根据各自的数据源表进行分类。

在导航窗格中，右击任何对象都会弹出快捷菜单，从中选择命令以执行所需的操作。

4. 工作区

工作区是用户界面中最大的区域，用来显示数据库的各种对象，是进行数据库操作的主要工作区域。

5. 状态栏

状态栏位于程序窗口的最底部，用于显示系统正在进行的操作信息，可以帮助用户了解所进行操作的状态。状态栏最右边还包含用于切换视图的按钮。如图 1.21 所示是表的“数据表视图”中的状态栏。

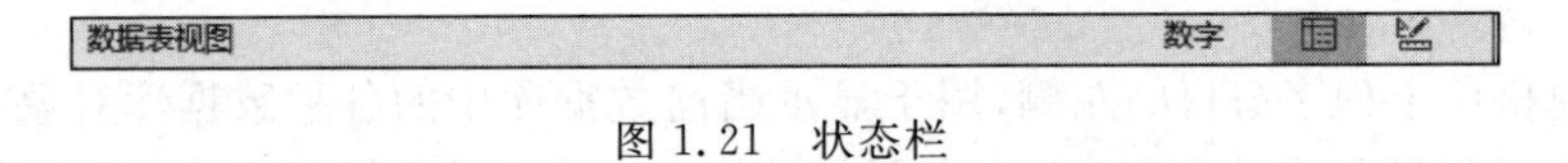

图 1.21　状态栏

6. 获取帮助

如有疑问，可以按 F1 键或单击标题栏右侧的 ? 图标来打开帮助系统获取帮助。

Access 2016 功能区右边有一个“操作说明搜索”文本框，其中显示“告诉我你想要做什么”，如图 1.22 所示，可以在其中输入与接下来要执行的操作有关的字词和短语，快速访问要使用的功能或要执行的操作。还可以使用“操作说明搜索”文本框查找与要查找的内容有关的帮助，或是使用智能查找对所输入的术语进行信息检索或定义，如图 1.23 所示。

图 1.22　“操作说明搜索”文本框

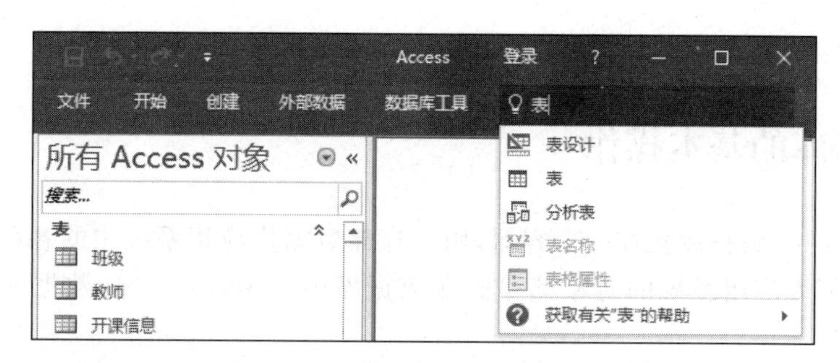

图 1.23 “操作说明搜索”文本框获取帮助

1.5.3 Access 的数据库对象

作为一个数据库管理系统，Access 2016 通过各种数据库对象来管理数据。Access 2016 数据库包括表、查询、窗体、报表、宏和模块 6 种对象。

1. 表

表是 Access 数据库中用来存储数据的对象，是创建其他 5 种对象的基础。一个数据库中可包含多个表，表中信息分行、列存储。表中的每一列代表某种特定的数据类型，称为字段；表中每一行由各个特定的字段组成，称为记录。

2. 查询

查询是数据库的核心操作。用户通过查询可以在表中搜索符合特定条件的数据，并可以对目标记录进行修改、插入和更新等编辑操作。

3. 窗体

窗体，也称为表单，是应用程序和用户之间的接口界面，是创建数据库应用系统最基本的对象。窗体为用户查看和编辑数据库中的数据提供了一种友好的交互式界面。用户通过窗体来实现数据维护、控制应用程序流程等人机交互功能。

4. 报表

报表是以打印格式显示用户数据的一种有效方式，报表还可以对数据进行计算、分组和汇总等操作。

5. 宏

宏是一个或多个操作的集合，也可以是若干宏的集合所组成的宏组。宏可以将数据库中的不同对象连在一起，从而形成一个数据库应用系统。

6. 模块

模块可以保存 VBA(Visual Basic Application)应用程序的声明和过程。模块的主要作用是建立复杂的 VBA 程序以完成宏不能完成的任务。

1.6 数据库的基本操作

在 Access 中,数据库犹如一个容器,用于存储数据库应用系统中的各种对象。也就是说,构成数据库应用系统的对象都存储在数据库中。Access 2016 数据库是扩展名为.accdb 的文件。

1.6.1 创建数据库

Access 2016 提供了两种创建数据库的方法:一种是使用模板创建数据库,另一种是创建空白数据库。Access 2016 有两类数据库,即 Web 数据库和桌面数据库。本书主要介绍桌面数据库的相关操作。

1. 使用模板创建数据库

Access 模板是预先设计好的数据库,它们含有专业设计的表、查询、窗体、报表、宏和关系等。使用 Access 模板可快速创建出所需的数据库。

除了使用 Access 提供的本地模板外,还可以在线从 Office.com 中搜索下载更多的模块。

实例 1.1 使用“销售渠道”模板,创建数据库。

操作步骤如下。

(1) 启动 Access 2016,进入 Access 2016 初始界面。

(2) 在初始界面窗口右侧的“模板列表”中选择“销售渠道”模板,弹出如图 1.24 所示对话框,在该对话框中,要求输入数据库的名称和存放位置,这里输入数据库的文件名为“销售渠道.accdb”,默认存放在“我的文档”中,也可以通过对话框右侧的“浏览”按钮指定文件名和文件保存的位置。

(3) 单击“创建”按钮,即可开始使用模板创建数据库,很快就能完成数据库的创建。

(4) 创建的数据库如图 1.25 所示,展开“导航窗格”,可以查看该数据库包含的所有 Access 对象。

通过数据库模板可以创建专业的数据库系统,但是这些系统有时不能够完全符合需求,需要再进行修改,使其符合需求。

2. 创建空白数据库

如果在数据库模板中找不到满足需要的模板,或在另一个程序中有要导入的 Access 数据,最好的办法就是创建一个空白数据库。这种方法适合于创建比较复杂的数据库,并且没有合适的数据库模板的情况。空白数据库就是建立的数据库的外壳,其中没有任何对象和数据。

空白数据库创建成功后,可以根据实际需要,添加所需要的表、窗体、查询、报表、宏和

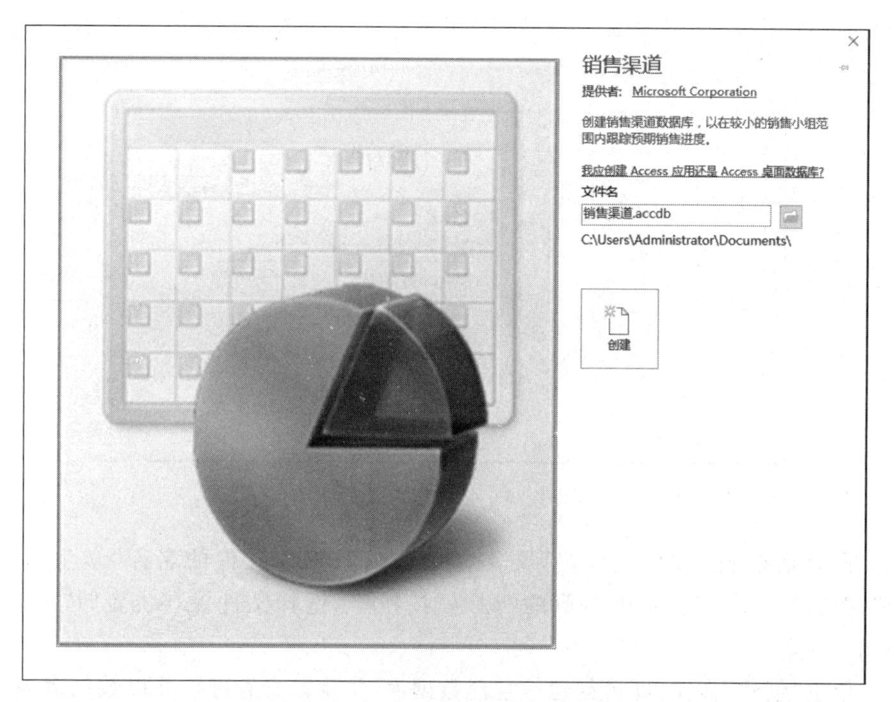

图 1.24 使用模板创建数据库

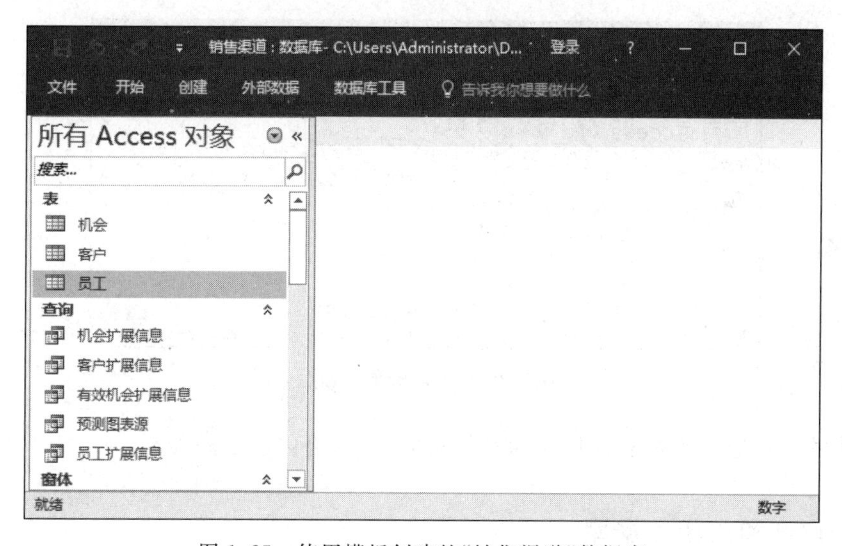

图 1.25 使用模板创建的“销售渠道”数据库

模块等对象。这种方法非常灵活，可以根据需要创建出各种数据库，但是由于用户需要自己动手创建各个对象，因此操作比较复杂。

实例 1.2 创建名为“学生信息管理”的空白数据库，存放于“F:\access 数据库”文件夹中。

操作步骤如下。

(1) 启动 Access 2016，进入 Access 2016 初始界面。

(2) 在初始界面窗口右侧的“模板列表”中选择“空白数据库”，弹出一对话框，如图 1.26 所示。

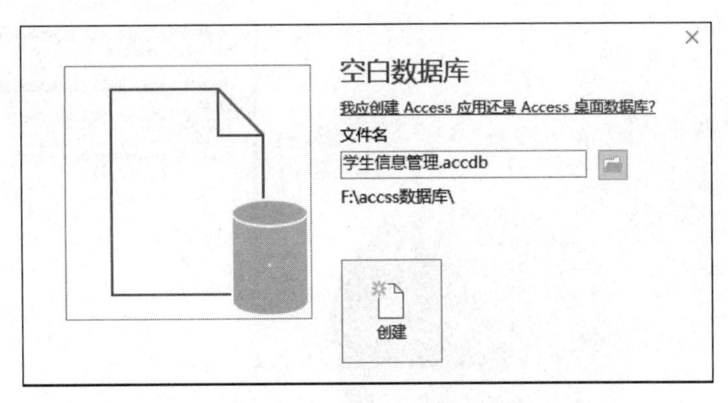

图 1.26　创建空白数据库

(3) 在对话框右侧的“文件名”文本框中输入数据库文件的名称“学生信息管理.accdb”，单击“文件名”文本框右侧的“浏览”按钮，选择文件保存位置“F:\access 数据库\”。

(4) 单击“创建”按钮，即可创建一空白数据库“学生信息管理”，并以数据表视图方式打开一个默认名为“表 1”的表，如图 1.27 所示。

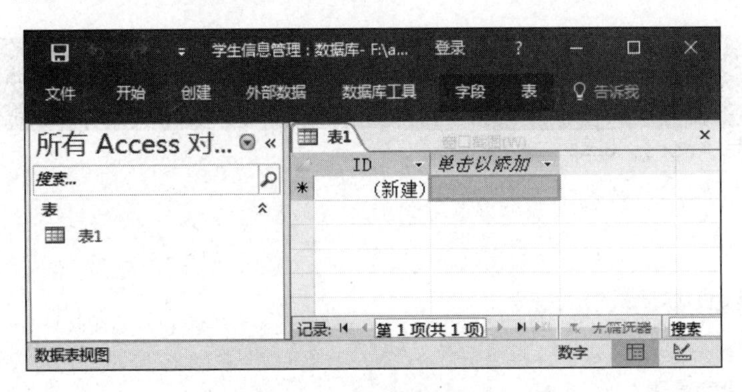

图 1.27　空白数据库窗口

新建的空白数据库没有任何表和其他对象，以后可以逐步添加。

1.6.2　打开和关闭数据库

1. 打开数据库

在使用或维护已创建的数据库时，都必须首先将其打开。

实例 1.3　打开实例 1.1 创建的“销售渠道.accdb”数据库。

操作步骤如下。

(1) 启动 Access 2016，进入 Access 2016 初始界面。

(2) 在初始界面左侧的“最近使用的文档”列表中,如果存在要打开的数据库,则直接单击数据库名称即可打开数据库。

(3) 如果要打开的数据库不在“最近使用的文档”列表中,则可以单击“打开其他文件”命令,进入“打开”页面,如图 1.28 所示。

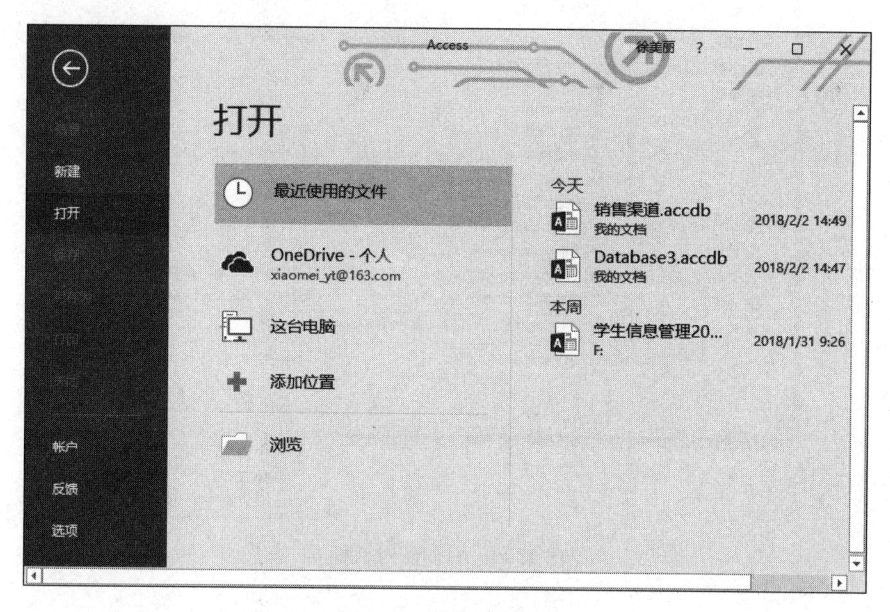

图 1.28 “打开”页面

(4) 在图 1.28 所示页面中可以选择“最近使用的文件”选项,若页面右边列出的文件里有要打开的数据库文件,则单击该文件打开即可。

(5) 在图 1.28 所示页面中可以选择“这台电脑”选项,然后根据文件存放路径,像使用 Windows 资源管理器一样,逐级打开,直到找到要打开的数据库文件。

(6) 也可以单击图 1.28 所示页面下方的“浏览”按钮,打开“打开”对话框。在该对话框中选择需要打开的数据库文件,然后单击“打开”按钮旁的向下箭头按钮,从弹出的下拉菜单中选择“打开”命令即可打开数据库,如图 1.29 所示。

数据库文件共有 4 种打开方式:打开、以只读方式打开、以独占方式打开、以独占只读方式打开。不同方式打开数据库有不同的功能。

① 打开:指以共享方式打开数据库,这是默认的打开方式。该方式允许在多用户环境中进行共享访问,多个用户都可以读写数据库。

② 以只读方式打开:以这种方式打开数据库,只能进行只读访问,即可查看数据库但不可编辑数据库。

③ 以独占方式打开:该方式不允许其他用户再打开数据库。当任何其他用户试图再打开该数据库时,将收到“文件已在使用中”消息。

④ 以独占只读方式打开:以这种方式打开数据库后,其他用户将只能以只读模式打开此数据库,而并非限制其他用户都不能打开此数据库。

图 1.29 “打开”对话框

2. 关闭数据库

当不再需要使用数据库时,可以将数据库关闭。关闭数据库的具体操作步骤如下。

(1) 单击窗口右上角的“关闭”按钮 ×,即可关闭数据库。

(2) 单击“文件”选项卡,选择“关闭”命令,也可关闭数据库。

1.6.3 维护数据库

使用或维护数据库都需要先打开数据库,然后根据个人的使用习惯设置数据库。

1. 改变新建数据库的默认文件格式

在 Access 2016 中创建的数据库的默认格式为 Access 2007-Access 2016 的文件格式,扩展名为.accdb。如果要改变新建数据库的文件格式,可以单击“文件”选项卡,选择“选项”命令,打开“Access 选项”对话框,如图 1.30 所示。单击“常规”选项,在“创建数据库”选项中的“空白数据库的默认文件格式”列表中进行选择,如图 1.31 所示。

改变后的数据库文件格式在创建新的数据库时才会生效。

2. 数据库版本的转换

Access 具有不同的版本,可以将使用 Access 2003、Access 2002、Access 2000 或

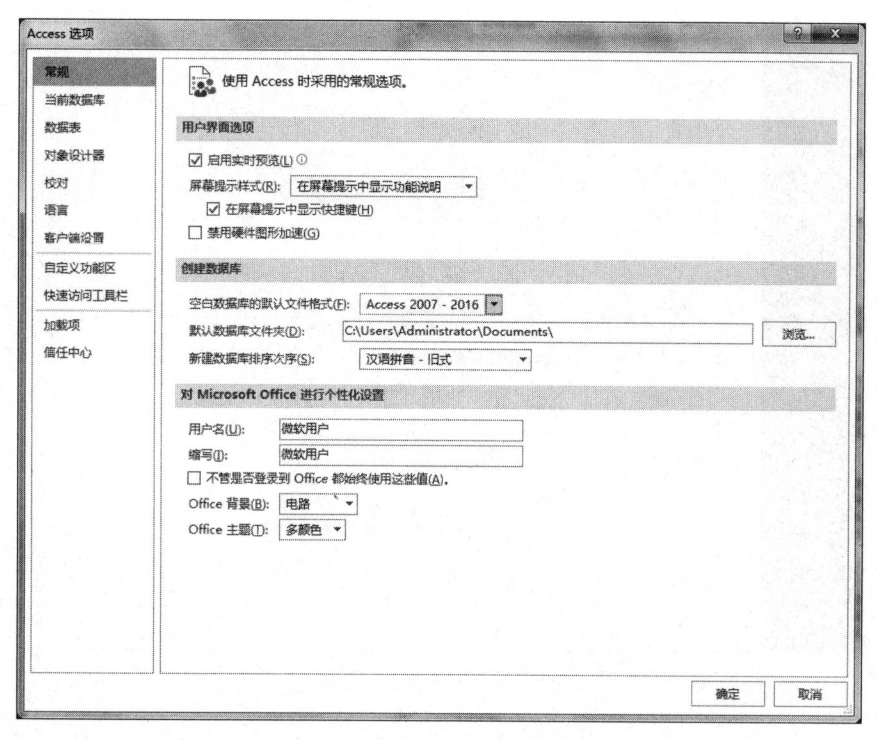

图 1.30 “Access 选项”对话框

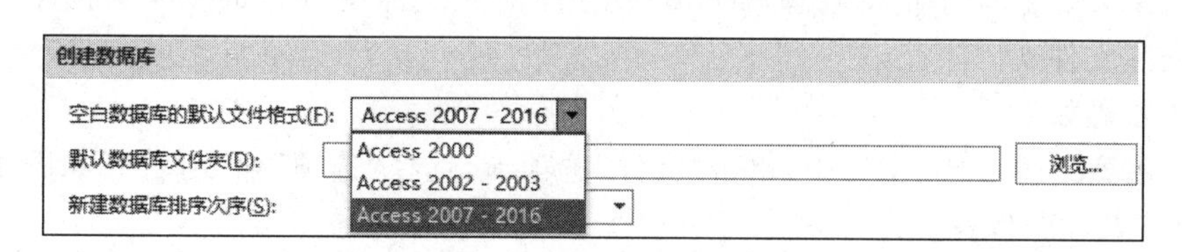

图 1.31 默认文件格式设置

Access 97 创建的数据库转换成 Access 2007-Access 2016 文件格式. accdb。此文件格式支持新的功能，如多值字段和附件等。

. accdb 文件格式的数据库不能用早期版本的 Access 打开，如果需要在早期版本的 Access 中使用. accdb 数据库，则必须将其转换为早期版本的文件格式. mdb。

各种版本 Access 数据库之间可以相互转换，方法如下。

(1) 打开要转换的数据库文件，单击“文件”选项卡，选择“另存为”命令，打开如图 1.32 所示页面，在“文件类型”中选择“数据库另存为”选项，然后在“数据库文件类型”中选择要转换的 Access 版本。

(2) 单击图 1.32 下方的“另存为”按钮，将打开“另存为”对话框，在“文件名”文本框输入文件名，单击“保存”按钮即可完成转换。Access 将创建数据库副本并打开该副本。

3. 设置默认数据库文件夹

Access 系统打开或保存数据库文件的默认文件夹是 My Documents，但为了数据库

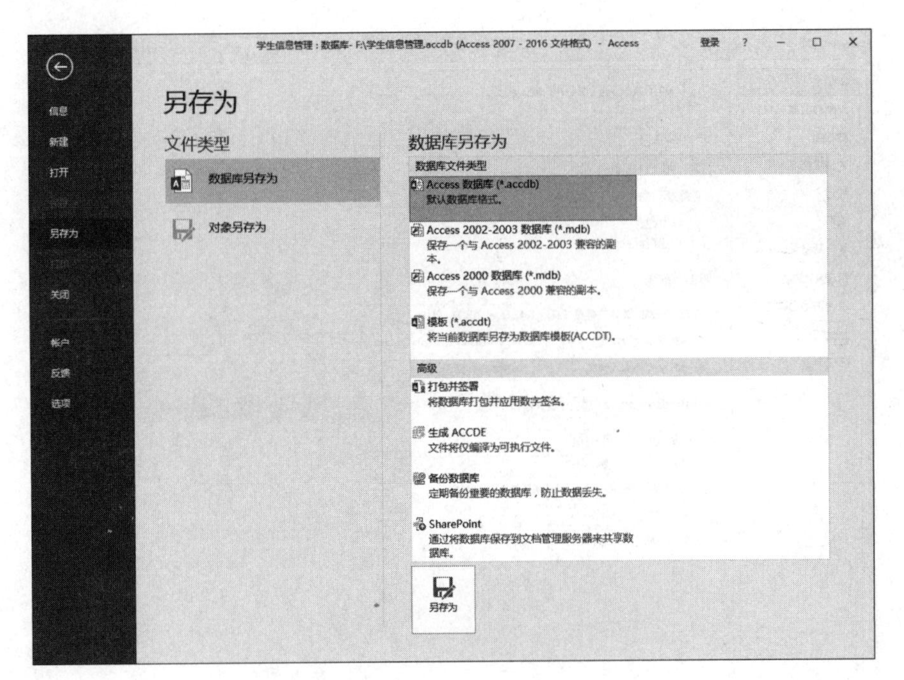

图 1.32 “另存为”页面

文件管理、操作上的方便，可把数据库放在一个专用的工作文件夹中。

实例 1.4 将“学生信息管理.accdb”数据库所在文件夹“F:\access 数据库”设置为默认数据库文件夹。

操作步骤如下。

(1) 在 Access 2016 窗口中，单击“文件”选项卡，选择“选项”命令，打开如图 1.30 所示“Access 选项”对话框。

(2) 在“Access 选项”对话框中单击“常规”选项，在“创建数据库”选项中的“默认数据库文件夹”文本框中输入“F:\access 数据库”，或单击“浏览”按钮选择“F:\access 数据库”。

(3) 单击“确定”按钮，完成设置。

以后每次启动 Access，此文件夹都是系统默认数据库存取的文件夹，直到再次更改为止。

1.6.4 操作数据库对象

打开数据库之后，就可以操作数据库中的对象了。对数据库对象的操作包括创建、打开、复制、删除、编辑和关闭等。本节只介绍基本的打开、关闭、复制和删除操作，其他的操作将在后续章节中详细介绍。

1. 对象的文档窗口显示方式

Access 2016 数据库对象有选项卡式文档和重叠窗口两种文档窗口显示方式。用户可根据自己的习惯选择不同的窗口显示方式。

实例 1.5 将“学生信息管理.accdb”数据库文档窗口显示方式设置为“选项卡式文档”。

操作步骤如下。

(1) 选择“文件”选项卡，然后单击“选项”按钮，将出现如图 1.30 所示“Access 选项”对话框。

(2) 在“Access 选项”对话框左侧窗格中，单击“当前数据库”选项。在“应用程序选项”下的“文档窗口选项”中，选择“选项卡式文档”单选按钮，如图 1.33 所示。

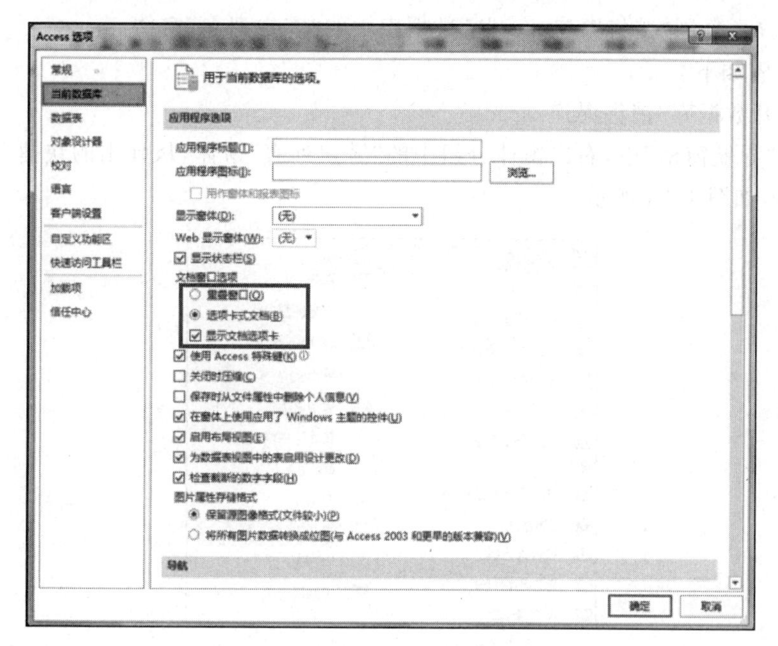

图 1.33 文档窗口选项设置

(3) 单击“确定”按钮，完成设置。

所做的文档窗口选项设置，必须关闭当前数据库，再重新打开数据库后新设置才能生效。

2. 打开数据库对象

在导航窗格中找到要打开的对象，然后双击即可打开该对象。也可以右击要打开的对象，从弹出的快捷菜单中，选择“打开”命令打开该对象。

如果打开了多个对象，在选项卡式文档窗口中，只要单击相应的选项卡名称，就可以把相应的对象显示出来。

3. 关闭数据库对象

如果是选项卡式文档窗口，当打开多个对象后，如果需要关闭某个对象，最简单的方法就是，首先在选项卡对象窗格中选中想要关闭的对象，然后单击选项卡对象窗格右上角的“关闭”按钮 ×，即可将该对象关闭。也可以右击要关闭的对象的选项卡名称，从弹出的快捷菜单中选择“关闭”命令，来关闭该对象。

如果是重叠窗口，直接单击要关闭的对象窗口右上角的“关闭”按钮 × 即可。

4. 复制数据库对象

在 Access 数据库中，使用复制方法可以创建对象的副本，通常在修改某个对象之前，最好创建对象的副本，这样可以避免因修改操作错误造成数据丢失，一旦发生错误还可以用副本还原出原始对象。

实例 1.6 复制“销售渠道.accdb”数据库中的“客户列表”窗体。

操作步骤如下。

(1) 打开数据库“销售渠道.accdb”。

(2) 在“导航窗格”中，右击窗体分组中的“客户列表”窗体，从弹出的快捷菜单中选择“复制”命令，如图 1.34 所示。

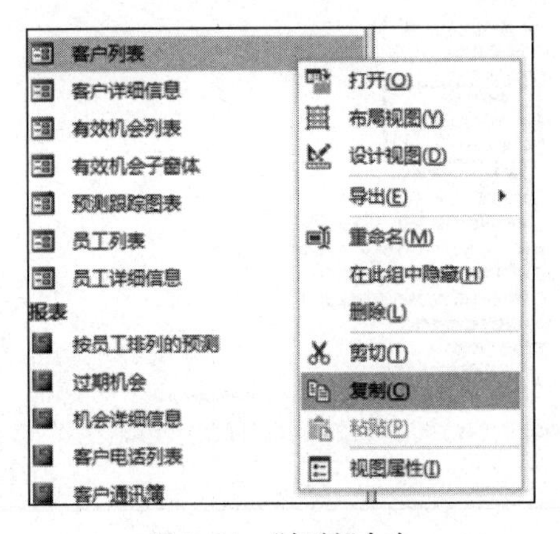

图 1.34 “复制”命令

(3) 在“导航窗格”空白处右击，从弹出的快捷菜单中选择“粘贴”命令。

(4) 在打开的“粘贴为”对话框中对要复制的对象重命名，或者使用默认的名称，如图 1.35 所示，然后单击“确定”按钮。

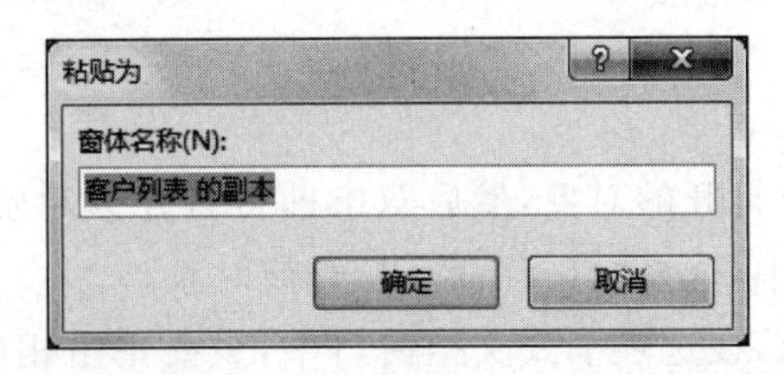

图 1.35 “粘贴为”对话框

Access 2016 不仅可以在同一数据库中进行对象的复制，也可以在不同的 Access 数据库文件间进行对象复制。还可以将对象复制到其他 Microsoft 应用程序中，如 Word、Excel 等，将对象拖到相应的 Access、Word、Excel 文档窗口中即可实现对象的复制操作。

5. 删除数据库对象

如果要删除某个数据库对象,需要先关闭该数据库对象。在导航窗格中右击要删除的对象,从弹出的快捷菜单中选择“删除”命令,或按 Delete 键,该对象就删除了。

本章小结

随着互联网和计算机应用技术的发展,数据库技术已经深入到工作和生活的各个方面。

数据库、数据库管理系统、数据库系统是 3 个不同的概念。从数据库管理系统的功能和数据库系统的组成,可看出数据库系统实质上是一个人机系统。数据模型可以分为概念数据模型和逻辑数据模型。通常所说的数据模型是指逻辑数据模型,主要包括层次模型、网状模型和关系模型。其中,关系模型应用最广泛,关系模型用“二维表”来表示实体以及实体之间的联系。

在具体建立数据库之前,用户必须按照一定的规则和规范对数据库系统进行整体规划和设计,通常需要经历的步骤包括:通过需求分析确定建立数据库的目标,确定数据表,确定表中的字段和表的主键,确定各表之间的联系,改进设计等。

Access 2016 是 Office 2016 的一个组件,是一个面向对象的、采用事件驱动的关系数据库,是优秀的桌面数据库管理和开发工具。Access 2016 提供表、查询、窗体、报表、宏和模块 6 种数据库对象,提供多种向导、生成器、模板,使得建立功能完善的数据库系统更加方便。

思考题

1. 什么是数据、数据库、数据库管理系统和数据库系统?
2. 现常用的数据库管理系统软件有哪些?数据库管理系统和数据库应用系统之间的区别是什么?
3. 解释以下名词:实体、实体集和实体型。
4. 数据库管理系统所支持的传统数据模型是哪三种?各自都有哪些优缺点?
5. 设计数据库的基本步骤有哪些?

第2章 表

本章导读

表是 Access 2016 数据库的基础，是存储数据的对象。Access 2016 数据库其他对象，如查询、窗体、报表等都是在表的基础上建立并使用的。在空白数据库建好后，要先创建表对象，再建立各表之间的关系，以提供数据的存储构架，然后逐步创建其他对象，最终形成完备的数据库。

本章主要介绍表的设计、建立、操作和管理的基本方法。

2.1 创建表

表由表结构和表数据两部分组成。表结构指的是表的框架，也就是表包含的字段；表数据指的是表的内容，也就是表包含的记录。通常情况下，创建表指的是创建表的结构。

Access 2016 提供了 3 种常用创建表的方法。

(1) 通过数据表视图创建表。

(2) 使用表设计视图创建表。

(3) 使用模板创建表。

2.1.1 通过数据表视图创建表

数据表视图是按行和列显示数据的视图，其中每列称为字段，每行称为记录。数据表视图通常用于记录的显示、添加、删除、修改和查找等操作。数据表视图下也可以完成字段的插入、删除、更名等操作。

使用数据表视图创建表的方法操作便捷，适用于创建字段少、字段属性简单的表。

实例 2.1 使用数据表视图在“学生信息管理”数据库中创建“学院”表，表结构如表 2.1 所示。

表 2.1 “学院”表结构

字段名称	字段类型	字段大小	说明
学院编号	短文本	2	主键
学院名称	短文本	20	
教学干事	短文本	10	
办公电话	短文本	13	

操作步骤如下。

(1) 在“学生信息管理”数据库窗口中,切换到“创建”选项卡,单击“表格”组中的“表”按钮,如图 2.1 所示。此时会以数据表视图方式打开一个名为“表 1”的空白表,如图 2.2 所示。默认情况下,新建表会自动添加名为 ID 的字段。

图 2.1 使用数据表视图创建表

(2) 单击“单击以添加”标题右侧的向下箭头按钮,弹出如图 2.3 所示数据类型下拉列表,在下拉列表中选择“短文本”。

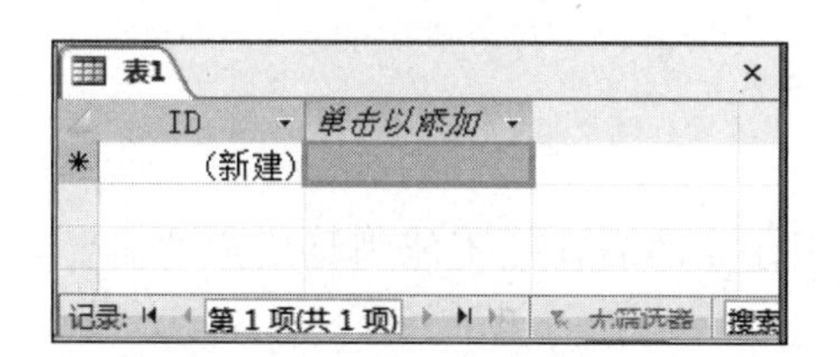

图 2.2 新建的空白表“表 1”

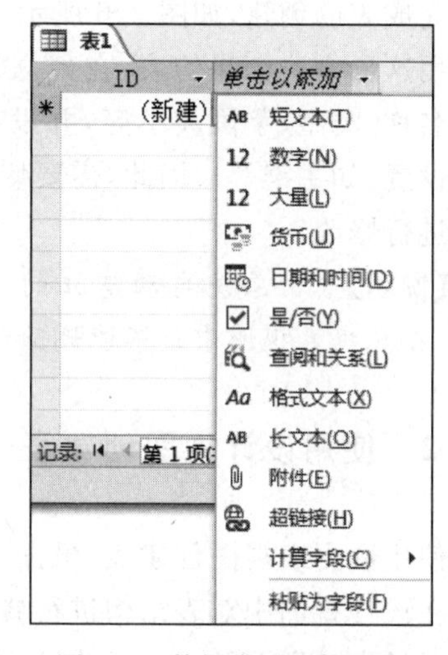

图 2.3 数据类型下拉列表

(3) 此时,数据表中增加一个字段,默认字段名为“字段 1”,并且处于可编辑状态,如图 2.4 所示。将“字段 1”修改为“学院编号”,按 Enter 键,确认输入。

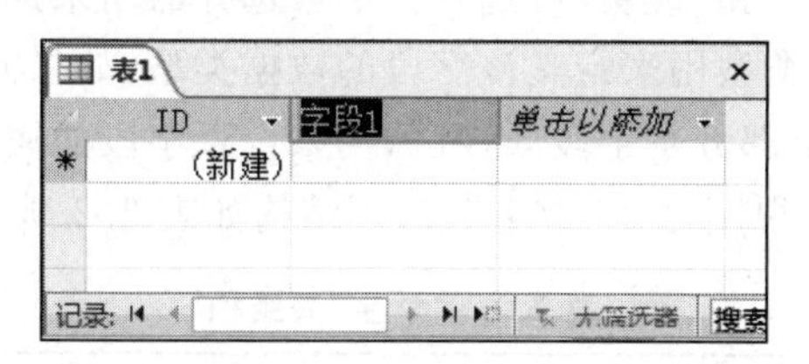

图 2.4 添加新字段

(4) 以同样的方法逐个添加其他字段。

(5) 单击“学院编号”字段,在“表格工具|字段”选项卡“属性”组的“字段大小”文本框中输入 2,如图 2.5 所示。同样的方法为其他字段定义字段大小。

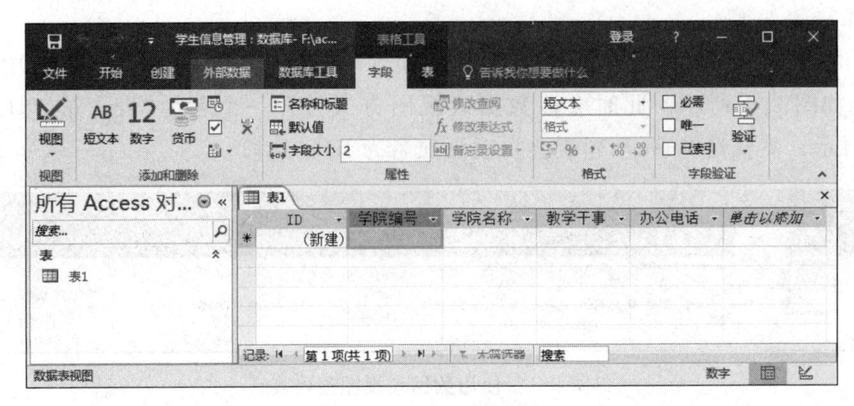

图 2.5　定义字段大小

(6) 单击快速访问工具栏中的“保存”按钮，在“另存为”对话框中输入表名称“学院”，完成表的创建，如图 2.6 所示。

图 2.6　“另存为”对话框

用这种方法创建的表，在建立表结构时仅输入了字段的名称、类型、字段大小等，并没有对字段的其他属性进行设置，如主键等。因此，需要使用表设计视图对表的结构进行修改。

【说明】 由系统自动建立的字段“ID”被作为主键字段，在数据表视图中是不能删除的，只有在设计视图中才能被删除。

2.1.2　使用设计视图创建表

使用数据表视图创建表，虽操作简单，但所建立的表往往不能满足用户的需要，一般还要在设计视图中对表结构进行修改完善。

通过设计视图既可以修改已有的表，也可以建立新表。这种建表方法最灵活，也最常用，较为复杂的表都要在设计视图中建立。

表设计视图分上下两大部分。上半部分是字段输入区，从左至右分别为“字段选择器”“字段名称”“数据类型”和“说明(可选)”。字段选择器用来选择某一字段，字段名称用来说明字段的名称，数据类型用来定义该字段的数据类型，如果需要可以在说明列中对字段进行必要的说明。下半部分是字段属性区，用来设置字段的属性。

实例 2.2　使用设计视图创建“学生”表，表结构如表 2.2 所示。

表 2.2　“学生”表结构

字段名称	字段类型	字段大小	说明
学号	短文本	13	主键，非空
姓名	短文本	10	
性别	短文本	1	

续表

字段名称	字段类型	字段大小	说明
出生日期	日期/时间		
籍贯	短文本	30	
班级编号	短文本	10	
专业	短文本	10	
党员否	是/否		
电话	短文本	11	
照片	附件		
爱好	短文本	50	

操作步骤如下。

(1) 在"学生信息管理"数据库窗口中，切换到"创建"选项卡，单击"表格"组中的"表设计"按钮，打开如图2.7所示的表设计视图。

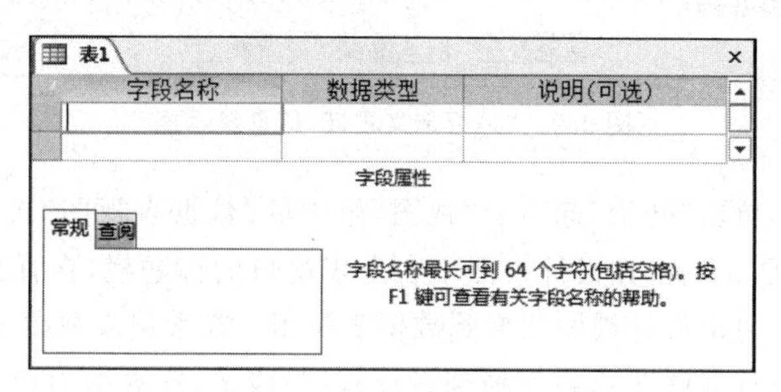

图2.7 表设计视图

(2) 单击设计视图第一行的"字段名称"列，并在其中输入"学号"；单击"数据类型"列，并单击其右侧的向下箭头按钮，在下拉列表中选择"短文本"数据类型；在"说明(可选)"列中输入说明信息"主键，非空"。

【说明】 说明信息不是必需的，但它能够增加数据的可读性。

(3) 在字段属性区单击"常规"选项卡，将"字段大小"设置为"13"，在"必需"中选择"是"，在"允许空字符串"中选择"否"，如图2.8所示。

(4) 按照表2.2所示添加"学生"表中的其他字段。

(5) 定义完全部字段后，单击"学号"字段行的字段选择器，然后单击"表格工具|设计"选项卡"工具"组的"主键"按钮，设置"学号"字段为主关键字。

(6) 单击快速访问工具栏中的"保存"按钮，在"另存为"对话框中输入表名称为"学生"，然后单击"确定"按钮，完成表的创建。

【说明】 如果没为表设置主键，则保存时会弹出如图2.9所示的信息框，单击"否"按钮，暂时不创建主键，完成"学生"表结构的创建。若单击"是"按钮，系统会自动创建数据类型为自动编号，名称为ID的字段作为主键。若单击"取消"按钮，则返回到表设计视图。

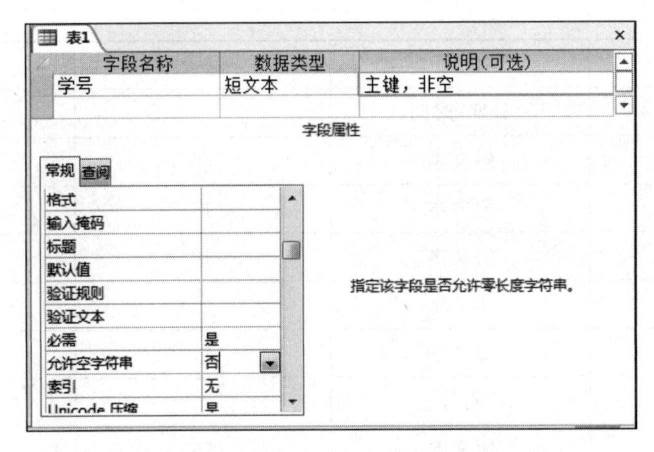

图 2.8 字段属性设置

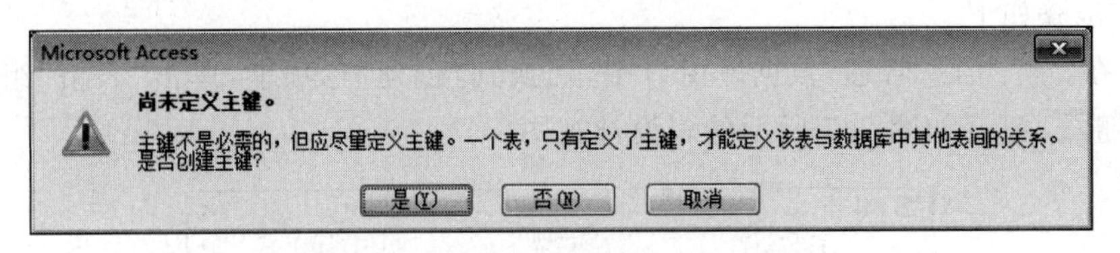

图 2.9 “是否定义主键”信息提示框

在设计视图中，单击“开始”选项卡“视图”组中的“数据表视图”按钮，将由设计视图切换到数据表视图；或者，在设计视图中右击表窗口的标题栏，在弹出的快捷菜单中选择“数据表视图”，也可由设计视图切换到数据表视图。在数据表视图下，单击“开始”选项卡“视图”组中的“设计视图”，将切换到设计视图；或者，在数据表视图中右击表窗口标题栏，在弹出的快捷菜单中选择“设计视图”，也可由数据表视图切换到设计视图。

2.1.3 使用模板创建表

对于一些常用的应用，如“联系人”“用户”或“任务”等相关主题的数据表和窗体等对象，可以使用 Access 自带的模板。使用模板创建表的好处是方便快捷，但有时与实际要求有所不同，需要通过设计视图对其做进一步修改。

实例 2.3 使用模板创建“用户”表，结构如表 2.3 所示。

表 2.3 “用户”表结构

字段名称	字段类型	字段大小	说明
账号	短文本	20	
密码	短文本	6	

操作步骤如下。

(1) 打开“学生信息管理”数据库，切换到“创建”选项卡，在“模板”组内单击“应用程序部件”按钮，从弹出的下拉列表中选择“用户”选项，如图 2.10 所示。

（2）此时弹出“正在准备模板”信息框，如图 2.11 所示。

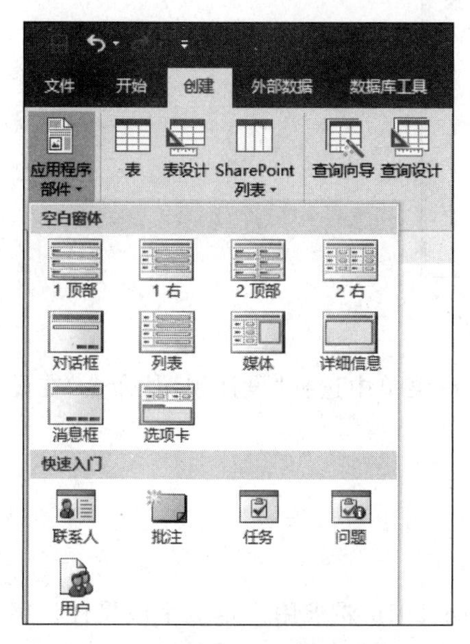

图 2.10 “应用程序部件”下拉列表

图 2.11 “正在准备模板”信息框

（3）在打开的“创建关系”对话框中选择“不存在关系”选项，如图 2.12 所示。单击“创建”按钮，开始从模板创建表和相关窗体，此时的“导航窗格”如图 2.13 所示。从图 2.13 可以看出，通过模板创建了“用户”表、“用户详细信息”和“主要用户”窗体。

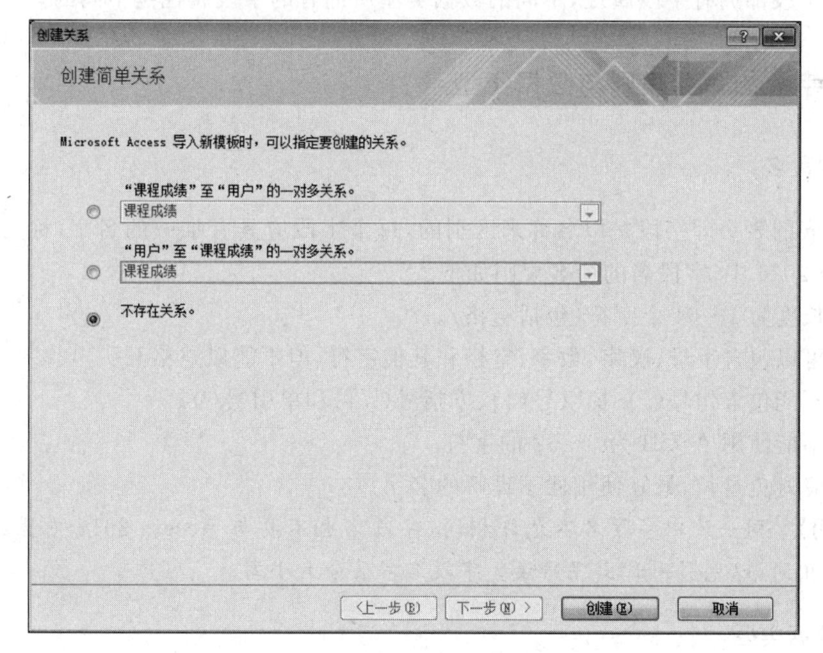

图 2.12 “创建关系”对话框

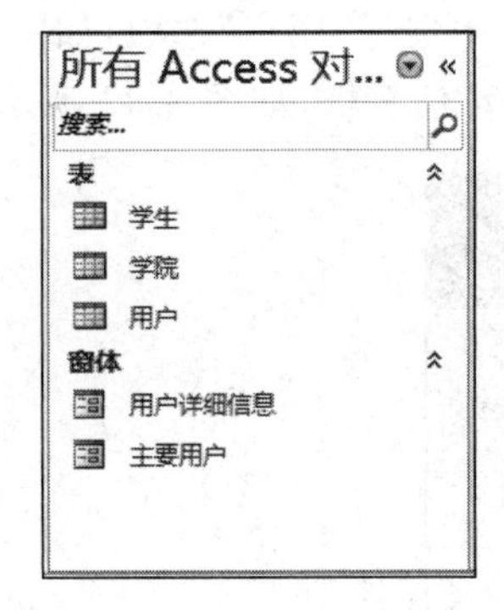

图 2.13　导航窗格

(4) 在导航窗格中，右击“用户”表，在弹出的快捷菜单中选择“设计视图”命令，在设计视图中打开该表，按照表 2.3 修改表结构。

2.2　设置字段属性

为字段定义了字段名、数据类型及说明后，Access 2016 要求用户定义字段属性。字段属性是一组特征，使用它可以控制数据在字段中的保存、处理或显示。例如，通过设置文本字段的字段大小属性来控制允许输入的最多字符数；通过定义字段的验证规则属性来限制在该字段中输入数据的规则，如果输入的数据违反了规则，将显示提示信息，告知合法的数据是什么。

每个字段都拥有字段属性，不同的数据类型所拥有的字段属性是不同的。

2.2.1　字段的命名规则与数据类型

1. 字段名

数据表的表头即字段是以名称来区别的，每个字段应具有唯一的名字，称为字段名。在 Access 2016 中，字段名的命名规则如下。

(1) 长度为 1～64 个字符(包括空格)。

(2) 可以包含字母、汉字、数字、空格和其他字符，但不能以空格开头。

(3) 不能包含句号(.)、惊叹号(!)、方括号([ ])和单引号(')。

(4) 不能使用 ASCII 为 0～32 的字符。

(5) 应避免过长，最好使用便于理解的名字。

【说明】 同一表中字段名不允许相同，字段名也不要与 Access 2016 内置函数或者属性名称相同，以免引用时出现错误。字段名不区分大小写。

2. 数据类型

在关系数据库理论中，一个表中的同一列数据必须具有相同的数据特征，称为字段的数据类型。在设计表时，必须定义表中每个字段应该使用的数据类型。Access 2016 常用的数据类型有短文本、长文本、数字、大型页码、日期/时间、货币、自动编号、是/否、OLE 对象、超级链接、附件、计算和查阅向导。

（1）短文本。短文本型字段可以保存文本或文本与数字的组合，如姓名、地址，也可以是不需要计算的数字，如学号、电话号码等。默认短文本型字段大小是 255 个字符，但一般输入时，系统只保存输入到字段中的实际字符。设置“字段大小”属性可控制能输入的最大字符个数。短文本型字段的取值最多可达到 255 个字符，如果取值的字符个数超过了 255，可使用长文本型。

【说明】 1 个汉字和 1 个英文字母都是 1 个字符。短文本型对应 Access 2010 以前的版本中的文本型。

（2）长文本。长文本型能够解决短文本数据类型无法解决的问题，它可以保存较长的文本和数字，如简历、附注、说明等。与短文本类型一样，长文本类型也是字符或字符和数字的组合，它允许存储长达 65535 个字符的内容。

【说明】 不能对长文本型字段进行排序或索引，但短文本型字段却可以进行排序和索引。长文本型对应 Access 2010 以前的版本中的备注型。

（3）数字。数字类型可以用来存储进行数学计算的数值数据，如价格、成绩等。一般可以通过设置字段大小属性，定义一个特定的数字类型。可以定义的数字类型及其取值范围如表 2.4 所示。

表 2.4　数字类型的种类及其取值范围

数字类型	值的范围	小数位数	字段长度
字节	0～255	无	1 字节
整型	－32768～32767	无	2 字节
长整型	－2147483648～2147483647	无	4 字节
单精度型	$-3.4\times10^{38}\sim3.4\times10^{38}$	7	4 字节
双精度型	$-1.79734\times10^{308}\sim1.79734\times10^{308}$	15	8 字节
同步复制 ID	全球唯一标识符 GUID，它的每条记录都是唯一不重复的值	无	16 字节
小数	单精度和双精度属于浮点型数字类型，而小数是定点型数字类型，$-10^{38}-1\sim10^{38}-1$	28	12 字节

（4）大型页码。大型页码类型用于存放大数值数字型。

（5）日期/时间。日期/时间类型是用来存放 100～9999 年的日期、时间值，如出生日期、开课时间等。每个日期/时间字段大小为 8 个字节。

（6）货币。货币类型是数字类型的特殊类型，等价于双精度数字类型。向货币字段输入数据时，不必输入人民币符号和千位处的逗号，Access 2016 会自动显示这些符号，并添加两位小数到货币字段中。一般货币也需要算术运算，但是货币类型与数字类型不同，它可以提供更高的精度，以避免四舍五入带来的计算误差。精确度为小数点左边 15 位数及右边 4 位数。

（7）自动编号。自动编号类型较为特殊，每次向表中添加新记录时，由系统为一条新记录指定唯一顺序号，有两种形式。

① 递增：默认值，自动增加1。

② 随机：产生随机的长整型数据。

自动编号类型一旦被指定，就会永久地与记录连接。如果删除了表中含有自动编号字段的一个记录，并不会对表中自动编号型字段重新编号。当添加某一记录时，不再使用已被删除的自动编号型字段的数值，而按递增的规律重新赋值。自动编号型字段大小为4个字节。

【说明】 不能对自动编号型字段人为地指定数值或修改其数值，每个表中只能包含一个自动编号型字段。

(8) 是/否。是/否类型又被称为布尔型或逻辑型，针对只有两种不同取值的字段而设置的，如性别。是/否类型的字段大小为1个字节。

(9) OLE对象。OLE对象类型可以存储其他程序创建的数据对象(如Word文档、图像、声音等)。由于OLE存储的数据都较大，所以不能排序、索引和分组。OLE对象字段最大可为1GB。

(10) 超级链接。超级链接类型字段是用来保存超级链接地址的，包含文本或以文本形式存储的字符与数字的组合。当单击一个超级链接时，将根据超级链接地址到达指定的目标。

(11) 附件。附件类型的字段可以存储多个相同或不同类型的文件。附件类型字段最多可以附加2GB的数据，每个文件的大小不能超过256MB。

【说明】 大多数情况下，应使用附件类型字段代替OLE类型字段。因为OLE对象字段支持的文件类型比附件字段少，并且OLE对象字段不允许将多个文件附加到一条记录中。

(12) 计算。计算类型的字段用于存储根据同一表中其他字段计算的结果，不能引用其他表中的字段。该字段的大小和类型取决于数据的来源。

(13) 查阅向导。查阅向导是一种比较特殊的数据类型。在进行记录输入的时候，如果希望通过一个列表或组合框选择所需要的数据以便将其输入到字段中，而不必靠手工输入，此时就可以使用查阅向导类型的字段。在使用查阅向导类型字段时，列出的选项可以来自其他的表或查询，或者是事先输入好的一组固定的值。

2.2.2 设置主键

主键也称为主关键字，是表中能够唯一标识记录的一个字段或多个字段的组合。只有为表定义了主键，该表才能与数据库中其他表建立联系，从而能够利用查询、窗体和报表迅速、准确地查找和组合不同表中的信息，这也正是数据库的主要作用之一。

主键的取值不能重复，也不能为空。在Access 2016中主要有三种主键：自动编号主键、单字段主键和多字段主键。

(1) 自动编号主键：在用户没有设置主键的情况下，Access 2016会创建一个数据类型为自动编号的主键。

(2) 单字段主键：如果一个字段包含了唯一的值，能够将不同的记录区分开，就可以将该字段设置为主键。

(3) 复合主键：如果表中单字段不能唯一标识一条记录，则可以将两个或多个字段定为主键，这种多字段主键又称为复合主键。

实例 2.4 设置“课程成绩”表的“学号”和“课程编号”为复合主键。

操作步骤如下。

(1) 打开“学生信息管理”数据库，右击导航窗格“课程成绩”表，从弹出的快捷菜单中选择“设计视图”，打开“课程成绩”表的设计视图。

(2) 在设计视图中，单击“学号”字段左边的字段选择器，选定“学号”行，再按住 Ctrl 键，单击“课程编号”字段的字段选择器，选定“学号”和“课程编号”两个字段，单击“表格工具|设计”选项卡“工具”组中的“主键”按钮，设置“学号”和“课程编号”为复合主键。设置主键后的效果如图 2.14 所示。

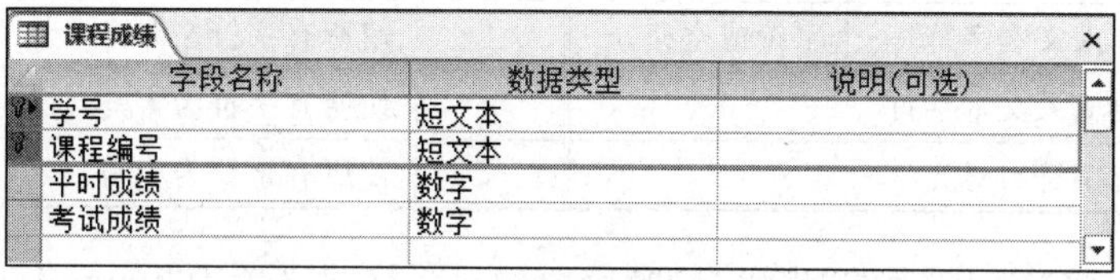

课程成绩

字段名称	数据类型	说明(可选)
学号	短文本	
课程编号	短文本	
平时成绩	数字	
考试成绩	数字	

图 2.14 设置表的主键

(3) 单击快速访问工具栏中的“保存”按钮，保存修改。

【归纳】

(1) 一个表只能定义一个主键，如果原先已经设置过主键，则重新设置主键时，原有的主键自动被取消。

(2) 如果想删除主键，先选中主键字段，然后单击“工具”组中的“主键”按钮，这时字段前面的“钥匙”图标消失，表示这个字段不再是主键。若待删除的主键已经和某个表建立了关系，Access 2016 会警告必须先删除该关系才能删除主键。

2.2.3 “字段大小”属性

“字段大小”属性用于限制输入到该字段的最大长度，当输入的数据超过该字段设置的字段大小时，系统将拒绝接收。

“字段大小”属性只适用于短文本、数字和自动编号类型的字段。短文本型字段的“字段大小”属性的取值范围是 0～255，默认值为 255；数字型字段的“字段大小”属性可以设置的种类最多，选择时单击“字段大小”属性框，然后单击右侧向下箭头按钮，从弹出的下拉列表中选择一种类型。自动编号型字段的“字段大小”属性可设置为“长整型”和“同步复制 ID”两种。

【说明】 如果短文本字段中已经有数据，那么减小字段大小会造成数据丢失，将截去超出所限制的字符。如果在数字型字段中包含小数，那么将字段大小属性设置为整数时，自动将小数取整。因此在改变字段大小属性时要非常小心。

2.2.4 “格式”属性

“格式”属性用来确定数据的显示和打印方式，从而使表中的数据输出有一定规范，可以使数据的显示统一美观。格式属性只影响数据的显示格式，不影响数据在表中的存储。

Access 系统提供了一些字段的预定义格式供用户选择。预定义格式可以用于设置数字、大型页码、货币、自动编号、日期/时间和是/否等类型字段，对于短文本和长文本等类型字段没有预定义格式，用户可以自定义它们的格式。在 Access 2016 中，有几种文本格式符号，使用这些符号可以将数据表中的数据按照一定的格式进行处理，如表 2.5 所示。

表 2.5 短文本和长文本型数据的格式符号

符号	说　　明	符号	说　　明
@	要求输入文本字符(一个字符或空格)	!	使所有字符左对齐
&	不需要输入文本字符	>	使所有字符为大写
—	使所有字符右对齐	<	使所有字符为小写

实例 2.5 将“学生”表的“出生日期”字段的显示格式设置为“yyyy 年 mm 月 dd 日”。

操作步骤如下。

(1) 在导航窗格中右击“学生”表，从弹出的快捷菜单中选择“设计视图”，在“设计视图”中打开 “学生”表。

(2) 选择“出生日期”字段，单击字段属性“常规”选项卡“格式”属性框右侧的向下箭头按钮▼，从系统提供的 7 种日期格式中选择“长日期”，如图 2.15 所示。

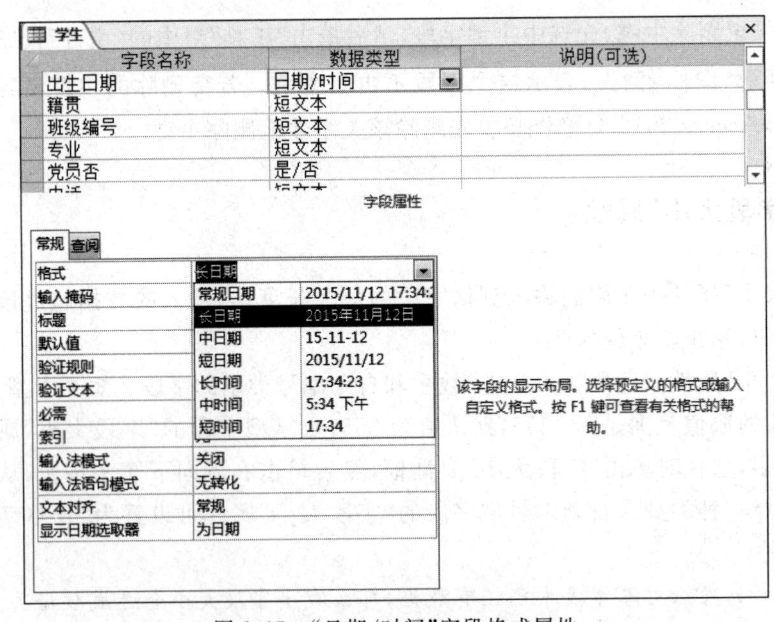

图 2.15 “日期/时间”字段格式属性

（3）单击快速访问工具栏中的“保存”按钮，保存修改。

2.2.5 “输入掩码”属性

“输入掩码”属性用于定义数据的输入格式，以限制不符合规范的数据的输入。使用输入掩码属性可以提高数据输入的效率。

输入掩码由一个必需部分和两个可选部分组成，每部分用分号隔开。每部分的用途如下所示。

（1）第一部分是必需的，由掩码字符（用于指定可以输入字符的位置及字符种类、字符数量等）和字面字符（如括号、连字符等）组成。常用掩码字符及含义如表2.6所示。

（2）第二部分是可选的，它指定是否在表中保存字面字符。如果第二部分设置为“0”，则所有字面显示字符（如电话号码输入掩码中的括号）都与数值一同保存；如果设置为“1”或缺省，则仅显示而不保存字面字符。将第二部分设置为“1”可以节省数据库存储空间。

（3）第三部分也是可选的，指明用作占位符的字符。默认情况下，占位符使用下画线“_”。

表2.6 常用掩码符号及含义

字符	功能	设置形式	范例
0	必须输入数字（0～9）	(000)-00000000	(010)-12345678
9	可以选择输入数字（0～9）或空格，不是每位必须输入	(999)9999-9999!	(208)5544-3322 ( )5544-3322
#	可以选择输入数字（0～9）、空格、加号和减号，不是每位必须输入	#9#	－6＋
L	每位必须输入大小写字母	LLL	ABC
?	可以选择输入大小写字母、空格	???	A B
A	每位必须输入字母或数字	AAA	12C
a	可以选择输入字母或数字	(aa)aaa	()123
&	必须输入任意的字符或一个空格	&&&&&	BC * 13
C	可以选择输入任意的字符或一个空格	&&CCC	AA－1
<	将其后所有字符转换为小写	<LLLL	lisa
>	将其后所有字符转换为大写	>LLLLLL	ACCESS
!	使输入掩码从右到左显示，而不是从左到右显示。输入掩码中的字符始终都是从左到右填入。可以在输入掩码中的任何地方包括感叹号	!??????	使内容右对齐
\	使接下来的第一个字符以字面字符显示	\A	A
""	双引号中的字符以字面字符显示	"A1b"	A1b
Password	文本框中输入的任何字符都按字面字符保存，但显示为星号（*）	admin	*****

实例 2.6 为“学院”表中“单位电话”字段设置“输入掩码”，区号为“0532-”，电话号码前 7 位必须是数字，第 8 位可以是数字也可以不输入，字面字符“0532-”不保存，字符占位符为 * 。

操作步骤如下。

(1) 右击导航窗格“学院”表，从弹出的快捷菜单中选择“设计视图”，在“设计视图”中打开“学院”表。

(2) 选择“单位电话”字段，在字段属性“常规”选项卡 “输入掩码”属性文本框中输入“"0532-"00000009;1; *”，如图 2.16 所示。

(3) 单击“保存”按钮，保存当前设计的修改。

(4) 切换到“学院”表的数据表视图。当光标移动到“单位电话”时，如果该字段没有数据，则显示“0532-********”格式，如图 2.17 所示。

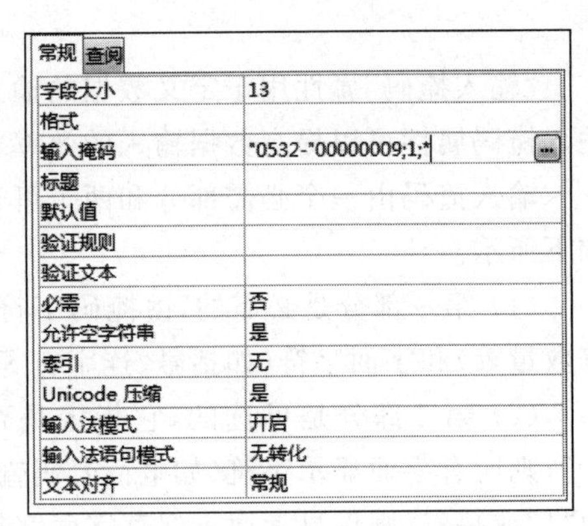

图 2.16 设置“输入掩码”属性

图 2.17 “输入掩码”输入数据的效果

对于文本、数字、日期/时间、货币等数据类型的字段，都可以定义“输入掩码”属性。另外，单击“输入掩码”属性文本框右边的按钮，可以打开“输入掩码向导”对话框，如图 2.18 所示，通过向导进行“输入掩码”属性的设置。但是，只为短文本型和日期/时间型字段提供向导，其他数据类型没有向导帮助。因此对于数字或货币类型的字段来说，只能使用字符直接定义“输入掩码”属性。

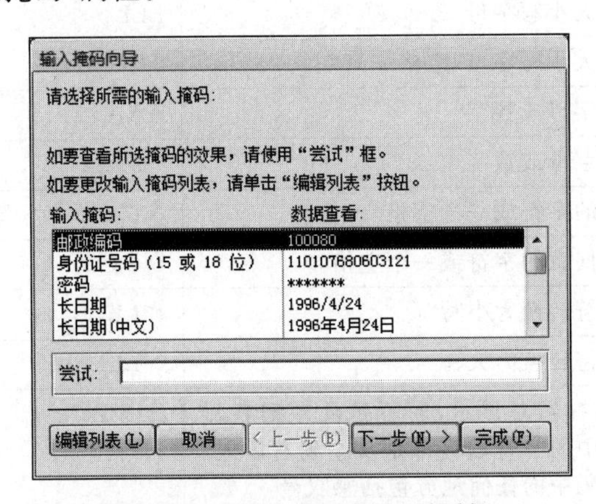

图 2.18 “输入掩码向导”对话框

【说明】 如果为某字段定义了输入掩码，同时又设置了它的格式属性，格式属性将在数据显示时优先于输入掩码的设置。这意味着即使已经保存了输入掩码，在显示数据时，也会忽略输入掩码。

2.2.6 “验证规则”与“验证文本”属性

利用“验证规则”和“验证文本”属性可以限制非法数据输入到表中。

“验证规则”属性用于对输入到记录中的字段数据指定要求或限制条件。例如，成绩必须在 0～100 范围内。“验证文本”属性用于设置输入数据违反验证规则时显示的提示信息。例如，当输入 120 作为成绩时，显示“成绩应在 0 到 100 之间”。

实例 2.7 设置“课程成绩”表中的“考试成绩”“平时成绩”字段的“验证规则”与“验证文本”属性，使得“考试成绩”“平时成绩”只能输入 0～100 的数字，如果输入其他数字则给出提示“成绩应在 0 到 100 间”。

操作步骤如下。

(1) 右击导航窗格“学生”表，从弹出的快捷菜单中选择“设计视图”，在“设计视图”中打开“学生”表。

(2) 选择“考试成绩”字段，在字段属性“常规”选项卡“验证规则”属性文本框中输入“＞＝0 And ＜＝100”(或 Between 0 and 100)，在“验证文本”属性文本框中输入提示信息“成绩应在 0 到 100 间”，如图 2.19 所示。同样的方式，设置“平时成绩”字段的“验证规则”和“验证文本”属性。

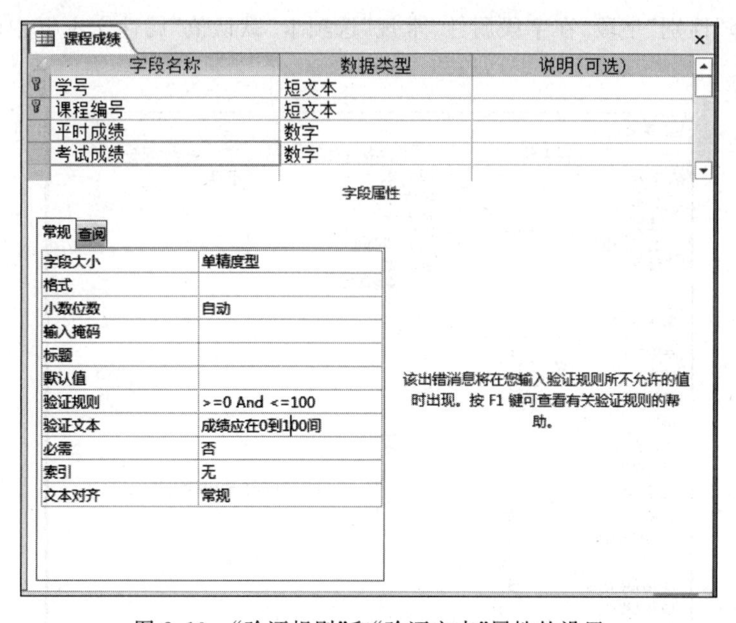

图 2.19 “验证规则”和“验证文本”属性的设置

(3) 单击快速访问工具栏的“保存”按钮，保存修改。

(4) 切换到数据表视图，在“考试成绩”字段列中输入 120，弹出如图 2.20 所示的提示框，单击“确定”按钮重新输入新值，按 Esc 键放弃当前的修改。

【说明】 “验证规则”是一个逻辑表达式，表达式中所有的运算符号都要在英文半角状态下输入，引用字段名时要用方括号括起来。

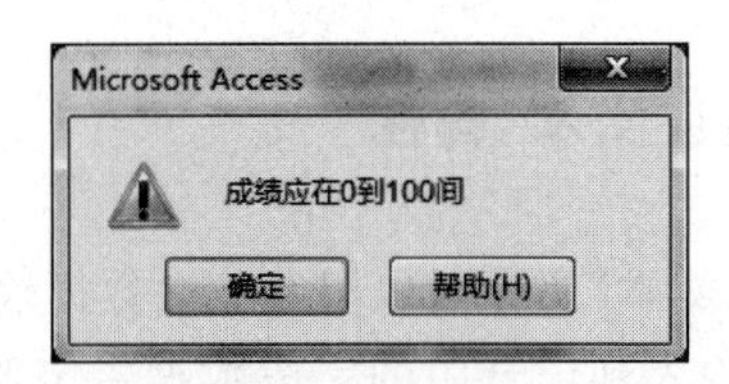

图 2.20 “验证规则”和“验证文本”的设置效果

2.2.7 “默认值”属性

默认值就是字段的缺省值。“默认值”属性是一个十分有用的属性。在一个数据库表中，往往会有一些字段的数据内容相同或者包含有相同部分，为减少数据输入量，可以将出现较多的值作为该字段的默认值。

设置默认值后，在添加新记录时，默认值自动加到相应的字段中。

实例 2.8 设置“学生”表“性别”字段的默认值为“女”。

操作步骤如下。

(1) 右击导航窗格“学生”表，从弹出的快捷菜单中选择“设计视图”，在“设计视图”中打开“学生”表。

(2) 选择“性别”字段，在字段属性“常规”选项卡“默认值”属性文本框中输入"女"，如图 2.21 所示。

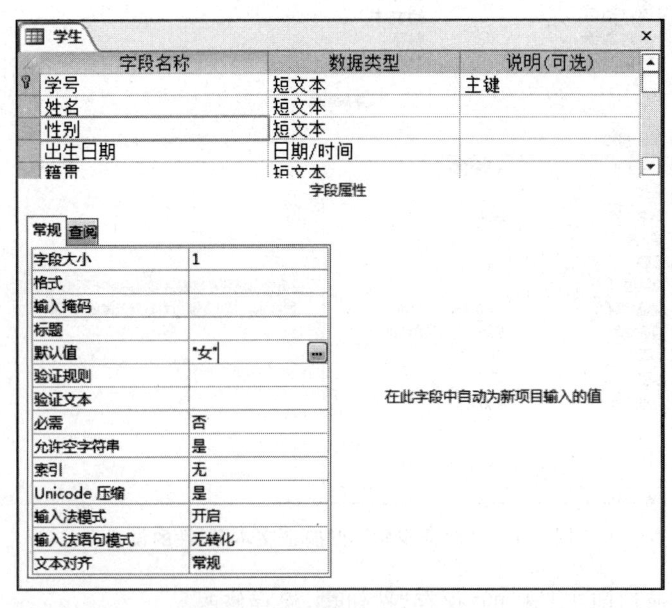

图 2.21 “默认值”属性的设置

【说明】 双引号为英文标点符号，如果只输入女，系统会自动添加双引号。

(3) 单击“保存”按钮，保存修改。

(4) 切换到“学生”表的数据表视图。新记录的“性别”字段会自动填充“女”作为默认值,如图 2.22 所示。

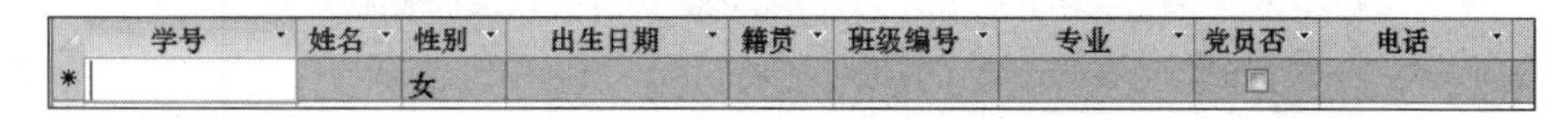

图 2.22 “默认值”属性的设置效果

可以使用表达式来定义默认值。例如,若希望在输入某日期/时间型字段值时插入当前系统日期,可以在该字段的“默认值”属性框中输入表达式“Date()”。

【说明】 默认值表达式必须与字段的数据类型匹配,否则会出现错误。

2.2.8 “索引”属性

索引是将记录按照某个字段或某几个字段进行逻辑排序,就像字典中的索引提供了按拼音顺序对应汉字页码的列表和按笔画顺序对应汉字页码的列表,利用它们可以快速找到需要的汉字。建立索引有助于快速查找和排序记录。在表设计视图中,“常规”选项卡中的“索引”有 3 个选项,如表 2.7 所示。

表 2.7 “索引”属性

属性设置	说 明
无	默认值,表示该字段无索引
有(有重复)	表示该字段有索引,且该字段的值可以重复
有(无重复)	表示该字段有索引,且该字段的值不能重复

Access 2016 既可以创建基于单字段的索引,也可以创建基于多字段的索引。

1. 单字段索引

实例 2.9 为“学生”表的“籍贯”字段创建有重复值的索引。

操作步骤如下。

(1) 右击导航窗格“学生”表,从弹出的快捷菜单中选择“设计视图”,在“设计视图”中打开“学生”表。

(2) 选择“籍贯”字段,在字段属性“常规”选项卡“索引”属性下拉列表框中选择“有(有重复)”选项,如图 2.23 所示。

(3) 单击快速访问工具栏的“保存”按钮,保存修改。

【说明】 如果表的主键为单个字段,Access 2016 将自动把该字段的“索引”属性设置为“有(无重复)”。不能基于长文本、超级链接和 OLE 对象等类型的字段建立索引。

2. 多字段索引

使用多字段索引进行排序时,首先按索引中的第一个字段进行排序,如果第一个字段有重复值,再按索引中的第二个字段排序,依次类推。

实例 2.10 基于“学生”表的“性别”和“出生日期”字段建立索引,先按“性别”升序排

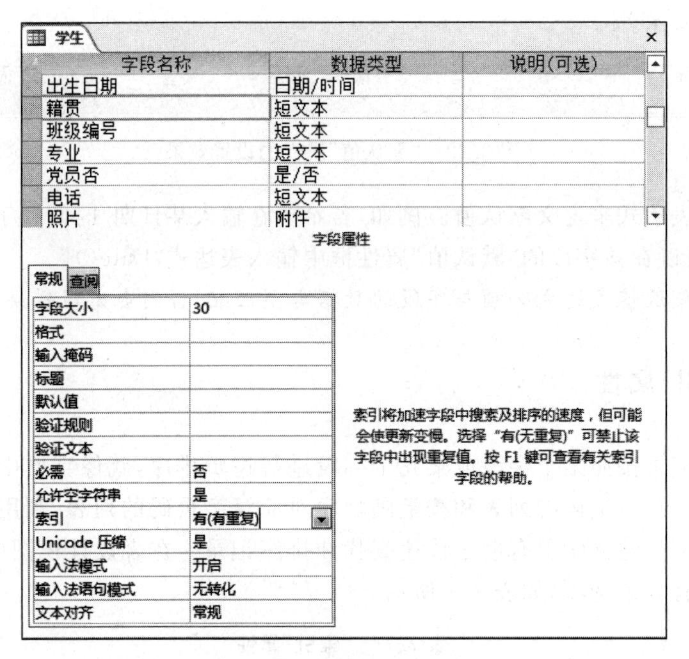

图 2.23 “索引”属性设置

列,“性别”相同记录,再按“出生日期”降序排列。

操作步骤如下。

(1) 右击导航窗格“学生”表,从弹出的快捷菜单中选择“设计视图”,在“设计视图”中打开“学生”表。

(2) 在“表格工具|设计”选项卡下,单击“显示/隐藏”组的“索引”按钮,打开“索引”对话框。该对话框中列出了“学生”表中已存在的索引。

(3) 在对话框空白行的“索引名称”列中输入新建索引的名称“性别＋出生日期”,在“字段名称”列中选择“性别”字段,在“排序次序”列中选择“升序”。从下一行的“字段名称”列中选择“出生日期”字段,在“排序次序”列中选择“降序”,如图 2.24 所示。

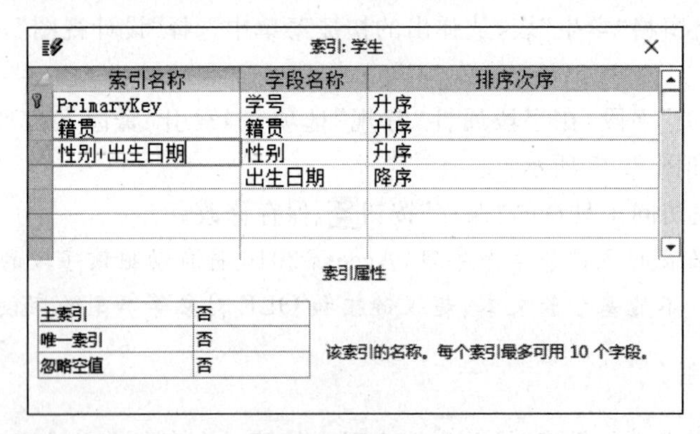

图 2.24 建立索引

(4) 单击快速访问工具栏的“保存”按钮,保存修改。

【说明】 虽然利用索引可以提高查询的效率，但是如果建立的索引过多，系统要占用大量的时间和空间来维护索引，反而会降低插入、修改和删除记录的速度，所以并不是索引越多越好。

2.2.9 其他常用属性

1. “标题”属性

“标题”可以看做是字段名意义不明确时设置的说明性名称，如果给字段设置了标题属性，在数据表视图中显示的将不是字段名称而是标题属性中的名称。

2. “必需”属性

“必需”属性决定字段是否必须输入数据，其默认值为“否”。如果设置为“是”，则指该字段不允许出现空值，也就是 Null。空值是缺少的、未定义的或未知的值，即什么都不输入。

3. “允许空字符串”属性

“允许空字符串”是短文本和长文本类型字段的专有属性，其默认值为“是”，表示该字段可以是空字符串。如果设置为“否”，则不允许出现空字符串。空字符串是长度为零的字符串，即不含字符的字符串，用一对连续的英文双引号表示，即""。

【说明】 如果表的主键为单个字段，Access 2016 将自动把该字段的“必需”属性设置为“是”，“允许空字符串”属性设置为“否”。

2.3 输入数据

在建立了表结构之后，就可以向表中输入数据了。有了数据才能对表进行处理，输出对用户有用的信息，因此，向表中输入数据是创建表的一项重要任务。

表中数据的输入及编辑等操作要在数据表视图中进行。

2.3.1 输入不同类型的数据

由于字段的数据类型和属性的不同，不同类型的字段输入数据时有不同的要求。输入数据时要注意以下几点。

(1) 如果表是空的，就直接从第一条记录的第一个字段开始输入数据，每输入一个字段值，按 Enter 键或 Tab 键，也可以按向右的方向键→，跳转到下一个字段继续输入。如果表中已经有数据了，则只能在表的最后一行的空记录中输入数据，不能在两条记录之间插入记录，记录在表中的存放顺序是按照向表中添加记录的先后顺序存放的，但在显示时，是按照索引顺序显示的。

(2) 输入某字段数据且从该字段移到下一字段时，Access 会验证这些数据，以确保输入值是该字段的允许值。如果输入值不合法，将出现信息框显示出错信息。在更正错误之前，无法将光标移动到其他字段上。若欲放弃当前字段的输入或编辑，可按 Esc 键。

(3) 在向表中添加记录时，一定要保证输入的数据类型和字段的类型一致，在对设置了输入掩码的字段输入数据时，输入的数据格式要和设定的输入掩码的格式一致。

(4) 计算类型的字段不能输入和编辑，其值是对应表达式的计算结果。

实例 2.11　向"学生"表中输入数据。

操作步骤如下。

(1) 在"导航窗格"中双击"学生"表，打开"学生"表的数据表视图。

(2) 将光标移动到表的新记录处，在字段单元格中会显示空白或是字段的默认值，如图 2.25 所示。

图 2.25　输入新记录

【说明】　新记录的"记录选择器"中的符号是＊。

(3) 输入日期/时间型字段的值时，可用日期格式中的任意一种来输入，也可单击日期/时间型字段右侧的日期选取器按钮，打开日历控件，如图 2.26 所示，通过该控件选择相应的日期即可。

(4) 在"党员否"对应的复选框中单击，复选框被选中，表示是党员，复选框未选中，表示不是党员。

【说明】　复选框选中表示"是"，将－1 存入数据库；复选框未选中，表示"否"，将 0 存入数据库。

(5) 输入"照片"字段的值。

① 右击"照片"字段单元格，在弹出的快捷菜单中选择"管理附件"命令，打开如图 2.27 所示的"附件"对话框。

图 2.26　日历控件

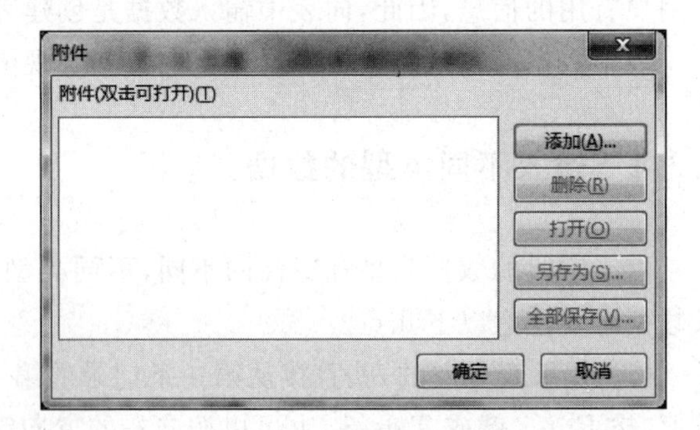

图 2.27　"附件"对话框

【说明】　双击"附件"类型字段单元格，也可以打开"附件"对话框。

② 在“附件”对话框中，单击“添加”按钮。弹出如图 2.28 所示的“选择文件”对话框。

图 2.28 “选择文件”对话框

③ 在“选择文件”对话框中，选择要插入的图片，然后单击“打开”按钮即可。选中的文件会显示在“附件”对话框中，双击文件名可以查看该图片。

④ 单击“附件”对话框的“确定”按钮，完成当前记录照片的添加。该记录的“照片”字段的值由原来的无文件状态(0) 变为有文件状态(1)。

【说明】 单击“附件”对话框中的“添加”按钮可以往该字段中继续添加其他文件，单击“删除”按钮可以删除文件。

(6) 单击“开始”选项卡“记录”组中的“保存”按钮保存记录。光标离开当前记录后，系统也会保存记录。若想放弃对当前记录的输入或编辑，可按 Esc 键。

2.3.2 通过“查阅向导”输入数据

通过“查阅向导”，用户可以通过选取列表中的数据完成字段值的输入，这使得数据输入更方便，并可以确保输入该字段数据的一致性。

查阅列表的值可以是固定值，如“性别”字段的值，也可以来自表或查询中某个字段的值，如“学生”表中“专业”字段来自“专业”表。

1. 创建固定值查阅列

实例 2.12 通过“查阅向导”为“学生”表的“性别”字段创建查阅列表，列表包含“男”和“女”两个选项。

操作步骤如下。

(1) 打开“学生信息管理”数据库，在导航窗格右击“学生”表，从弹出的快捷菜单中选择“设计视图”，打开“学生”表的设计视图。

(2) 在设计视图中，选择“性别”字段，在“数据类型”下拉列表中单击“查阅向导”选项，如图 2.29 所示。

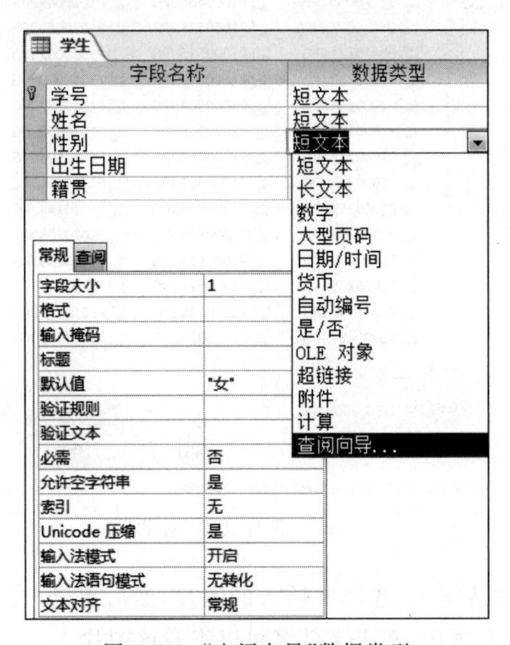

图 2.29 “查阅向导”数据类型

(3) 打开“查阅向导”对话框，如图 2.30 所示，在“查阅向导”对话框中选择“自行输入所需的值”单选按钮。单击“下一步”按钮，打开“查阅向导”对话框之二，如图 2.31 所示。

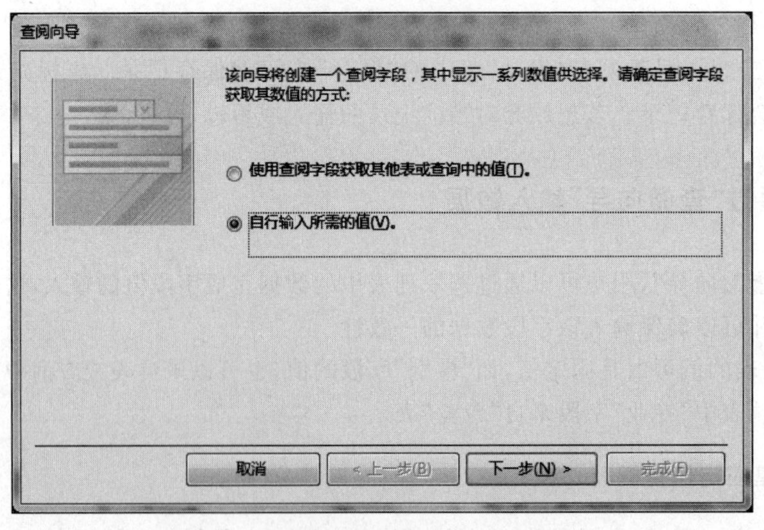

图 2.30 确定查阅字段获取数值的方式

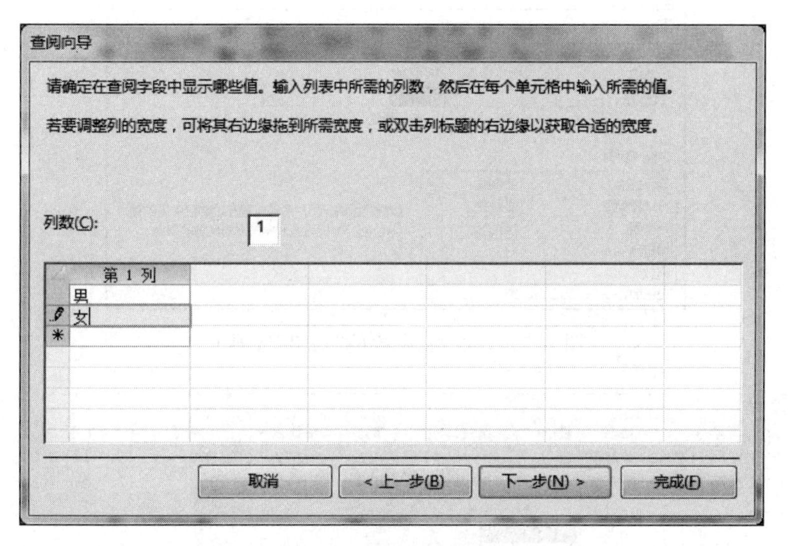

图 2.31　确定在查阅字段中显示的值

(4) 在该对话框中，输入“男”和“女”，输入完成后单击“下一步”按钮，进入“查阅向导”对话框之三，如图 2.32 所示。

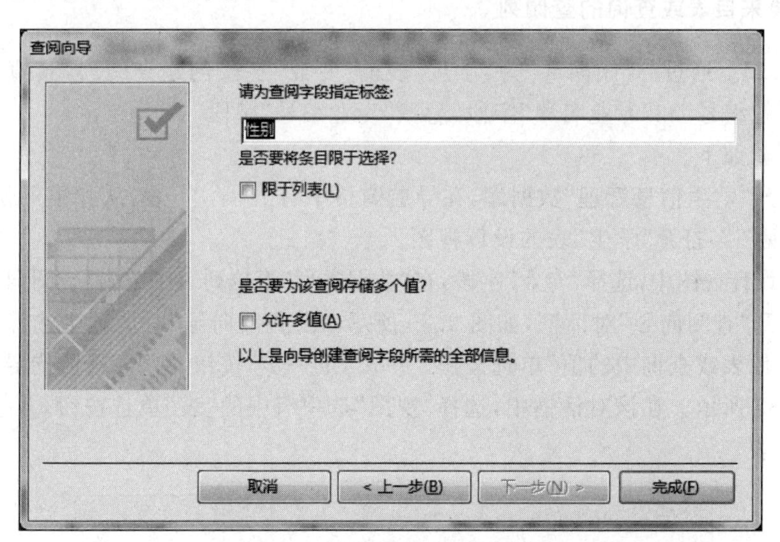

图 2.32　为查阅字段指定标签

【说明】 在如图 2.32 所示的对话框中选中“允许多值”复选框，表示可以从列表中同时选择多个值。

(5) 单击“完成”按钮完成查阅向导创建。在设计视图可以看到，“性别”字段的“数据类型”仍显示为“短文本”，但“查阅”选项卡中“行来源类型”属性的值已设置为“值列表”，“行来源”属性的值已设置为“"男";"女"”，如图 2.33 所示。

(6) 单击快速访问工具栏的“保存”按钮，保存修改。切换到“学生”表的数据表视图，此时，输入“性别”字段值时，可以单击下拉列表进行选择，如图 2.34 所示。

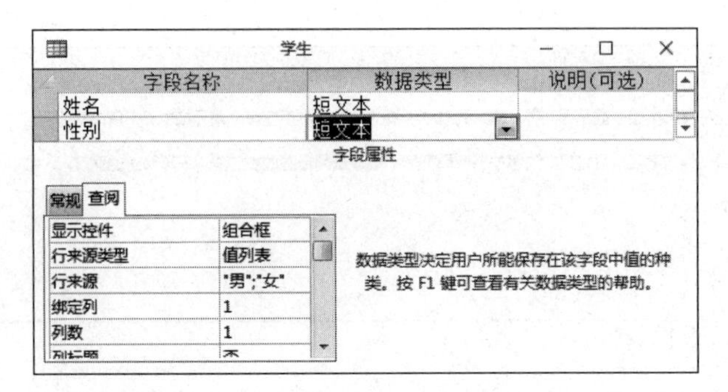

图 2.33　“性别”字段的“查阅”选项卡

学号	姓名	性别	出生日期	籍贯	班级编号	专业	党员否	
20174215768	夏振宇	女	###########	山东	201723020	2302	☐	155
20174215769	鲍元丽	女	###########	山东	201723020	2302	☐	155
		男 / 女					☐	

图 2.34　“性别”字段的查阅列表

2. 创建来自表或查询的查阅列

实例 2.13　通过“查阅向导”为“学生”表的“专业”字段创建查阅列，其值来源于“专业”表的“专业编号”和“专业名称”字段，隐藏“专业编号”字段。

操作步骤如下。

(1) 打开“学生信息管理”数据库，在导航窗格中右击“学生”表，从弹出的快捷菜单中选择“设计视图”，打开“学生”表的设计视图。

(2) 在设计视图中，选择“专业”字段，在“数据类型”下拉列表中单击“查阅向导”选项。

(3) 打开“查阅向导”对话框，如图 2.30 所示，在“查阅向导”对话框中选择“使用查阅字段获取其他表或查询中的值”单选按钮。单击“下一步”按钮，打开“查阅向导”对话框之二，如图 2.35 所示。在该对话框中，选择“视图”选项组中的“表”单选按钮，并选择列表框中的“专业”表。

图 2.35　“查阅向导”对话框之二

(4) 单击“下一步”按钮，打开“查阅向导”对话框之三，确定查阅列中要显示的字段，从“可用字段”列表框中双击“专业编号”和“专业名称”，如图2.36所示。

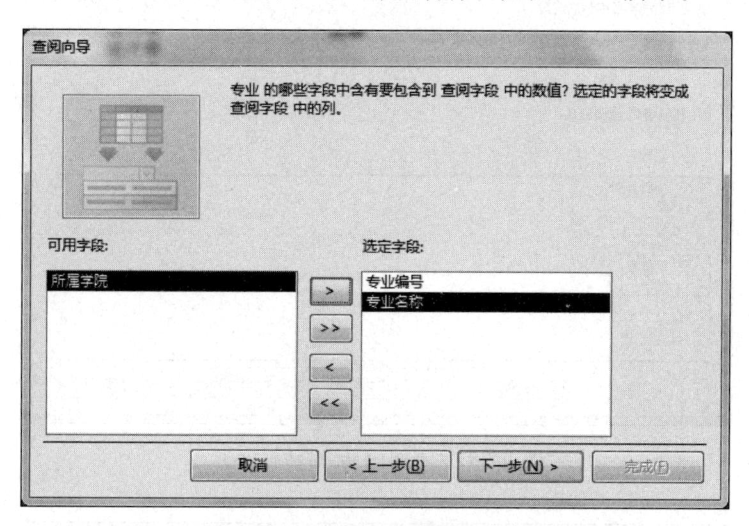

图2.36 “查阅向导”对话框之三

(5) 单击“下一步”按钮，进入“查阅向导”对话框之四，确定查阅列中数据的排列顺序。从列表中选择“专业编号”，按默认的“升序”排序，如图2.37所示。

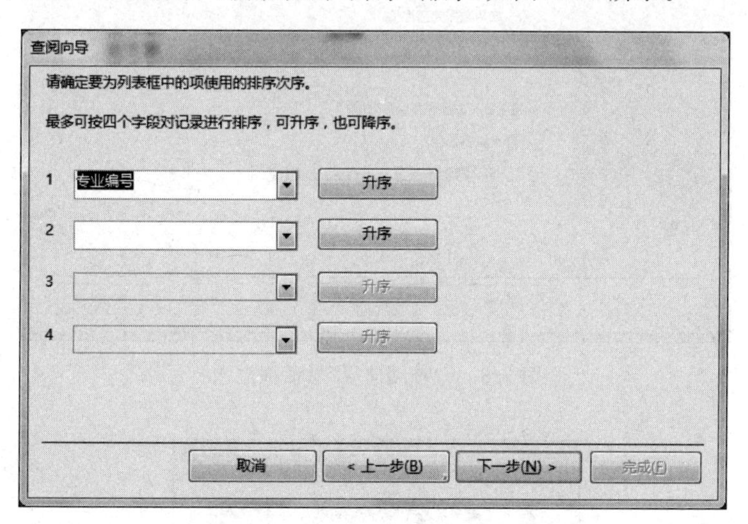

图2.37 “查阅向导”对话框之四

(6) 单击“下一步”按钮，打开“查阅向导”对话框之五，选中“隐藏键列”复选框，如图2.38所示。

(7) 单击“下一步”按钮，打开“查阅向导”对话框之六，各选项采用默认值即可，如图2.39所示。

(8) 单击“完成”按钮，开始创建查询列，此时弹出信息提示框，如图2.40所示，提示用户创建关系之前先保存表，单击“是”按钮，完成查阅列的创建。

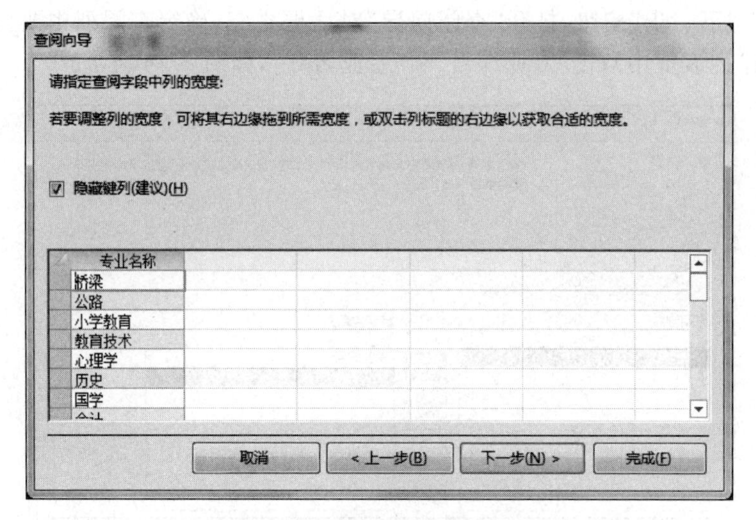

图 2.38 “查阅向导”对话框之五

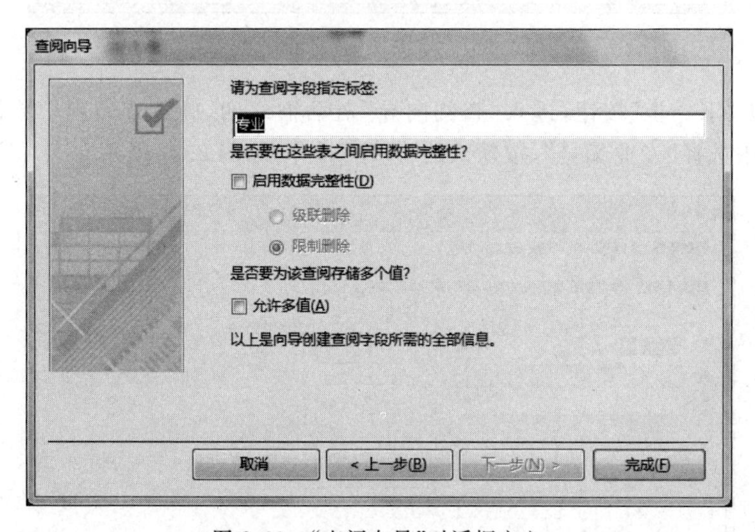

图 2.39 “查阅向导”对话框之六

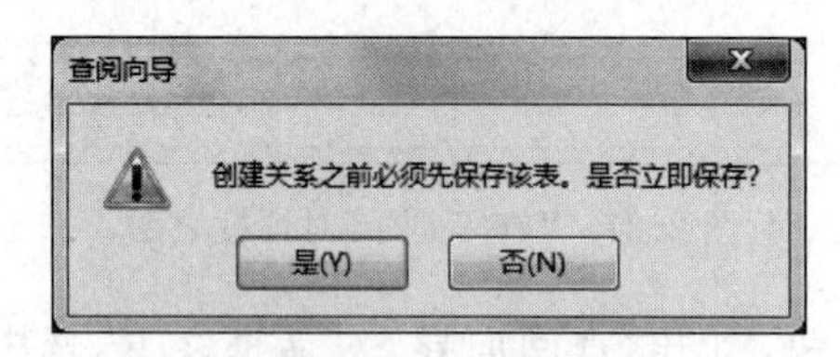

图 2.40 信息提示框

【说明】 设置来自表或查询的查阅列，实际上是在两个表之间建立关系，如本例中“专业”表的“专业编号”字段和“学生”表的“专业”字段建立关系。若创建查阅列之前两表已建立了该关系，则要将该关系删除，再创建查阅列。选择“数据库工具”选项卡“关系”组的“关系”按钮，可查看或删除表之间的关系。

(9) 单击快速访问工具栏的“保存”按钮,保存修改。切换到“学生”表的数据表视图,此时,输入“专业”字段值时,可以单击下拉列表进行选择,如图 2.41 所示。

图 2.41 “专业”字段的查阅列表

2.4 维护表

创建表之后,有时会根据需要对表的结构进行修改来满足实际需要。另外,随着数据库的不断使用,需要增加新数据或删除一些无用数据,这就需要经常对表进行维护。表的维护主要包括表结构和表数据的维护。

2.4.1 维护表的结构

维护表结构的操作主要包括添加字段、修改字段、删除字段、重新设置主关键字、设置字段属性等,维护表结构的操作在设计视图中完成。

(1) 修改字段包括修改字段名称、数据类型、属性等。操作步骤如下。

① 打开表的设计视图。

② 如果要修改某字段的名称,则在该字段的“字段名称”列中单击,修改字段名;如果要修改某字段的数据类型,单击该字段“数据类型”列右侧的向下箭头按钮,然后从下拉列表中选择需要的数据类型。

③ 单击快速访问工具栏中的“保存”按钮,保存所做的修改。

(2) 插入字段。操作步骤如下。

① 打开表的设计视图。

② 将光标移到要插入字段的位置上。

③ 切换到“表格工具|设计”选项卡,单击“工具”组中的“插入行”按钮。

④ 设置字段的字段名称、数据类型、字段属性等。

⑤ 单击快速访问工具栏中的“保存”按钮,保存所做的修改。

(3) 删除字段。操作步骤如下。

① 打开表的设计视图。

② 将光标移到要删除字段的位置上。

③ 切换到“表格工具|设计”选项卡，单击“工具”组中的“删除行”按钮，这时弹出提示框。

④ 单击“是”按钮，删除所选字段及包含的数据；单击“否”按钮，不删除这个字段。

⑤ 单击快速访问工具栏中的“保存”按钮，保存所做的修改。

(4) 重新设置主键。如果原定义的主键不合适，可以重新定义。创建新的主键后，原有主键自动取消，一个表只能有一个主键。

2.4.2 维护表的数据

维护表的数据主要包括添加记录、修改记录、删除记录以及复制记录等。一般在编辑前先要进行记录定位操作。维护表数据的操作在数据表视图中完成。

(1) 记录的定位。可以通过数据表视图底部的导航按钮 记录: ◂ 第 3 项(共 46 项 ▸ 中的“上一条”按钮、“下一条”按钮、“第一条记录”按钮和“最后一条记录”按钮来定位，或在记录编辑框中输入要查找的记录号，按 Enter 键快速定位记录。

(2) 记录的选择。选择一条记录：单击记录的记录选择器(记录最左侧的小方格)即可。选择多条连续记录：单击第一条记录的记录选择器，拖动到最后一条记录的记录选择器；或者单击第一条记录的记录选择器，在按住 Shift 键的同时，单击最后一条记录的记录选择器。

【说明】 只能选择多条连续的记录，不能选择不连续的多条记录。

(3) 修改数据记录。将光标定位到要修改的记录的相应字段上，直接修改其中的内容，如果该字段定义了验证规则，修改的内容要符合该规则的约束。

(4) 删除数据记录。选中要删除的记录，单击“开始”选项卡“记录”组的“删除”按钮，或者按 Delete 键，即可删除记录。删除的记录不能通过撤销命令来恢复。

(5) 复制数据记录。选择要复制的记录，单击“开始”选项卡“剪贴板”组中的“复制”按钮，然后单击“开始”选项卡“剪贴板”组中的“粘贴”向下箭头按钮，在弹出的菜单中选择“粘贴追加”命令，所选记录追加到表的末尾。

实例 2.14 对“学生”表中的数据进行维护，定位“学生”表第 10 条记录上，查看第 10 条记录。在表的末尾添加一条新记录(20174215849，赵小，男，1999-3-1，山东，2017230202，音乐，党员，无照片，1554215854，舞蹈)，然后再将新添加的记录删除。

操作步骤如下。

(1) 打开“学生信息管理”数据库，双击导航窗格“学生”表，打开 “学生”表的数据表视图。

(2) 在数据表视图底部的导航按钮 记录: ◂ 10 ▸ 中的记录编辑框中输入“10”，按 Enter 键，此时光标定位到第 10 条记录上，查看数据。

(3) 切换到“开始”选项卡，单击“记录”组中的“新建”按钮，或单击数据表视图底部的导航按钮中的“新记录”按钮，光标定位到新记录上。依次输入新数据(20174215849，赵小，男，1999-3-1，山东，2017230202，音乐，党员，照片无，1554215854，舞蹈)。单击“开始”选项卡“记录”组中的“保存”按钮保存记录。光标离开当前记录后,系统也会保存记录。

(4) 选中要删除的记录,单击“开始”选项卡“记录”组的“删除”按钮,或者按 Delete 键,在弹出的提示框中单击“是”按钮,如图 2.42 所示,删除记录。

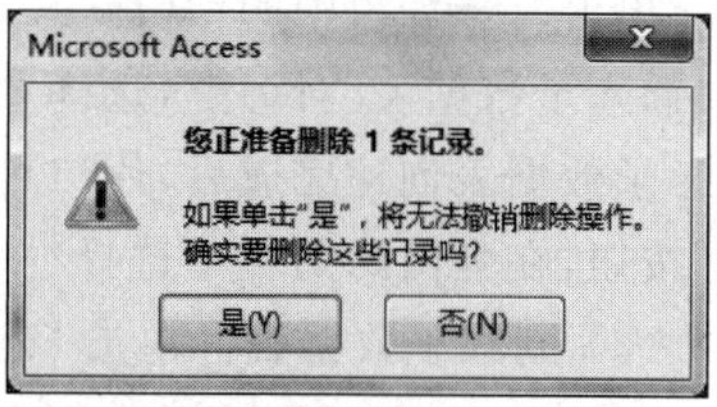

Microsoft Access
您正准备删除 1 条记录。
如果单击“是”,将无法撤消删除操作。
确实要删除这些记录吗?
是(Y) 否(N)

图 2.42 删除记录对话框

2.4.3 调整表的外观

在数据表视图中,用户可以根据需要调整数据表的外观,如调整行高和列宽、隐藏和冻结字段、设置数据的字体格式等,这些操作可以使数据表更清晰和美观,更加方便用户对表的查看和操作。

(1) 调整列宽。

① 将鼠标指针移到某列字段名右边界线上,当它变成“左右双箭头”时,按住鼠标向左拖动可使该列变窄,向右拖动可使该列变宽。

② 要精确调整列宽,可以先选定某列,单击“开始”选项卡“记录”组中的“其他”按钮,在弹出的菜单中选择“字段宽度”命令,在“列宽”对话框中输入调整列宽的数字,单击“确定”按钮。“最佳匹配”能根据列名或字段值的长度自动调整列宽使其正好容纳。“标准宽度”将列宽值设置为 11.5583mm。

(2) 调整行高。

① 将鼠标指针移到任意两条记录的记录选择器的分界线上,当它变成“上下双箭头”时,若按住鼠标向上拖动,所有记录行均会变窄,而向下拖动,所有记录行均变宽。

② 与调整列宽一样,也可以通过“行高”对话框调整行高。

【说明】 行高的调整针对的是表的所有行。

(3) 隐藏字段和显示字段。在数据表视图中,为了便于查看表中的主要数据。可以将某些字段列暂时隐藏起来,需要时再将其显示出来。

① 隐藏字段:选中要隐藏的字段,单击“开始”选项卡“记录”组中的“其他”按钮,在弹出的菜单中选择“隐藏字段”命令。

② 显示字段:单击“开始”选项卡“记录”组中的“其他”按钮,在弹出的菜单中选择“取消隐藏字段”命令,选中要显示的字段名前的复选框,重新显示该字段。

(4) 冻结字段。冻结一列或多列,就是将这些列自动地放在数据表视图的最左端,而且无论如何左右滚动数据表视图窗口,系统会自动将冻结的字段列放在最左端保持它们随时可见,以方便用户浏览表中数据。

① 冻结字段:选中要冻结的列,单击“开始”选项卡“记录”组中的“其他”按钮,在弹出的菜单中选择“冻结字段”命令。

② 取消冻结字段:单击“开始”选项卡“记录”组中的“其他”按钮,在弹出的菜单中选择“取消冻结所有字段”命令。

(5) 插入子数据表。Access 2016 允许用户在数据表中插入子数据表。子数据表可以帮助用户浏览与数据源中某条记录相关的数据记录,而不是只查看数据源中的单条记录信息。

单击“记录”组中的“其他”按钮，在弹出的菜单中选择“子数据表|子数据表”命令，打开“插入子数据表”对话框，选择要插入的表即可插入子数据表。

子数据表创建完成后，用户可以对子数据表进行折叠和展开。单击“记录”组中的“其他”按钮，在弹出的菜单中选择“子数据表|全部展开”或“子数据表|全部折叠”命令即可。

(6) 删除子数据表。单击“记录”组中的“其他”按钮，在弹出的菜单中选择“子数据表|删除”命令，即可删除子数据表。

实例 2.15 调整“学生”表的外观。交换“姓名”和“性别”两列的位置；调整“专业”列的列宽为 25；隐藏“照片”字段列，再将“照片”列重新显示出来；冻结“专业”列，再取消其冻结；设置“学生”表的字体为“华文中宋”，字号为“12 磅”；设置“网格线”颜色为“绿色”。

操作步骤如下。

(1) 打开“学生信息管理”数据库，双击导航窗格“学生”表，打开 “学生”表的数据表视图。

(2) 单击“性别”列的字段标题处，选中该列，按住鼠标左键拖动鼠标到“姓名”字段前，释放鼠标左键。

(3) 单击“专业”列的字段标题处，单击“开始”选项卡“记录”组中的“其他”按钮，在弹出的菜单中选择“字段宽度”命令，如图 2.43 所示，弹出“列宽”对话框，在“列宽”文本框中输入 25，如图 2.44 所示，单击“确定”按钮，保存修改。

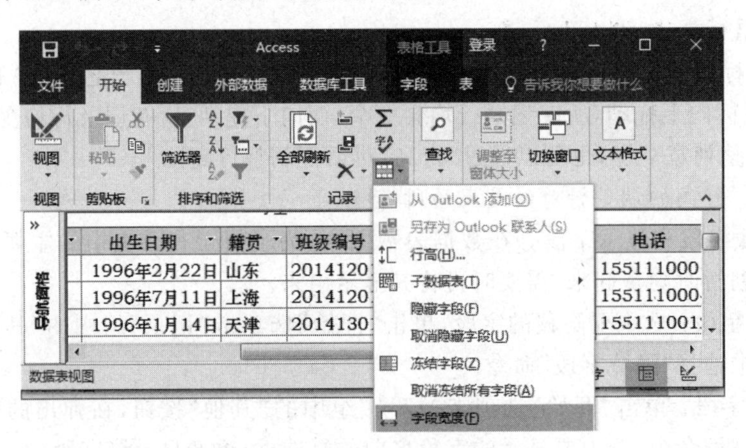

图 2.43 选择“字段宽度”命令

(4) 选中“照片”列，单击“开始”选项卡“记录”组中的“其他”按钮，在弹出的菜单中选择“隐藏字段”命令，隐藏该列。若要取消隐藏，单击“开始”选项卡“记录”组中的“其他”按钮，在弹出的菜单中选择“取消隐藏字段”命令，弹出如图 2.45 所示的对话框，在“列”列表中选中“照片”复选框，使“照片”列重新显示出来。

(5) 选中“专业”列，单击“开始”选项卡“记录”组中的“其他”按钮，在弹出的菜单中选择“冻结字段”命令，冻结该列。此时“专业”列出现在数据表的第一列。拖动数据表底部的水平滚动条，“专业”列始终固定在最左侧。单击“开始”选项卡“记录”组中的“其他”按钮，在弹出的菜单中选择“取消冻结所有字段”命令，取消冻结。

图 2.44　设置列宽

图 2.45　取消隐藏列

(6) 在“开始”选项卡“文本格式”组中，从“字体”下拉列表中选择“华文中宋”选项，在“字号”列表中选择 12 选项，如图 2.46 所示。

(7) 单击“开始”选项卡“文本格式”组右下角的“设置数据表格式”按钮，弹出“设置数据表格式”对话框，如图 2.47 所示，设置“网格线显示方式”为“水平”和“垂直”，设置“网格线颜色”为“绿色”，单击“确定”按钮保存设置。

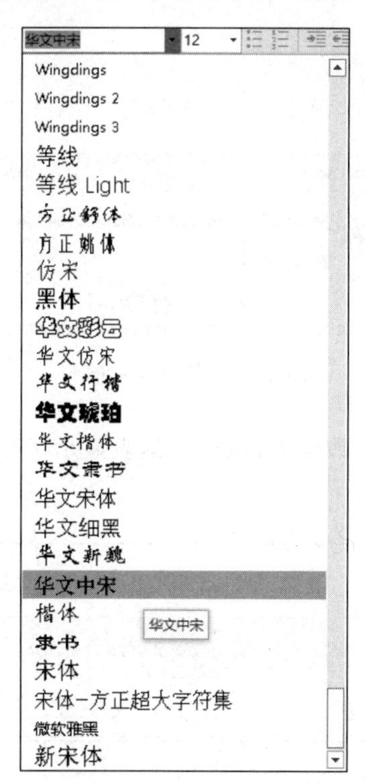

图 2.46　字体设置

图 2.47　“设置数据表格式”对话框

实例 2.16 为“学院”数据表添加子数据表“教师”。

操作步骤如下。

(1) 打开“学生信息管理”数据库，双击导航窗格“学院”表，打开“学院”表的数据表视图。

(2) 切换到“开始”选项卡，单击“记录”组中“其他”按钮，在弹出的菜单中选择“子数据表|子数据表”命令，弹出“插入子数据表”对话框，如图 2.48 所示，在“表”列表中选择“教师”选项，在“链接子字段”下拉列表中选择“所属院系”选项，在“链接主字段”下拉列表中选择“学院编号”选项。

(3) 单击“确定”按钮，系统将自动检测两个表之间的关系，如图 2.49 所示。单击“否”按钮，取消创建“教师”表和“学院”表的关系。

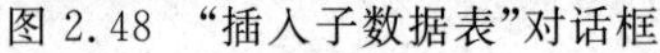
图 2.48 “插入子数据表”对话框

图 2.49 信息提示框

(4) 单击“学院”数据表任意记录左侧的“+”，出现子数据表，该子数据表显示了与之相关联的“教师”表中的相关数据，如图 2.50 所示。

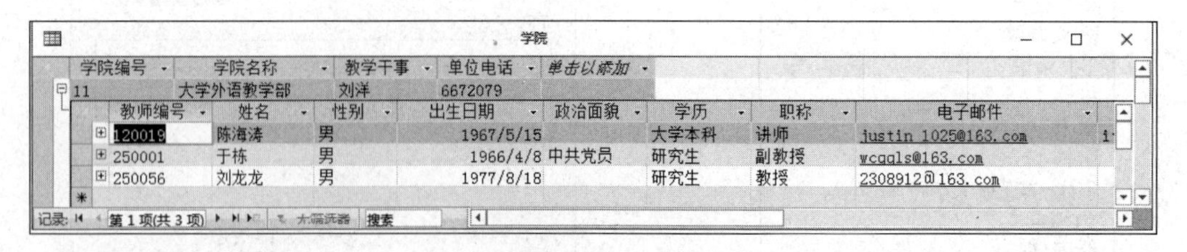

图 2.50 “学院”表的子数据表

2.5 操作表

数据表建好后,常常需要根据实际需求,对表中数据进行查找、排序、筛选等操作。

2.5.1 数据的查找和替换

在操作数据库表时,如果表中存放的数据非常多,那么当希望查找或替换某一数据时就比较困难。Access 2016 提供了非常方便的查找和替换功能,使用它可以快速地找到所需要的数据。

实例 2.17 查找"教师"表中"学历"是"研究生"的记录。

操作步骤如下。

(1) 打开"学生信息管理"数据库,双击导航窗格"教师"表,打开"教师"表的数据表视图。

(2) 选中"学历"列,切换到"开始"选项卡,单击"查找"组的"查找"按钮,打开"查找和替换"对话框,如图 2.51 所示,在"查找内容"文本框中输入"研究生",在"查找范围"下拉列表中选择"当前字段"选项,在"匹配"下拉列表中选择"整个字段"选项,在"搜索"下拉列表中选择"全部"选项。

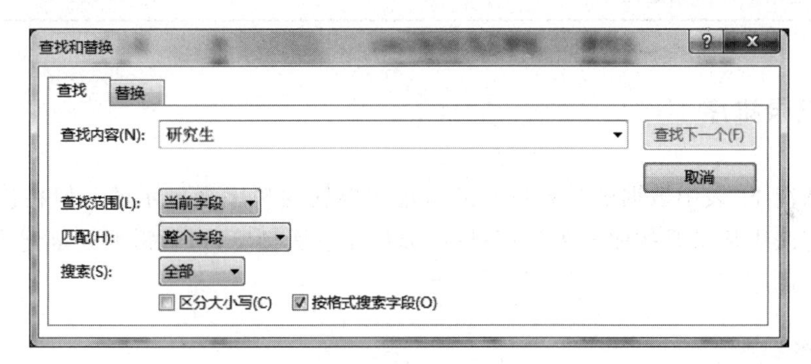

图 2.51 设置查找选项对话框

(3) 单击"查找下一个"按钮,此时在数据表中逐个显示查找到的内容。若不存在该内容或者已搜索完毕将弹出如图 2.52 所示的对话框。

图 2.52 搜索提示

【归纳】

(1) 设置查找选项时可以在"查找范围"下拉列表框中选择"整个表"作为查找的范

围。“查找范围”下拉列表框中所包括的字段为在进行查找之前控制光标所在的字段。用户最好在查找之前将控制光标移到所要查找的字段上，这样比对整个表进行查找节省更多时间。

(2) 在“匹配”下拉列表中，除图 2.51 所示内容外，也可以选择其他的匹配部分，如“字段任何部分”和“字段开头”等。

(3) 在“查找和替换”对话框中可以切换到“替换”选项卡设置替换操作。

(4) 在“查找和替换”对话框中可以使用通配符来指定要查找的内容，常用的通配符如表 2.8 所示。

表 2.8　常用通配符的用法

字符	用　法	使用示例
*	代表任意数目的任意字符，包括空格	wh * 可以找到 what、white 和 why
?	代表任何单个字母字符	b? ll 可以找到 ball、bell 和 bill
#	代表任何单个数字字符	1#3 可以找到 103、113、123
[ ]	与方括号内任何单个字符匹配	b[ae]ll 可以找到 ball 和 bell 但找不到 bill
!	匹配任何不在方括号之内的字符	b[! ae]ll 可以找到 bill 和 bull 但找不到 ball 或 bell
-	与范围内的任何一个字符匹配，必须以递增顺序来指定区域	b[a-c]d 可以找到 bad、bbd 和 bcd

2.5.2　记录排序

一般情况下，表中数据的排列按照最初输入数据的顺序来显示的。但在使用过程中通常会希望表中记录是按照某种顺序排列，以便于查看浏览，这就需要设定记录排序以便达到所需要的顺序。

1. 排序规则

排序就是将数据按照一定的逻辑顺序排列，根据当前表中的一个或多个字段的值对整个表中的所有记录进行重新排列。排序时可按升序，也可按降序。

排序记录时，不同类型的字段，排序规则有所不同，具体规则如下。

(1) 英文按字母顺序排序，大、小写视为相同，升序时按 A 到 Z 排列，降序时按 Z 到 A 排列。

(2) 中文按拼音字母的顺序排序，升序时按 A 到 Z 排列，降序时按 Z 到 A 排列。

(3) 数字按数字的大小排序，升序时按从小到大排列，降序时按从大到小排列。

(4) 日期/时间字段，按日期的先后顺序排序，升序时按从前向后的顺序排列，降序时按从后向前的顺序排列。

(5) 在进行排序操作时，还要注意以下 3 点。

① 对于短文本型的字段，如果它的内容有数字，那么 Access 2016 将数字视为字符

串，排序时按照 ASCII 码值的大小排列，而不是按照数值本身的大小排列。如果希望按其数值大小排列，则应在较短的数字前面加零。例如，对于文本字符串 5、8、12 按升序排列，如果直接排列，那么排序的结果将是 12、5、8，这是因为 1 的 ASCII 码小于 5 的 ASCII 码。要想实现按其数值的大小升序排列，应将 3 个字符串改为 05、08、12。

② 按升序排列字段时，如果字段的值为空值，则将包含空值的记录排在第 1 条。

③ 数据类型为长文本、超级链接、OLE 对象或附件类型的字段不能排序。

2. 记录排序

常见的排序分为单字段排序、多个字段排序和高级排序 3 种。

单字段排序是指只有一个排序字段的情况。

实例 2.18 在“学生”表中，按“专业”降序排列。

操作步骤如下。

(1) 打开“学生信息管理”数据库，双击导航窗格“学生”表，打开“学生”表的数据表视图。

(2) 单击“专业”字段右侧的向下箭头按钮，从弹出的菜单中选择“降序”命令，单击“确定”按钮，如图 2.53 所示。

图 2.53 执行降序操作

(3) 此时，“学生”表中的所有记录按照“专业”字段降序排列，并且在“专业”字段的右侧会出现一个向下的箭头，排序效果如图 2.54 所示。

按多个字段对记录进行排序时，首先根据第一个字段进行排序。当第一个字段具有相同的值时，再按照第二个字段进行排序，依次类推，直到按全部指定字段排序。

利用简单排序特性也可以进行多个字段的排序，需要注意的是，这些列必须相邻，并且每个字段都要按照同样的方式(升序或降序)进行排序。如果两个字段并不相邻，需要调整字段位置，而且把第一排序字段置于最左侧。

实例 2.19 在“学生”表中，按“专业”降序排列，“专业”相同的记录按照“学号”降序排列。

学生

性别	出生日期	籍贯	班级编号	专业	党员否	电话
女	1999年3月13日	四川	2017190101	英语	☐	1554215745
男	###########	云南	2014190101	英语	☐	1551411235
女	1999年5月10日	河北	2017190101	英语	☐	1554215730
女	1997年2月20日	天津	2015190101	英语	☑	1552713831
女	###########	山东	2017230202	音乐	☐	1554215768
女	1999年1月11日	上海	2017230202	音乐	☐	1554215754
女	1997年9月4日	上海	2015230202	音乐	☐	1552713787
女	###########	山东	2017230202	音乐	☐	1554215769
女	1997年4月17日	山西	2015220404	信息工程	☐	1552713812
男	1998年7月24日	重庆	2016130303	心理学	☐	1552814148
女	1999年3月12日	北京	2017130101	小学教育	☐	1554215717
女	1999年2月10日	云南	2017130101	小学教育	☑	1554215713
女	1996年4月12日	天津	2014130101	小学教育	☐	1551310765

记录: 第1项(共46项 无筛选器 搜索

图 2.54　按“专业”字段降序排序

操作步骤如下。

(1) 打开“学生信息管理”数据库,双击导航窗格“学生”表,打开“学生”表的数据表视图。

(2) 选中“学号”字段列,将其拖动到“专业”字段列右侧。

(3) 选中“专业”及“学号”字段列,右击选中的字段,从弹出的菜单中选择“降序”命令。

(4)“学生”表中的记录先按照“专业”字段降序排列,“专业”相同的记录再按照“学号”字段降序排列,效果如图 2.55 所示。

学生

班级编号	专业	学号	党员否	电话	照片	
2017190101	英语	20174215745	☐	1554215745	(0)	旅游
2014190101	英语	20141411235	☐	1551411235	(0)	旅游
2017190101	英语	20174215730	☐	1554215730	(0)	
2015190101	英语	20152713831	☑	1552713831	(0)	音乐,
2017230202	音乐	20174215768	☐	1554215768	(0)	读书,
2017230202	音乐	20174215754	☐	1554215754	(0)	美术
2015230202	音乐	20152713787	☐	1552713787	(0)	其他
2017230202	音乐	20174215769	☐	1554215769	(0)	读书,
2015220404	信息工程	20152713812	☐	1552713812	(0)	舞蹈
2016130303	心理学	20162814148	☐	1552814148	(0)	读书,
2017130101	小学教育	20174215717	☐	1554215717	(0)	其他
2017130101	小学教育	20174215713	☑	1554215713	(0)	读书

图 2.55　按“专业”及“学号”两个字段降序排列

简单排序只可以对单个字段或多个相邻字段进行简单的升序或降序排序,在日常生活中很多时候需要将不相邻的多个字段按照不同的排序方式进行排列,这时就要用到高级排序。使用高级排序可以对多个不相邻的字段采用不同的排序方式进行排序。

实例 2.20　在“课程成绩”表中,先按“学号”降序排列,再按照“考试成绩”升序排序。

操作步骤如下。

(1) 打开“学生信息管理”数据库，双击导航窗格“课程成绩”表，打开“课程成绩”表的数据表视图。

(2) 切换到“开始”选项卡，单击“排序和筛选”组中的“高级筛选选项”按钮，从弹出的菜单中选择“高级筛选/排序”命令，打开“课程成绩筛选1”窗口。在第1列的“字段”下拉列表中选择“学号”字段，并在其“排序”下拉列表中选择“降序”选项；在第2列的“字段”下拉列表中选择“考试成绩”字段，并在其“排序”下拉列表中选择“升序”选项，如图2.56所示。

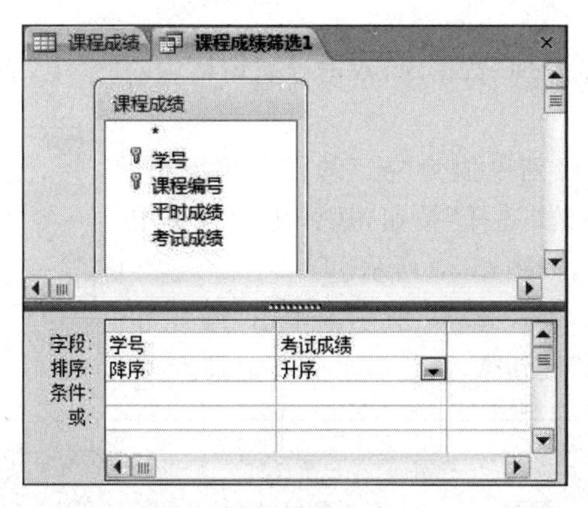

图2.56 高级筛选窗口

(3) 单击“排序和筛选”组中的“切换筛选”按钮，查看排序效果，如图2.57所示。

课程成绩 | 课程成绩筛选1

学号	课程编号	平时成绩	考试成绩
20174215769	4190011	96.47652	57.58134
20174215769	1211170	87.40759	58.74503
20174215768	2235160	72.5456	70.262
20174215768	3210100	65.97217	74.63116
20174215768	2190013	54.77424	76.53618
20174215768	2230060	59.42252	82.71087
20174215768	2190012	71.86781	98.77077
20174215754	3210100	68.19939	72.86909
20174215754	2235160	50.99038	90.66615
20174215750	2190013	87.05552	79.91138
20174215750	2190012	97.82621	86.5364
20174215750	2190011	91.82199	88.88795
20174215750	3210100	58.22864	98.20576

图2.57 按“学号”降序、“考试成绩”升序的排序结果

【说明】 如果要撤销排序，单击“排序和筛选”组中的“取消排序”按钮，数据表恢复到排序前的状态。保存表时，排序顺序一并被保存。

2.5.3 记录的筛选

筛选是在众多的数据记录中只显示那些满足特定条件的记录，不满足条件的记录暂

时隐藏。

Access 提供了选择筛选、筛选器筛选、按窗体筛选、高级筛选等多种筛选方式。

1. 选择筛选

选择筛选是基于选定的内容进行的筛选，是一种最简单的筛选方法，该筛选方法将表中某条记录的一个字段值作为选定值，可以以等于、包含、不等于、不包含选中内容作为筛选条件。

实例 2.21 在“学生”表中使用选择筛选选出所有“男”学生的记录，然后取消筛选。

操作步骤如下。

(1) 打开“学生信息管理”数据库，双击导航窗格中的“学生”表，打开“学生”表的数据表视图。

(2) 选中“性别”字段列中值为“男”的任意单元格。单击“筛序和排序”组中的“选择”按钮，从弹出的菜单中选择“等于""男"""选项，如图 2.58 所示。

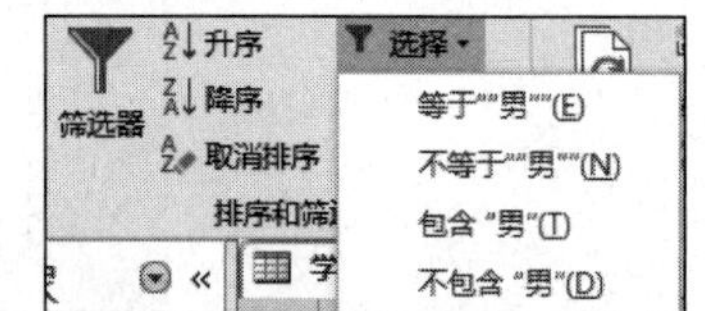

图 2.58 选中要筛选的内容

(3) 查看筛选结果，如图 2.59 所示。单击“筛序和排序”组中的“切换筛选”按钮，恢复显示所有记录。

学生

学号	姓名	性别	出生日期	籍贯	班级编号	专业
20141411235	鞠健	男	###########	云南	2014190101	英语
20162814148	丛娇	男	1998年7月24日	重庆	2016130303	心理学
20152713798	牟彦霏	男	1997年1月31日	河北	2015220202	网络工程
20174215728	韩冰	男	1999年7月20日	河南	2017170101	数学
20152713800	白英光	男	1997年8月6日	上海	2015220303	软件工程
20141111104	邢延程	男	1996年7月11日	上海	2014120101	桥梁
20141411196	武玮琦	男	1996年3月10日	上海	2014150101	会计
20152713918	张芳	男	1997年6月21日	山东	2015140202	国学
20174215704	杨嫒嫒	男	1999年7月22日	天津	2017120202	公路
20141411170	郭晓云	男	###########	河北	2014120202	公路

记录: 第 1 项(共 10 项 已筛选 搜索

图 2.59 选择筛选的筛选结果

2. 筛选器筛选

筛选器提供了一种更为灵活的方式，它把所选定的字段列中所有不重复的值以列表形式显示出来，用户可以逐个选择需要的筛选内容。具体的筛选器的类型取决于所选字段的类型和值。

实例 2.22 在“学生”表中使用筛选器筛选出所有 1997 年 3 月出生的学生记录。

操作步骤如下。

(1) 打开“学生信息管理”数据库，双击导航窗格中的“学生”表，打开“学生”表的数据表视图。

(2) 选中“出生日期”字段列的任意单元格，单击“排序和筛选”组中的“筛选器”按钮，

打开“筛选器”窗格，选择“日期筛选器|介于”命令，如图 2.60 所示。

(3) 在弹出的“日期范围”对话框中，如图 2.61 所示，单击“最早”右侧的“单击以选择日期”按钮▦，从弹出的日历表中选择“1997/3/1”，在“最近”文本框中选择或输入“1997/3/31”，单击“确定”按钮，即可查看筛选结果。

图 2.60 日期筛选器

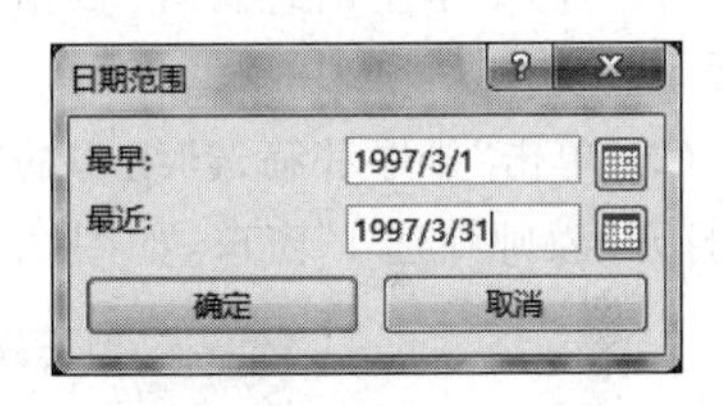

图 2.61 设置日期范围

(4) 单击“筛序和排序”组中的“切换筛选”按钮▼，恢复显示所有记录。

3. 按窗体筛选

按窗体筛选记录时，Access 2016 会创建一个与原数据表相似的空白数据表，用户可以在对应的单元格中输入条件，通过“切换筛选”来查看筛选结果。

实例 2.23 在“学生”表中使用按窗体筛选选出所有“山东”籍的“党员”学生。

操作步骤如下。

(1) 打开“学生信息管理”数据库，双击导航窗格中的“学生”表，打开“学生”表的数据表视图。

(2) 切换到“开始”选项卡，在“排序和筛选”组中单击“高级”按钮，在弹出的菜单中选择“按窗体筛选”命令，打开“学生：按窗体筛选”窗格，如图 2.62 所示。

(3) 在“籍贯”下面的单元格中输入“山东”，在“党员”对应的单元格中选中复选框，如

图 2.63 所示。单击“切换筛选”按钮，或者单击“高级”下拉列表中的“应用筛选/排序”选项，查看筛选结果。

图 2.62 “学生：按窗体筛选”窗格

图 2.63 在“按窗体筛选”窗格中输入条件

（4）单击“排序和筛选”组中的“高级”按钮，从下拉列表中选择“清除所有筛选器”选项，清除筛选，显示“学生”表的所有记录。

4. 高级筛选

与按窗体筛选类似，在高级筛选中同样可以基于多个字段设置复合的筛选条件。使用高级筛选不仅可以筛选出满足复杂条件的记录，还可以对筛选的结果进行排序。

实例 2.24 在“教师”表中使用高级筛选选出所有 1974 年出生的女教师，并按“所属院系”字段升序排序。

操作步骤如下。

（1）打开“学生信息管理”数据库，双击导航窗格中的“教师”表，打开“教师”表的数据表视图。

（2）单击“排序和筛选”组中的“高级”按钮，在弹出的菜单中选择“高级筛选/排序”命令，打开“教师筛选 1”窗口，如图 2.64 所示。

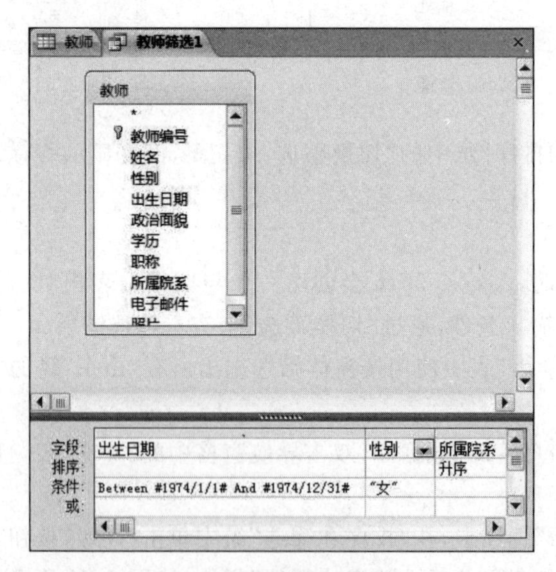

图 2.64 “高级筛选”窗口

(3) 单击设计网络中第1列“字段”行，并单击右侧的向下箭头按钮▾，从打开的列表中选择“出生日期”字段，然后用同样的方法在第2列的“字段”行上选择“性别”字段，在第3列的“字段”行上选择“所属院系”字段。

(4) 在“出生日期”的“条件”行单元格中输入条件“Between #1974/1/1# And #1974/12/31#”，在“性别”对应单元格中输入筛选条件“女”。

(5) 单击“所属院系”字段的“排序”行单元格，并单击右侧的向下箭头按钮▾，从打开的列表中选择“升序”选项。

(6) 单击“切换筛选”按钮，或者单击“高级”下拉列表中的“应用筛选/排序”选项，查看筛选结果，筛选结果如图2.65所示。

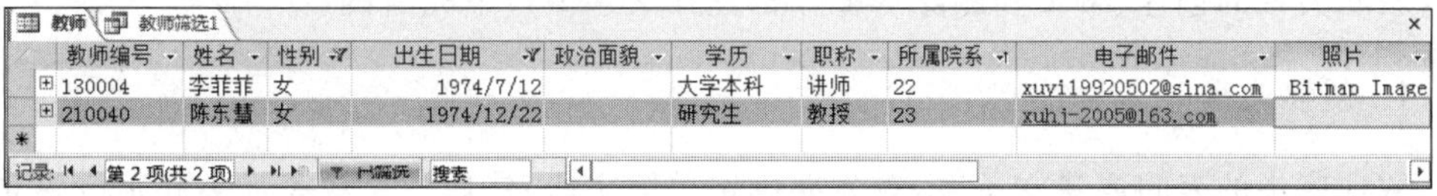

教师 | 教师筛选1

教师编号	姓名	性别	出生日期	政治面貌	学历	职称	所属院系	电子邮件	照片
130004	李菲菲	女	1974/7/12		大学本科	讲师	22	xuyi19920502@sina.com	Bitmap Image
210040	陈东慧	女	1974/12/22		研究生	教授	23	xuhj-2005@163.com	

记录: 第2项(共2项) 已筛选 搜索

图2.65 高级筛选结果

(7) 单击“排序和筛选”组中的“高级”按钮，从下拉列表中选择“清除所有筛选器”选项，清除筛选，显示“教师”表的所有记录。

2.6 表间关系的创建

创建多个数据表之后，还要对表间的关系进行设计。建立表的关系，可以将不同表中的相关数据联系起来，减少数据的冗余，为进一步管理和使用表中的数据打好基础。

2.6.1 表间关系概念

所谓的关系，指的是两个表中有一个相同的数据类型和字段大小的关联字段，利用这个字段来建立的两个表之间的联系。通常情况下，关联字段是一个表的主键或唯一索引，该字段可以是另一个表的主键，也可以是普通字段，它在另一个表中通常被称为外键。外键中的数据应和关联表中主键字段相匹配。

【说明】 建立关系的两个表中，关联字段的字段名称允许不同，但字段类型、字段大小必须相同。对于自动编号型字段与数字型字段关联时例外，只要求它们的“字段大小”属性相同。

通过这种表间的关联性，可以将数据库中的多个表联结成一个有机的整体。

Access数据表之间的关系有3种：一对一关系、一对多关系和多对多关系。

(1) 一对一关系。一对一关系是指表 A 中的每条记录在表 B 中都有一条记录与之匹配，并且表 B 中的每条记录在 A 表中也都有一条记录匹配。

(2) 一对多关系。一对多关系是指 A 表的一条记录能与 B 表中的多条记录匹配，但是 B 表中的一条记录仅能与 A 表的一条记录匹配。一对多关系是最常见的关系。若 A

表和 B 表的关系为一对多，A 表称为主表，B 表称为子表。

(3) 多对多关系。多对多关系是指 A 表中的一条记录能与 B 表中的多条记录匹配，并且 B 表中的一条记录也能与 A 表中的多条记录匹配。

Access 数据库系统不直接支持多对多关系，要建立多对多的关系，需要创建一个连接表，将多对多关系划分为两个一对多关系。将这两个表的主键都添加到连接表中，则这两个多对多表与连接表之间均变成了一对多关系，这样间接地建立了多对多的关系。

2.6.2 创建与编辑表间关系

表间关系的创建、编辑和删除等操作都是在关系窗口下完成的。

1. 创建关系

数据库中的表间要建立关系，首先要确定关联字段，然后“一方”表为关联字段建立主键或唯一索引。

实例 2.25 在“学生信息管理”数据库中，在“学生”表和“课程成绩”表之间建立一对多关系，在“课程名称”表和“课程成绩”表之间建立一对多关系。

操作步骤如下。

(1) 打开“学生信息管理”数据库，定义“学生”表“学号”字段为主键，定义“课程名称”表“课程编号”字段为主键。

(2) 切换到“数据库工具”选项卡，在“关系”组中单击“关系”按钮。如果数据库尚未创建过任何关系，将会自动显示“显示表”对话框，如图 2.66 所示。如果数据库已经创建过关系，则单击“关系”组中的“显示表”按钮，打开“显示表”对话框。

图 2.66 “显示表”对话框

(3) 在“显示表”对话框中，分别选定“学生”表、“课程成绩”表和“课程名称”表，通过单击“添加”按钮，将它们添加到“关系”窗口中，如图 2.67 所示。单击“关闭”按钮，关闭

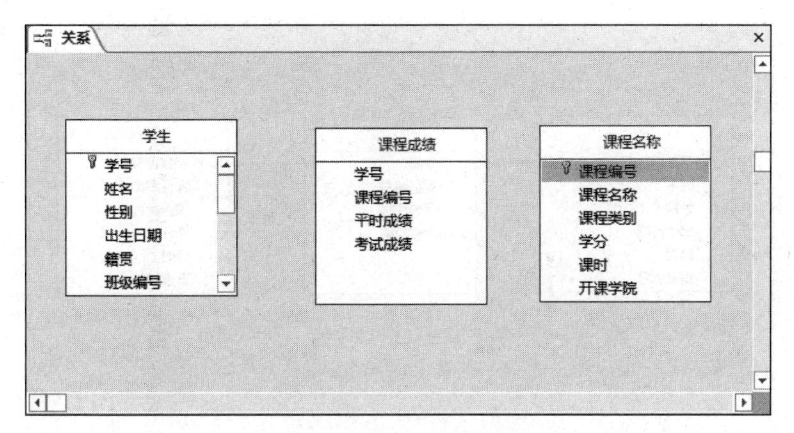

图 2.67 “关系”窗口

“显示表”对话框。

(4) 在“关系”窗口中，选中“学生”表的“学号”字段，按住鼠标左键，将其拖动到“课程成绩”表的“学号”字段上，释放鼠标左键，此时弹出“编辑关系”对话框，如图 2.68 所示，单击“创建”按钮，完成“学生”表和“课程成绩”表一对多关系的创建。

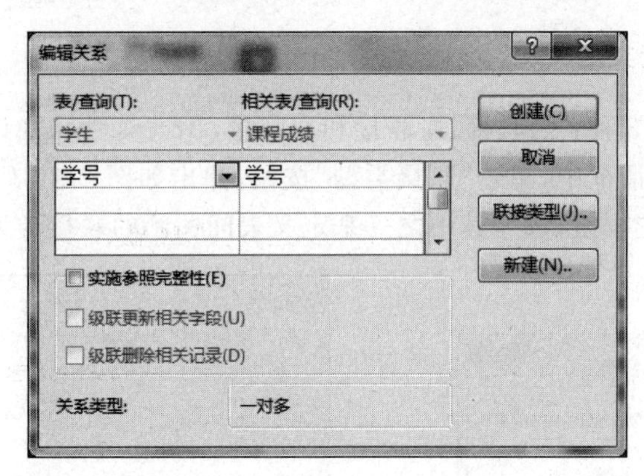

图 2.68 “编辑关系”对话框

(5) 用同样的方法，将“课程名称”表中的“课程编号”字段拖动到“课程成绩”表的“课程编号”字段上，创建“课程名称”表和“课程成绩”表的一对多关系。创建的关系如图 2.69 所示。

(6) 单击“关系”窗口的“关闭”按钮，关闭“关系”窗口，保存此布局，将创建的关系保存在数据库中。

【说明】 无论是否保存此布局，所创建的关系都将保存在数据库中。

2. 编辑和删除关系

表之间的关系创建后，在使用过程中，如果不符合要求，可重新编辑表间关系，也可以删除表间关系。

(1) 若要修改表之间的关系，可以在“关系”窗口中，双击要修改关系的连线，在打开

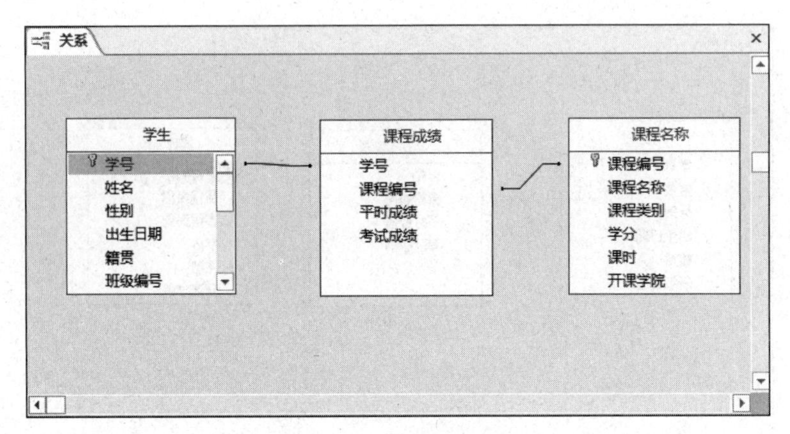

图 2.69 创建表间关系

的“编辑关系”对话框中进行修改。

(2) 若要删除两个表之间的关系，可以在“关系”窗口中，单击要删除关系的连线，然后按 Delete 键，或者右击连线，从弹出的快捷菜单中选择“删除”命令，在出现的确认删除对话框中，单击“是”按钮，如图 2.70 所示，即可删除关系。

3. 设置关系联接类型

关系联接类型有 3 种：内联接、左联接和右联接，Access 默认的设置是内联接。

在“编辑关系”对话框中，单击“联接类型”按钮，弹出如图 2.71 所示的“联接属性”对话框，其中有 3 个单选按钮，选择其中之一来定义表间关系的联接类型。

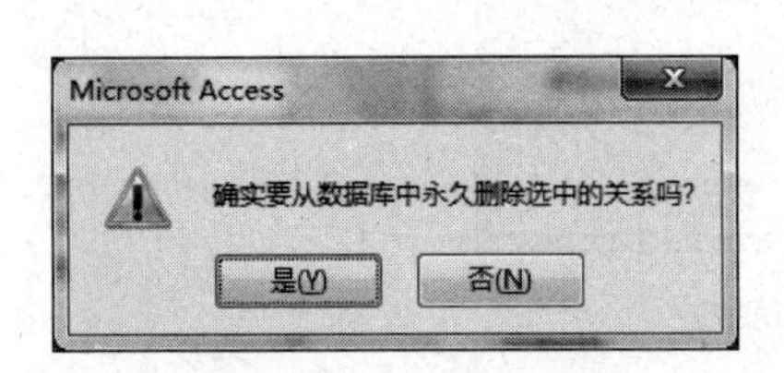

图 2.70 确认删除对话框

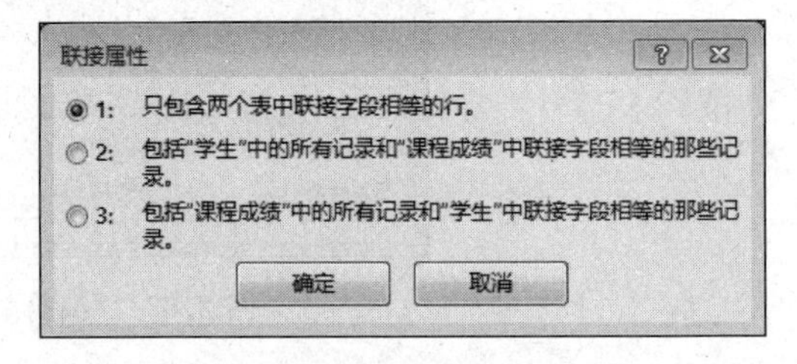

图 2.71 “联接属性”对话框

① 选项 1(默认值)：定义表间关系为内联接。它只包括两个表的关联字段相等的记录。如“学生”表和“课程成绩”表通过“学号”定义为内联接，则两个表中“学号”字段值相同的记录才会被显示。

② 选项 2：定义表间关系为左联接。它包括主表的所有记录和子表中与主表关联字段相等的那些记录。如“学生”表和“课程成绩”表通过“学号”定义为左联接，则“学生”表中所有记录以及“课程成绩”表中与“学生”表的“学号”字段值相同的记录才会被显示。

③ 选项 3：定义表间关系为右联接。它包括子表的所有记录和主表中与子表关联字段相等的那些记录。如“学生”表和“课程成绩”表通过“学号”定义为右联接，则“课程成绩”表中所有记录以及“学生”表中与“课程成绩”表的“学号”字段值相同的记录才会被显示。

2.6.3 实施参照完整性

当两个表之间建立关联后，用户不能再随意地更改建立关联的字段，从而保证数据的完整性，这种完整性称为数据库的参照完整性。参照完整性是在输入、修改或删除记录时，为维持表之间已定义的关系而必须遵循的规则。

(1) 实施参照完整性的条件。

① 两表必须关联，而且主表的关联字段是主键，或具有唯一索引。

② 子表中任一关联字段值在主表关联字段值中必须存在。

(2) 设置"实施参照完整性"后的两张表的关系类型会显示"一对一"或"一对多"连线。

(3) 参照完整性规则包括"实施参照完整性""级联更新相关字段"和"级联删除相关记录"3个方面。

① 实施参照完整性。在"编辑关系"对话框中选中"实施参照完整性"复选框，表示两个关联表之间建立了实施参照完整性规则。当两个表间建立参照完整性规则后，在主表中不允许更改与子表相关的记录的关联字段值；在子表中，不允许在关联字段中输入主表关联字段不存在的值，但允许输入 Null 值；不允许在主表中删除与子表记录相关的记录；在子表中插入记录时，不允许在关联字段中输入主表关联字段中不存在的值，但可以输入 Null 值。

如"学生"表和"课程成绩"表实施了参照完整性规则，则在"课程成绩"表的"学号"字段中，不能输入一个"学生"表中不存在的"学号"值，输入时系统将会弹出如图 2.72 所示的错误提示信息。

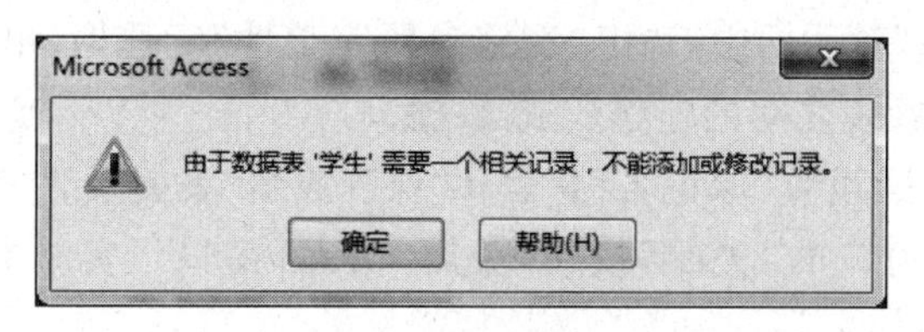

图 2.72 错误提示信息

② 级联更新相关字段。选择实施参照完整性后，在"编辑关系"对话框中选中"级联更新相关字段"复选框，表示关联表之间可以级联更新。当关联表间实施参照完整性并级联更新时，若更改主表中关联字段值时，则子表所有相关记录的关联字段值就会随之更新。

如"学生"表和"课程成绩"表实施了参照完整性规则并设置了级联更新相关字段，则当更改了"学生"的一个学生的"学号"时，"课程成绩"表中相关的"学号"都将被系统自动更改。

③ 级联删除相关记录。选择实施参照完整性后，在"编辑关系"对话框中选中"级联删除相关记录"复选框，表示关联表间可以级联删除。当关联表间实施参照完整性并级联删除时，若删除主表中的记录，子表中的所有相关记录就会随之删除。

如“学生”表和“课程成绩”表实施了参照完整性规则并设置了级联删除相关记录，则当删除“学生”表中某条记录后，“课程成绩”表中学号相同的记录也被系统自动同步删除。

【说明】 如果关联表间不实施参照完整性，也就是不选中“实施参照完整性”复选框，“级联更新相关字段”和“级联删除相关记录”复选框将无法选中。

实例 2.26 在“学生信息管理”数据库中，为“学生”表和“课程成绩”表关系、“课程名称”表和“课程成绩”表关系实施参照完整性。

操作步骤如下。

(1) 打开“学生信息管理”数据库，切换到“数据库工具”选项卡，在“关系”组中单击“关系”按钮，打开“关系”窗口。

(2) 双击“学生”表和“课程成绩”表间的连线，或右击连线，在弹出的快捷菜单中选择“编辑关系”选项，弹出“编辑关系”对话框，如图 2.73 所示。

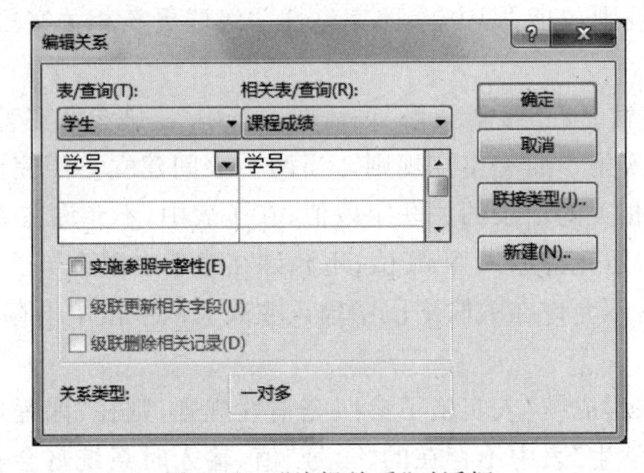

图 2.73 “编辑关系”对话框

(3) 在“编辑关系”对话框中，选中“实施参照完整性”复选框，单击“确定”按钮，这时“学生”表和“课程成绩”表之间的连线变成 1—∞。

(4) 用同样的方法，设置“课程名称”表和“课程成绩”表关系的参照完整性。

(5) 单击“关系”窗口的“关闭”按钮，关闭“关系”窗口。实施参照完整性的关系如图 2.74 所示。

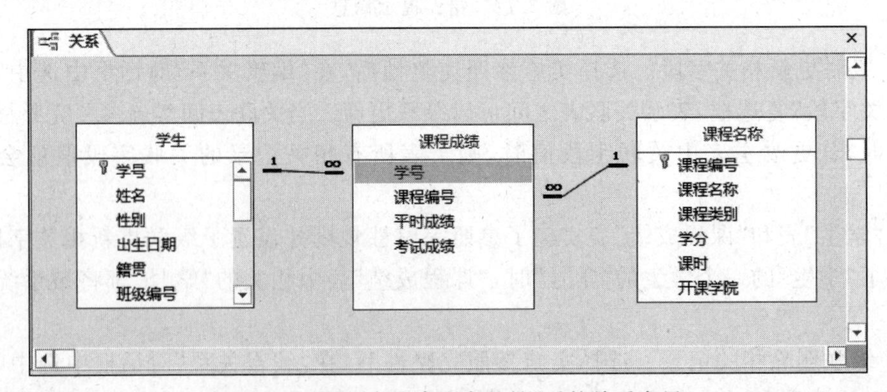

图 2.74 设置“实施参照完整性”后的关系布局

2.7 数据的导入和导出

Access 作为一个典型的开放型数据库，支持与其他类型的数据库文件进行数据交换和共享，同时也支持与其他类型的 Windows 程序创建的数据文件进行数据交换。

2.7.1 数据的导入和链接

1. 数据的导入

一般而言，Access 数据库获得数据的方式主要有两种：一种是在数据表或窗体中直接输入数据；另一种是利用数据的导入功能，将外部数据导入到当前数据库中。

Access 2016 可以导入多种数据类型的文件，如 Access 数据库、Excel 电子表格、ODBC 数据库、文本文件、XML 文件、SharePoint 列表等。将其他数据文件导入到 Access 数据库的表中，在数据库中所做的改变不会影响原来的数据。

实例 2.27 将“开课信息.xlsx”文件导入到“学生信息管理”数据库中，设置数据表的名称为“开课信息”。

操作步骤如下。

(1) 打开“学生信息管理”数据库，切换到“外部数据库”选项卡，在“导入并链接”组中单击“新数据源”按钮，弹出如图 2.75 所示菜单，单击“从文件|Excel”命令，打开“获取外部数据-Excel 电子表格”对话框，如图 2.76 所示。单击“浏览”按钮选择要导入的文件“开课信息.xlsx”，在“指定数据在当前数据库中的存储方式和存储位置”中选择“将源数据导入当前数据库的新表中”选项。

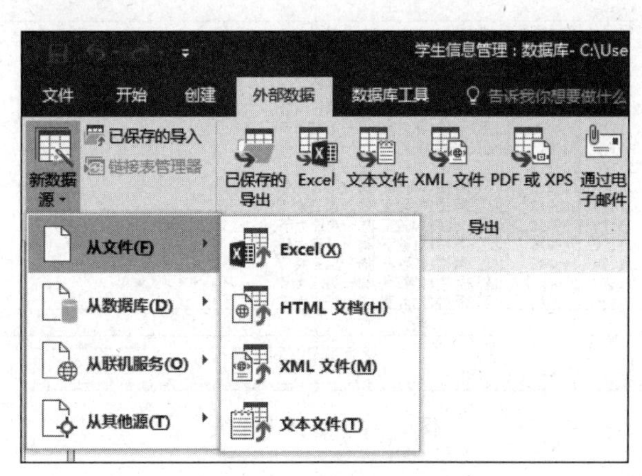

图 2.75 导入数据菜单命令

(2) 单击“确定”按钮，启动“导入数据表向导”第一个对话框，选择 Excel 文件的工作表，如图 2.77 所示。

(3) 单击“下一步”按钮，在“导入数据表向导”第二个对话框中选中“第一行包含列标

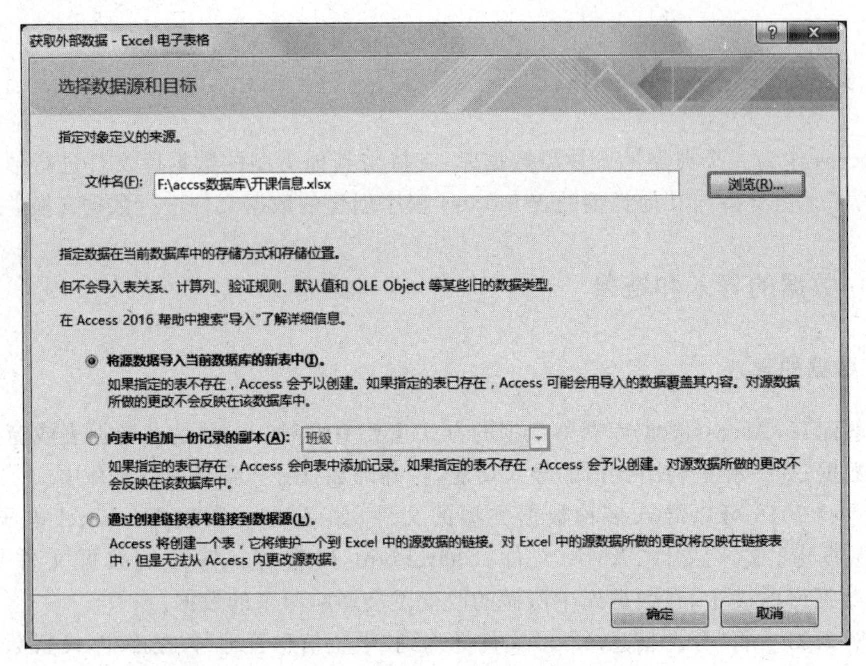

图 2.76 “获取外部数据-Excel 电子表格”对话框

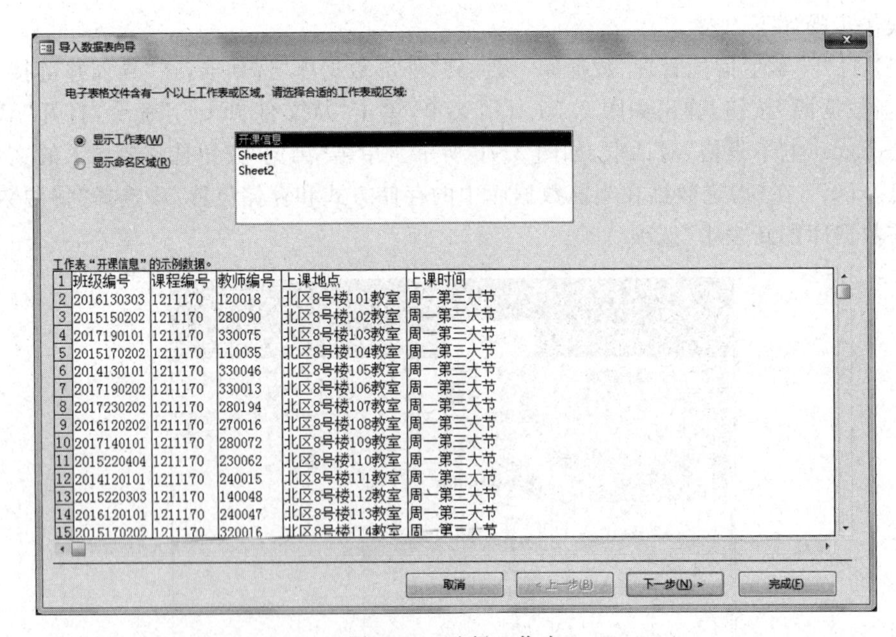

图 2.77 选择工作表

题”复选框，如图 2.78 所示。

(4) 单击“下一步”按钮，在“导入数据表向导”第三个对话框中指定导入到数据库中的字段的信息，如“字段名称”“数据类型”和“索引”。不需导入字段，就选中复选框“不导入字段(跳过)”。按照默认设置将“开课信息. xls”文件中的所有内容导入到数据库中，如图 2.79 所示。

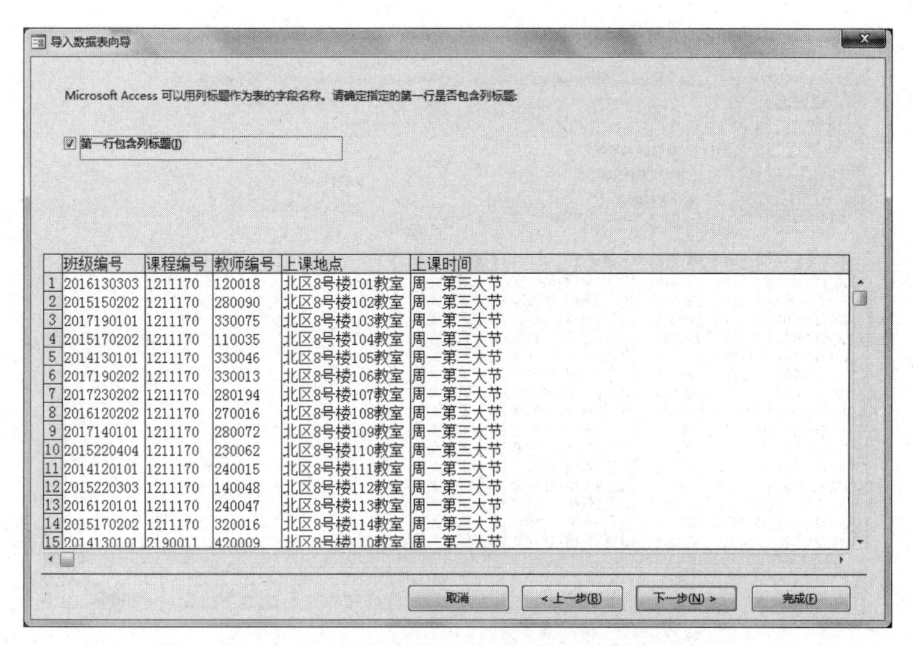

图 2.78 指定第一行所包含的列标题

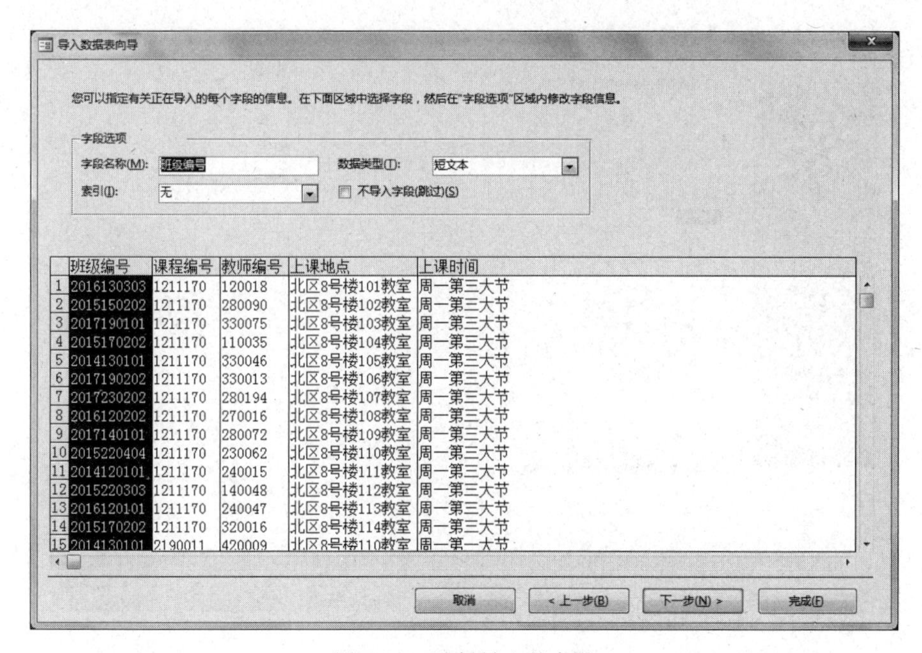

图 2.79 选择导入的字段

(5) 单击"下一步"按钮，在"导入数据表向导"第四个对话框中设置数据表的主键。单击"不要主键"单选按钮，如图 2.80 所示。

(6) 单击"下一步"按钮，在"导入数据表向导"第五个对话框中设置数据表的名称。在"导入到表"文本框中输入数据表的名称"开课信息"，如图 2.81 所示。

(7) 单击"完成"按钮，打开如图 2.82 所示对话框。对于经常进行同样数据导入操作

图 2.80　指定表的主键

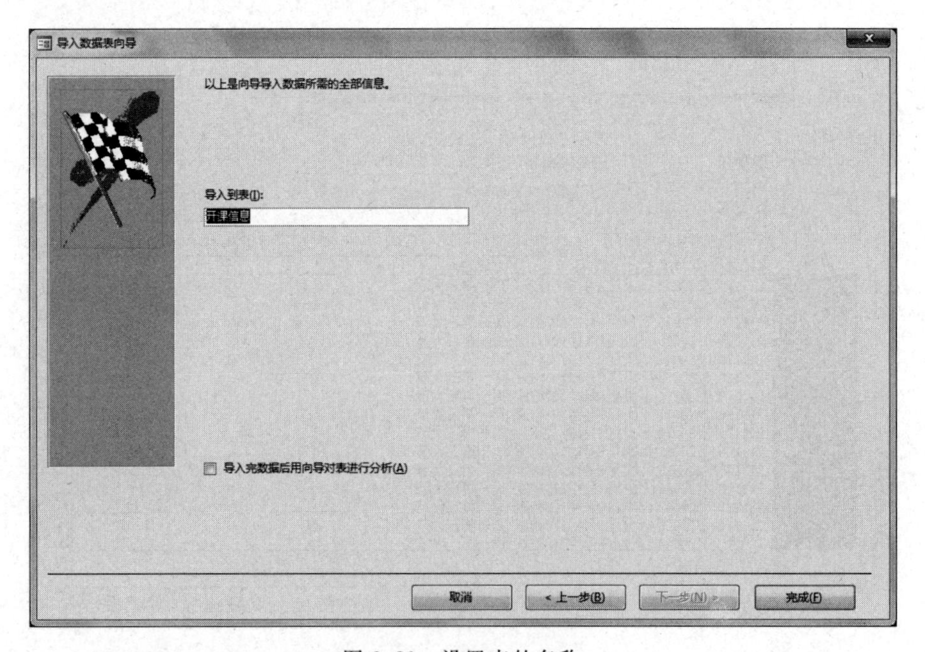

图 2.81　设置表的名称

的用户，可以选中“保存导入步骤”复选框，把导入步骤保存下来，方便以后快速完成同样的导入。

(8) 导入完成后，“学生信息管理”数据库导航窗格中显示导入的“开课信息”表。

本例中是以 Excel 电子表格作为导入表的数据源，如果要导入的是其他类型应用程序的数据源，则向导的具体过程会有一些不同。这时，只要按对话框中的提示进行操作

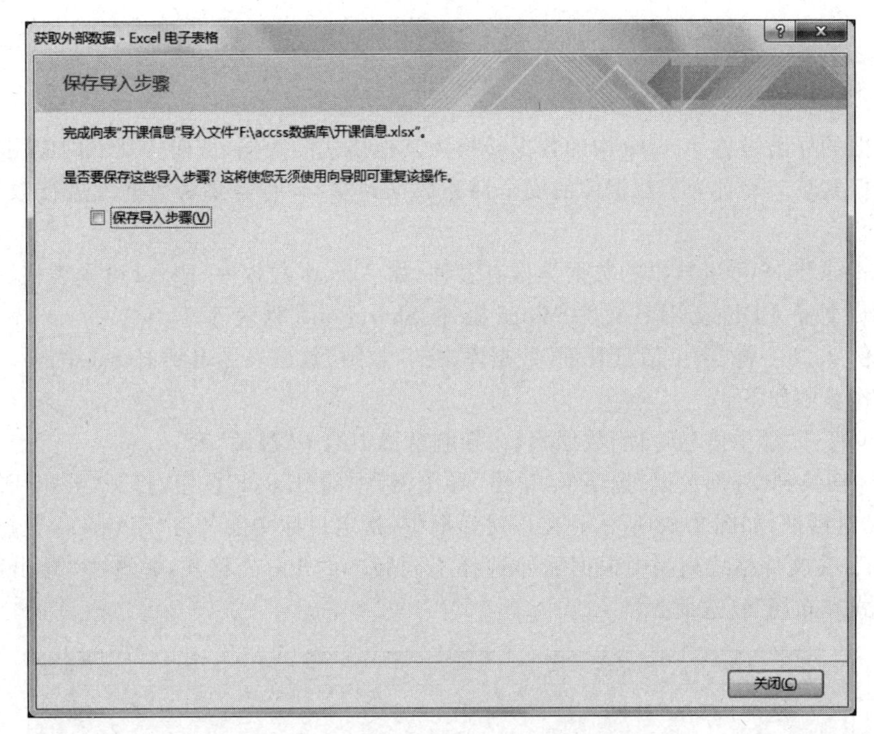

图 2.82 “导入数据表向导”结果提示框

即可。

在向表中导入数据时,可以将数据作为新表或者导入到已存在的表中。若要导入到已存在的表,一定要保证所导入的文件数据的字段个数和表中的字段个数相同,且数据类型要和设定的各字段的类型保持一致。导入表的过程是从外部数据源获取数据的过程,而一旦导入操作完成,这个 Access 表就不再与外部数据源继续存在任何联系了。

2. 数据的链接

链接外部数据,指的是直接访问其他程序的数据文件中的数据,通过当前数据库所作的改变会影响原来的数据。链接与原程序访问的是同一个数据区,节省了磁盘空间,并保持了数据的同时更新,但速度较慢。链接表不同于导入表,它只是在数据库内创建了一个表链接对象,从而允许在打开链接时从数据源获取数据,即数据本身并不在数据库内,而是保存在外部数据源处。因而,在数据库内通过链接对象对数据所做的任何修改,实质上都是在修改外部数据源中的数据。同样,在外部数据源中对数据所做的任何改动也都会通过该链接对象直接反映到数据库中来。

链接和导入的具体操作过程非常相似,不同的是在如图 2.76 所示“获取外部数据-Excel 电子表格”对话框中,在“指定数据在当前数据库中的存储方式和存储位置”中要选择“通过创建链接表来链接到数据源”选项。

链接到不同的外部数据源的链接表对象,其数据表图标也不同。

2.7.2 数据的导出

数据的导出是将 Access 中的数据转换为其他格式的数据，从而实现不同应用程序之间的数据共享。并且为了数据库的安全性和数据共享，有时需要对数据库进行数据的导出操作。

Access 2016 可以导出的数据类型有多种，如 Access 数据库、Excel 电子表格、文本文件、XML 文件、PDF 或 XPS 文件、Word 文件、SharePoint 列表等。

实例 2.28 将“学生信息管理”数据库中的“教师”数据表导出到 Excel 中。

操作步骤如下。

(1) 打开“学生信息管理”数据库，在导航窗格中选中“教师”表。

(2) 切换到“外部数据”选项卡，单击“导出”组中的“Excel”按钮，打开“导出-Excel 电子表格”对话框，如图 2.83 所示。在该对话框中，指定目标文件名为“F:\accss 数据库\教师.xlsx”，在文件格式列表中根据需要选择不同版本的 Excel 格式，并选中“导出数据时包含格式和布局”复选框。

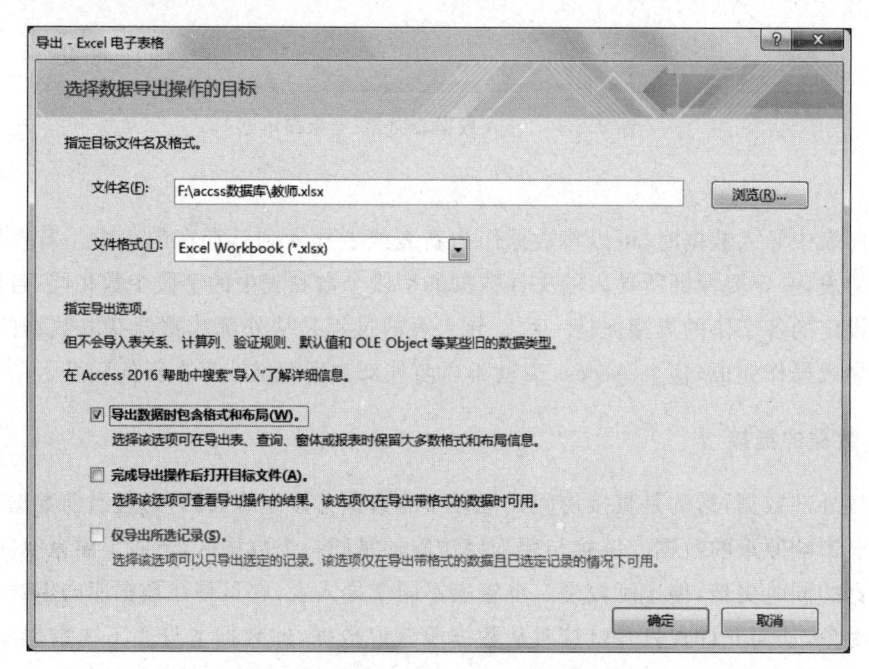

图 2.83 “导出-Excel 电子表格”对话框

(3) 单击“确定”按钮，弹出第二个“导出-Excel 电子表格”对话框，询问是否保存导出步骤，这里选择不保存，单击“关闭”按钮，完成表的导出。

(4) 启动 Excel，打开导出的“教师.xlsx”，查看数据。

Access 2016 还提供了另一种更简单的导出方法，具体操作步骤如下。

(1) 打开 Access 数据库和 Excel 工作簿，并将窗口同时显示。

(2) 在 Access 导航窗格选中要导出的数据表，直接把该表拖动到 Excel 窗口的单元格中,如图 2.84 所示。释放鼠标后,即可实现数据表的导出。

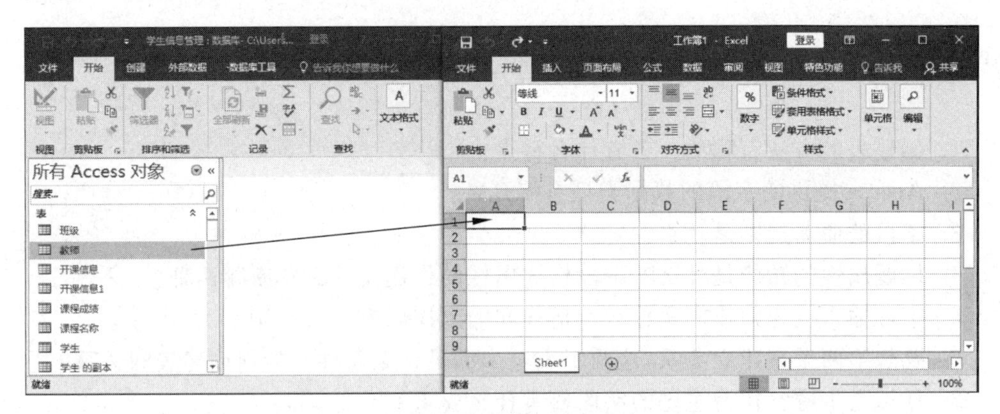

图 2.84 拖动表到 Excel 中

(3) 此时,表的字段和数据信息都将出现在 Excel 工作簿中,如图 2.85 所示。

教师编号	姓名	性别	出生日期	政治面貌	学历	职称	所属院系	电子
110003	郭建政	男	20-Jun-57		大学本科	副教授	19	shen ian@ com
110035	酉志梅	女	18-Aug-61	民盟	大学本科	讲师	24	puma y@ho l.co
120008	王守海	男	27-Nov-62	中共党员	研究生	教授	22	
120018	李浩	女	09-Jan-71		研究生	副教授	24	hwfs 211@ com
120019	陈海涛	男	15-May-67		大学本科	讲师	11	just 025@ com

图 2.85 快速导出表到 Excel 中

本章小结

表是 Access 数据库中最重要的对象。一个没有任何表的数据库是一个空的数据库,不能做其他任何操作,所以表是数据库其他对象的操作依据。本章主要介绍建立数据表的三种方法,数据表视图、设计视图和模板;在使用设计视图创建表时,需要了解不同的字段类型的特点及用法;在数据库中,表对象不是孤立的,表与表之间存在一对一、一对多、多对多三种关系类型,在建立关系时,相关字段类型、字段大小必须相同;表创建好以后,在数据库的使用过程中经常需要对表的结构、数据进行维护;在数据表视图中能够查找、替换数据,还可以对记录进行排序和筛选。

思考题

1. 创建表的方法有哪些?各有什么特点?
2. Access 提供的字段的数据类型有哪几种?
3. 字段的命名规则是什么?
4. 标题属性的功能是什么?字段格式属性的作用是什么?有哪两种?
5. 字段输入掩码的作用是什么?格式和输入掩码有什么区别?
6. 要想给两个表建立关系,这两个表至少满足什么条件?如何创建表间关系?
7. 什么是主键?作为主键的字段值有什么要求?
8. 设置字段标题属性会发生什么变化?
9. 实施参照完整性意味着什么?级联更新、级联删除意味着什么?
10. 如何筛选出特定条件的记录,有几种方法?
11. 如何导入、导出不同类型的数据?导入和链接数据有什么区别?

第3章 查　　询

本章导读

第2章介绍了数据库的建立及表的创建过程，通过“表”对象，可以存储数据库中的数据记录。但是建立数据库的最终目的并不仅仅是将数据完整、正确地保存在数据库中，而是为了对数据进行各种处理和分析，以便更好地使用它。查询即是通过设置某些条件，从表中获取所需数据的过程。查询是 Access 2016 数据库系统的一个重要对象，通过查询可以按照不同的方式查看、更改和分析数据，查询的结果也可以作为数据库中其他对象的数据源。

本章主要介绍查询的基本概念、各类查询的创建过程等内容。

3.1 查询概述

在数据库系统中，查询就是依据一定的查询条件，对数据库中的数据信息进行查找。它与表一样，都是数据库的对象。

3.1.1 查询的功能

查询是数据处理和数据分析的工具，是在指定的（一个或多个）表中根据给定的条件筛选所需要的信息，供用户查看、更改和分析。利用查询可实现以下多种功能。

(1) 选择字段。在查询中，可以只选择表中的部分字段。例如，建立只显示“学生”表中每名学生的姓名、性别、籍贯和专业的查询。

(2) 选择记录。根据指定的条件查找所需记录并显示。例如，建立一个查询，只显示“教师”表中的党员教师。

(3) 编辑记录。使用查询可以对数据表的记录进行追加、更新和删除等操作。

(4) 实现计算。在建立查询的过程中进行各种统计计算。例如，根据“教师”表中教师的工作时间来判定教师的工龄。

(5) 建立新表。利用查询的结果创建一个新表。

(6) 作为其他对象的数据源。查询的运行结果可以作为窗体、报表的数据源，也可以作为其他查询的数据源。

3.1.2 查询的类型

在 Access 中，根据对数据源操作方式和操作结果的不同，查询分为5种类型，分别是选择查询、参数查询、交叉表查询、操作查询和 SQL 查询。

1. 选择查询

选择查询是最常用的，也是最基本的查询类型。所谓“选择”，顾名思义，是指根据一定的查询准则从一个或多个表，或者其他查询中获得数据，并按照所需的排列次序显示。选择查询也可以用来对记录进行分组，并且对数据作总计、计数、平均值以及其他类型的统计计算。选择查询主要有以下几种类型。

(1) 简单查询：简单查询是最常用的查询方式，可以从一个或者多个表中将符合条件的数据提取出来，并可以对这些数据进行编辑等操作。

(2) 汇总查询：汇总查询比简单查询的功能更为强大，不仅可以提取数据，还可以对数据进行各类统计和汇总操作。

(3) 重复项查询：重复项查询能将数据库表中相同字段的信息内容集合在一起显示，主要用于对各种数据的对比分析。

(4) 不匹配查询：不匹配项查询可以在一个表中查找那些在另一个表中没有相关记录的记录。

2. 参数查询

参数查询是在执行时显示对话框以提示用户输入查询参数或准则。与其他查询不同，参数查询的查询准则是可以因用户的要求而改变的，而其他查询的准则是事先定义好的。

3. 交叉表查询

交叉表查询可以计算并重新组织数据的结构，这样可以更加方便地分析数据。交叉表查询可以对数据进行总计、求平均值、计数等汇总。与显示相同数据的选择查询相比，交叉表查询的结构让数据更易于阅读。

4. 操作查询

操作查询是指使用查询对数据表中的记录进行编辑操作。根据操作的不同分为以下4种查询类型。

(1) 生成表查询：从一个或多个表中选择数据建立一个新表。

(2) 删除查询：从一个或多个表中删除满足条件的记录。

(3) 更新查询：对一个或多个表中的一组记录进行更新。

(4) 追加查询：将一个或多个表中满足条件的一组记录追加到其他表的末尾。

5. SQL 查询

SQL(Structure Query Language)是一种结构化查询语言，是一种功能极其强大的关系数据库语言。自1981年被IBM公司推出以来，SQL语言得到了广泛应用。SQL查询是指用户直接使用SQL语言创建的查询。上述任何一种查询都可以通过SQL语言来实现，但并不是所有的SQL查询都可以转换成查询设计视图，这一类查询称为特定SQL查询，包括联合查询、传递查询、数据定义查询和子查询 4 种。

(1) 联合查询：使用 UNION 语句将多个查询结果合并在一起。

(2) 传递查询：基于远程数据库上的 SQL 语句进行的查询，这种查询可在建立了连接的情况下直接对服务器中的表进行操作。

(3) 数据定义查询：使用 SQL 的数据定义语句进行创建、删除、更改表等操作。

(4) 子查询：嵌套在其他查询中的 SQL SELECT 语句。

3.1.3 查询的结果——记录集

Access 会接收从查询中返回的记录，并将这些数据在数据表中显示出来。这些记录的集合通常称为记录集(Recordset)。从物理上来说，记录集看起来与表非常类似。实际上，记录集是记录的一个动态集合。除非使用这些记录直接构建一个表，否则查询所返回的记录集并不会存储在数据库中。

记录集暂时存储在内存中，以便快速地进行数据检索。当关闭查询时，记录集中的数据将被丢弃。要注意的是，即使记录集本身不再存在，但是构成记录集的数据仍然会保存在底层的源表中。

运行查询时，Access 会将所返回的记录放到一个记录集中。保存查询时，只有查询结构会保存下来，所返回的记录并不会保存。使用记录集比直接使用表存储查询结果具有较为明显的优势：只需占用存储设备较少的空间；查询得到的结果是最新的。

3.2 选择查询

从一个或多个数据源中获得数据的查询称为选择查询，它是查询对象中最常用的一种查询，也是创建查询对象时默认的查询类型。在 Access 2016 中创建选择查询主要有两种方式：第一种是利用 Access 查询向导，这种方式可有效地帮助用户进行查询创建工作；第二种是在查询设计视图中创建，不仅可以完成新建查询的设计，也可以修改已有的查询。

对于创建查询来说，第一种方式创建基本的查询比较方便，但是第二种方式功能更为丰富。通常采用两种方式结合的方法，使用向导创建查询，然后在设计视图中进一步修改完善。

3.2.1 通过向导创建选择查询

使用查询向导创建查询十分方便、简单，用户可以在向导提示下完成查询操作，但也有较大的局限性，如不能设置查询条件、排序等。

实例 3.1 创建名称为“学生选课成绩”的选择查询对象，查询每名学生的选课成绩，要求显示“学号”“姓名”“课程名称”和“考试成绩”4 个字段的信息。

操作步骤如下。

（1）打开“学生信息管理”数据库，单击“创建”选项卡“查询”组中的“查询向导”按钮，打开“新建查询”对话框，如图 3.1 所示。

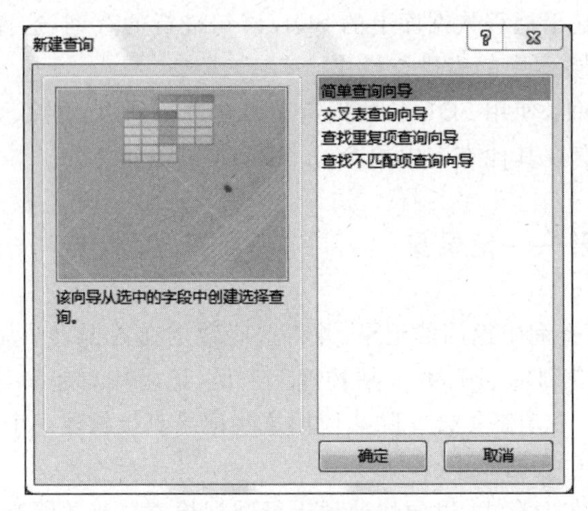

图 3.1 “新建查询”对话框

（2）在对话框的列表框中选择“简单查询向导”选项，单击“确定”按钮，打开“简单查询向导”对话框，如图 3.2 所示。

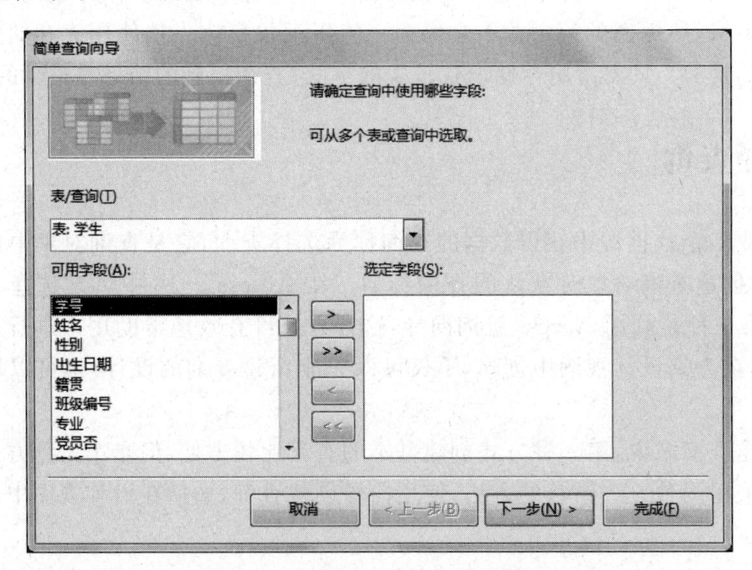

图 3.2 “简单查询向导”对话框

（3）从多个表中选择所需显示的字段。在“表/查询”下拉列表中选择“表：学生”。此时“可用字段”列表框中包含了“学生”表中的所有字段。分别双击“学号”和“姓名”字段，将所需字段添加到“选定字段”列表框中。也可以使用 > 和 >> 按钮选择字段。使用 > 按钮一次选择一个字段，使用 >> 按钮一次选择所有字段。若要取消已选择的字段，可以使用 < 和 << 按钮。按此方法依次从“课程名称”表中选择“课程名称”字段，从“课程成绩”表中选择“考试成绩”字段，将字段添加到“选定字段”列表框中，结果如图 3.3 所示。

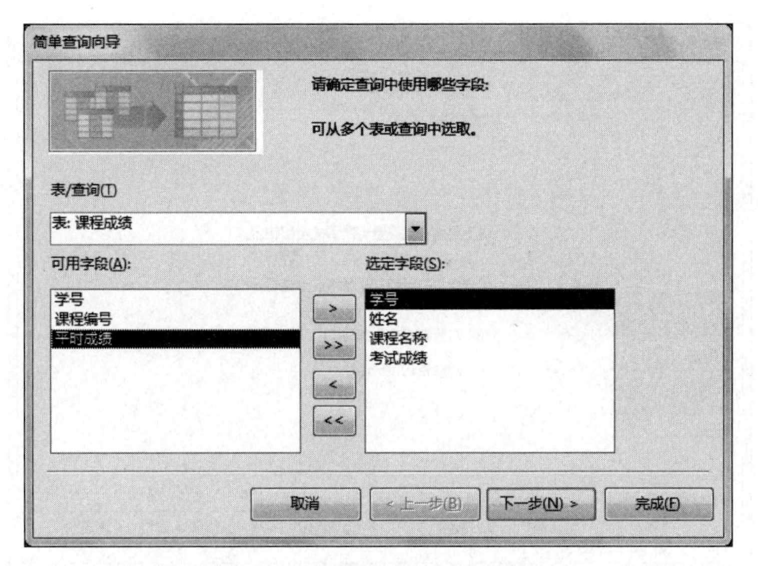

图 3.3　确定查询中所需的字段

【说明】 字段在“选定字段”列表框中的顺序就是查询结果中字段的顺序。

(4) 单击“下一步”按钮，出现“简单查询向导”第二个对话框，如图 3.4 所示。用户需要确定是采用“明细”查询还是采用“汇总”查询。如选择“明细”选项，则可查看每一条记录；如选择“汇总”选项，则可对一组或全部记录进行各种统计，如可以统计学生的平均成绩等。这里选中“明细”单选按钮。

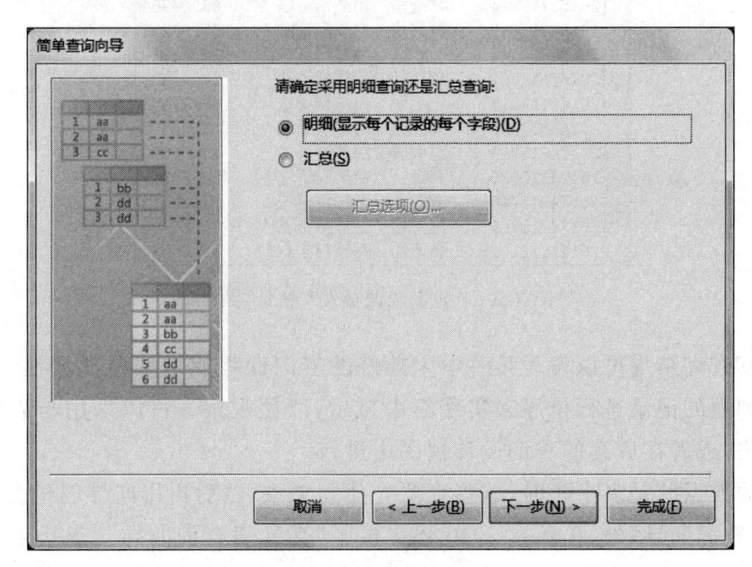

图 3.4　选择查询方法

(5) 保存并运行查询。单击“下一步”按钮，在“请为查询指定标题”文本框中输入“学生选课成绩”，如图 3.5 所示。单击“完成”按钮，在数据表视图中显示查询结果，如图 3.6 所示。

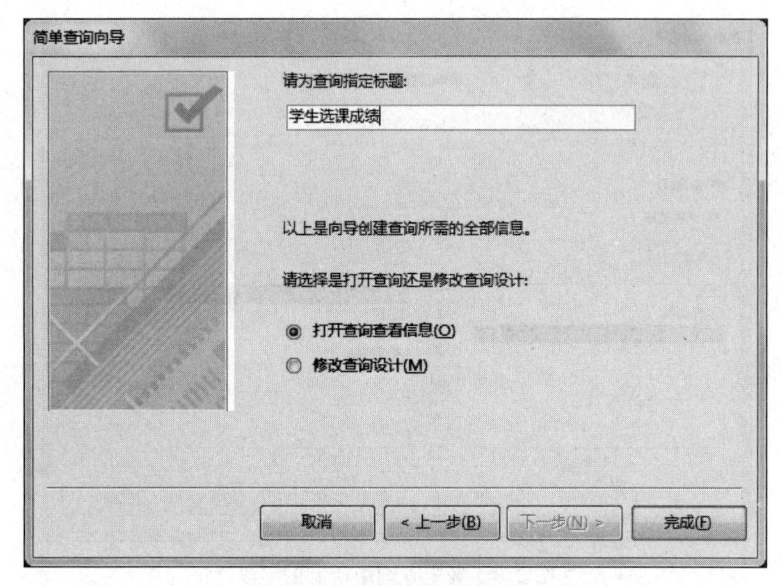

图 3.5　输入查询标题

学生选课成绩

学号	姓名	课程名称	考试成绩
20141111104	邢延程	自然辩证法	57.4225
20141111112	满鑫	自然辩证法	91.9944
20152713800	白英光	自然辩证法	55.38032
20152713812	张晴晴	自然辩证法	63.51078
20152713844	常莹莹	自然辩证法	66.04364
20152713845	邹馥榕	自然辩证法	55.86227
20162814148	丛娇	自然辩证法	72.66889
20163114522	刘佳佳	自然辩证法	76.43983
20163114595	宋启明	自然辩证法	56.91158
20163314919	郑保月	自然辩证法	75.01215
20174215719	赵光骏	自然辩证法	74.01086
20174215735	韩烁	自然辩证法	86.76113
20174215745	刘加臣	自然辩证法	95.92313
20174215769	鲍元丽	自然辩证法	58.74503
20141111101	张志丽	高等数学A(1)	57.81784

图 3.6　“学生选课成绩”查询结果

通过观察查询结果可以发现某一学生选修的多门课程成绩并未显示在一起,这时可以通过对查询中的记录进行排序来实现集中显示,以便观察。可以采用与表中的记录排序相同的方法,或者在后续的查询设计视图中进行。

当查询的数据源是多个表时,这些表要先建立关系,然后再用向导创建查询。

除“简单查询向导”外,Access 2016 还提供了“交叉表查询向导”“查找重复项查询向导”和“查找不匹配项查询向导”。“交叉表查询向导”在后面章节介绍。“查找重复项查询向导”和“查找不匹配项查询向导”分别用于确定两表中是否有重复记录和通过关联字段查找两个表中的不匹配项。例如,利用“查找不匹配项查询向导”查询本学期未开课的教师信息。这两种查询可以用于判断两表是否含有重叠、冗余或冲突信息。用户可根据需要选择相应的向导,在向导的提示下逐步完成操作。

3.2.2 在设计视图中创建查询

在实际应用中,需要创建的选择查询多种多样,有些带条件,有些不带任何条件。使用“简单查询向导”虽然可以快速、方便地创建查询,但它只能创建不带条件的查询,而对于有条件的查询需要通过查询设计视图完成。

在查询设计视图中不仅可以创建各种类型的查询,也可以方便地对各种查询进行修改。查询设计视图由两部分构成,如图 3.7 所示。查询设计视图的上半部分窗口是表/查询列表区域,用于显示添加的表和查询;下半部分窗口是设计网格,它是查询的设计区域,由一些字段列和已命名的行组成。每一行分别是字段的属性和要求,具体说明如下。

(1) 字段:可以在此输入或添加字段名来选择所需表对象中的字段。

(2) 表:设置字段的来源(在多表查询时非常有用)。

(3) 排序:定义字段的排序方式。

(4) 显示:利用复选框来确定字段是否在查询结果中显示。

(5) 条件:对所返回的记录进行筛选的条件。

(6) 或:可以添加多个查询条件,这是指定多行条件的第一行。

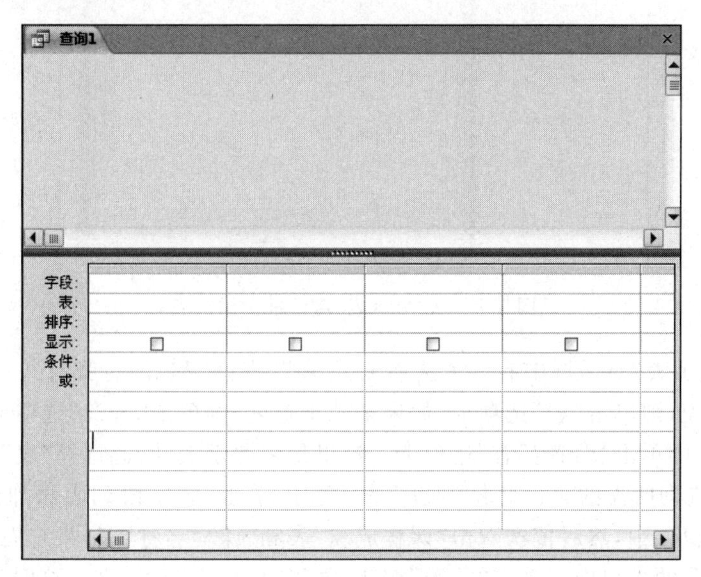

图 3.7 查询设计窗口

打开查询设计视图的方式有两种:一种是利用“创建”选项卡“查询”组中的“查询设计”按钮创建一个新查询;另一种是打开现有的查询设计窗口。例如,在导航窗格找到用向导创建的查询“学生选课成绩”,选定该查询并右击,在弹出的快捷菜单中选择“设计视图”选项打开设计窗口。

实例 3.2 使用设计视图创建名称为“计算机文化基础课程成绩”的查询。要求显示“学号”“姓名”“课程名称”“平时成绩”“考试成绩”和“总成绩”字段,其中“总成绩”字段为自定义字段,它的数据是按照平时成绩占 30%、考试成绩占 70%的比例计算得来的。

操作步骤如下。

(1) 打开"学生信息管理"数据库,单击"创建"选项卡"查询"组中的"查询设计"按钮,这时屏幕上会打开查询设计视图,同时弹出"显示表"对话框用于添加查询所需的源表,如图 3.8 所示。"显示表"对话框关闭后,可以在设计视图上半部窗格右击,选择"显示表"命令重新打开。

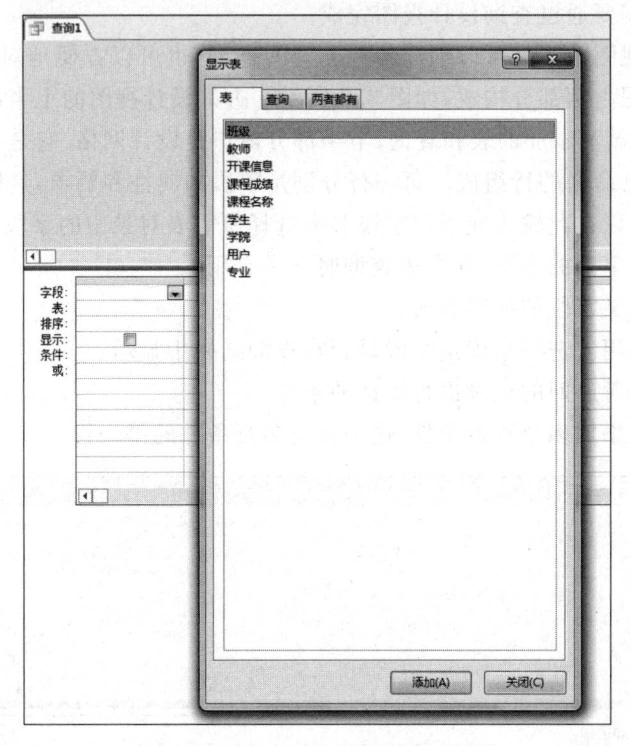

图 3.8　从"显示表"对话框中添加表

(2) 在"显示表"对话框中有 3 个选项卡:"表""查询"和"两者都有"。如果建立查询的数据来源于表,则单击"表"选项卡;如果来源于查询,则单击"查询"选项卡;如果同时来源于表和查询,则单击"两者都有"选项卡。这里是来源于表,因此选择"表"选项卡。

(3) 添加查询所需的表:双击"学生"表,这时"学生"表字段列表添加到查询设计视图上半部分的窗口中,然后依次双击"课程成绩"表和"课程名称"表,将它们添加到查询设计视图上半部分的窗口中。单击"关闭"按钮,关闭"显示表"对话框。这时,3 个表以及它们之间的关系会显示在查询设计视图上半部分窗口中,如图 3.9 所示。

(4) 选择查询字段:在表的字段列表中选择字段并放在设计网格的字段行上。选择字段的方法有 3 种:第一种是单击某字段,然后按住鼠标左键将其拖到设计网格中的字段行上;第二种是双击选中的字段;第三种是单击设计网格中字段行上要放置字段的列,然后单击右侧向下箭头,并从下拉列表中选择所需的字段。这里依次双击"学生"表中的"学号"和"姓名"字段,"课程名称"表中的"课程名称"字段,以及"课程成绩"表中的"平时成绩"和"考试成绩"字段,将它们添加到"字段"行的第 1～5 列。同时,"表"行显示了这些字段所在表的名称,如图 3.10 所示。

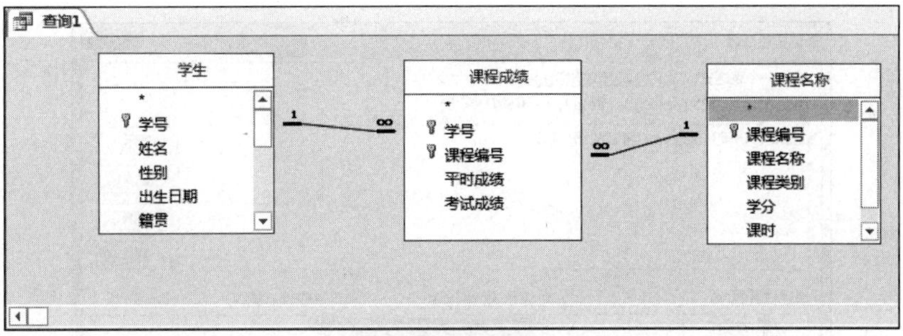

图 3.9 查询设计视图上半部分窗口

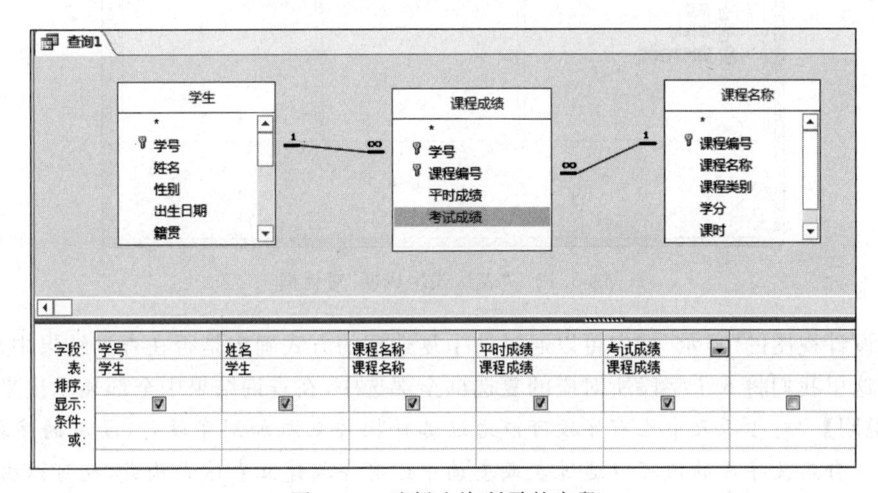

图 3.10 选择查询所需的字段

(5) 添加计算字段：在查询设计网格的第 6 列的"字段"单元格中输入"总成绩:[平时成绩] * 0.3+[考试成绩] * 0.7"。其中，"总成绩"是自定义的新字段名称，"[平时成绩] * 0.3+[考试成绩] * 0.7"为该字段的计算表达式，两者用英文冒号连接起来，如图 3.11 所示。计算表达式也可以右击"字段"行单元格，选择"生成器"选项，在弹出的"表达式生成器"对话框中完成输入，如图 3.12 所示。

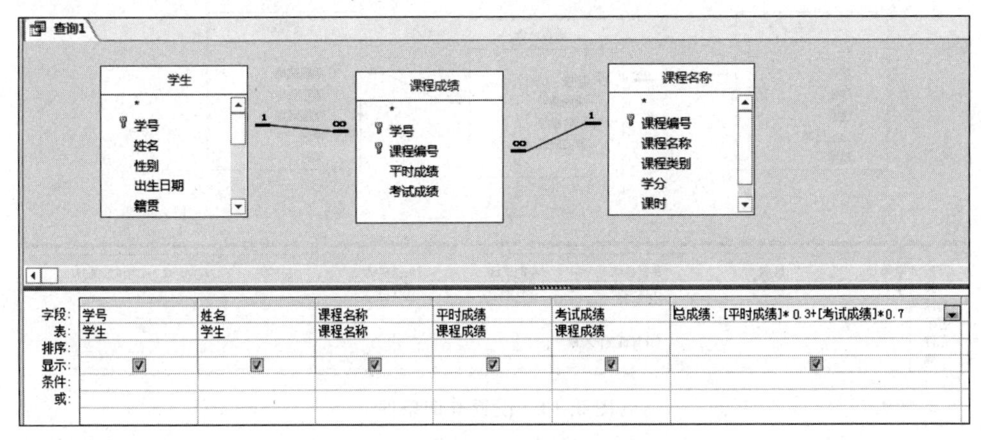

图 3.11 在查询中添加计算字段

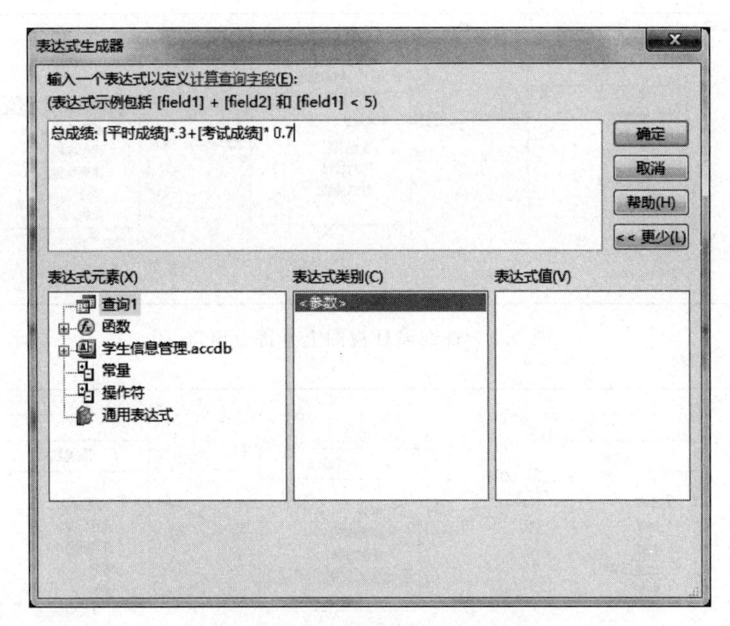

图 3.12 “表达式生成器”对话框

在设计视图的“显示”行中可以通过选中复选框的方式确定是否在查询结果中显示该字段。这里我们将 6 个字段所对应的复选框全部选中，在查询结果中全部显示出来。

【说明】 对于源表中已有字段可以通过选择操作来添加到字段行，没有的字段需要自定义。自定义字段的值可以通过表或查询中已有字段建立表达式构成，也可以由函数、常数、字段、操作符号等自定义的表达式构成。自定义字段的格式为“＜自定义字段名＞：表达式”。

(6) 设置查询条件：由于该查询对象只查找“计算机文化基础”这门课程的成绩，所以应该设置相应的查询准则。在“课程名称”字段的“条件”行单元格输入“计算机文化基础”，只查找该课程的成绩，如图 3.13 所示。

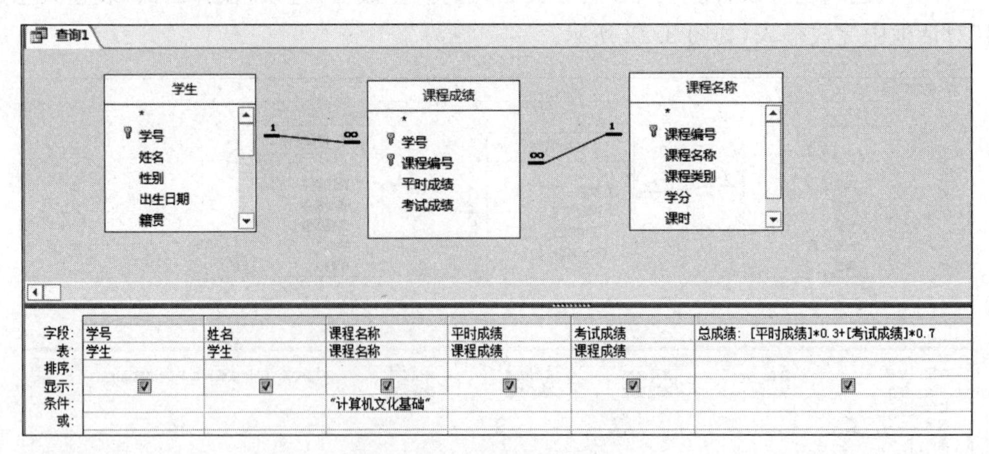

图 3.13 设置查询条件

(7) 运行查询预览查询结果：单击“查询工具|设计”选项卡中的“视图”按钮，或单击“运行”按钮，切换到数据表视图。这时可以看到查询运行的结果，如图 3.14 所示。

查询1

学号	姓名	课程名称	平时成绩	考试成绩	总成绩
20141411170	郭晓云	计算机文化基础	66.91752	90.49761	83.423583984375
20141411182	李小青	计算机文化基础	91.48904	82.73439	85.3607841491699
20141411196	武玮琦	计算机文化基础	53.75571	74.5854	68.3364944458008
20141411197	王婷婷	计算机文化基础	54.56698	51.52767	52.4394611358642
20141411235	鞠健	计算机文化基础	66.26542	51.98438	56.2686882019043
20152413962	杨亚青	计算机文化基础	56.31023	58.53679	57.8688186645508
20152713787	周啸海	计算机文化基础	69.71487	92.2774	85.5086433410644
20152713788	吕雪玉	计算机文化基础	54.61015	83.67046	74.9523704528809
20152713798	牟彦霏	计算机文化基础	80.22637	54.78864	62.4199562072754
20152713831	李绪星	计算机文化基础	71.2775	69.48413	70.0221427917481
20152713856	孙文秀	计算机文化基础	86.26806	87.61442	87.2105102539063
20152713875	周珍珍	计算机文化基础	86.03964	66.47337	72.3432487487793
20152713901	王宁	计算机文化基础	81.59027	69.77879	73.3222366333008
20162814061	李莉	计算机文化基础	76.22832	85.52769	82.7378814697266
20174215713	罗雪梅	计算机文化基础	82.32848	73.47112	76.128328704834
20174215726	杨靓靓	计算机文化基础	61.76839	68.37521	66.3931678771973
20174215768	夏振宇	计算机文化基础	59.42252	82.71087	75.7243640899658
*					

图 3.14 “计算机文化基础课程成绩”查询结果

(8) 保存查询对象：按 Ctrl+S 组合键或单击快速访问工具栏中的“保存”按钮，在打开的“另存为”对话框中输入查询名称“计算机文化基础课程成绩”，然后单击“确定”按钮，保存查询，如图 3.15 所示。

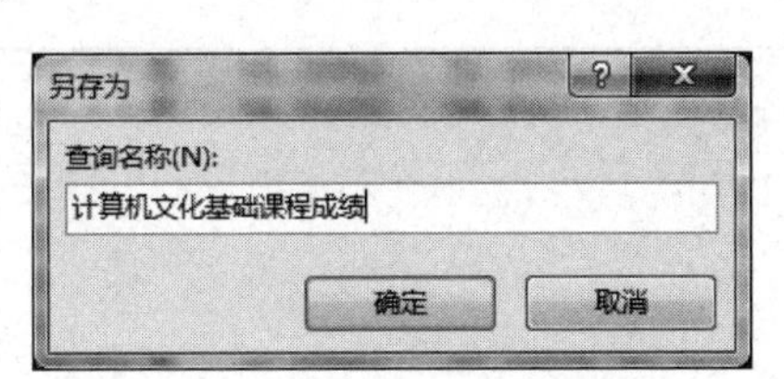

图 3.15 为查询对象命名并保存

【说明】 查询的名称不能与已有的查询同名，也不能与已有的表同名。

实例 3.3 创建查询对象“退休教师”，从“教师”表中查找退休教师的“姓名”“出生日期”“职称”和“性别”字段数据。女教师的退休年龄是 55，男教师的退休年龄是 60。

操作步骤如下。

(1) 打开“学生信息管理”数据库，单击“创建”选项卡“查询”组中的“查询设计”按钮，打开查询设计视图。

(2) 在“显示表”对话框中单击“表”选项卡，选择“教师”表，然后单击“添加”按钮，这时“教师”表被添加到查询设计视图上半部分窗口中。

(3) 分别双击查询设计视图上半部分窗口“教师”表中的“姓名”“出生日期”“职称”和“性别”字段，这 4 个字段依次显示在“字段”行上的第 1～4 列，同时“表”行显示出这些字段所在表的名称。

(4) 在查询设计网格的第 5 列的“字段”行中输入“年龄：Year(Date())-Year([出生

日期])”,并在“年龄”列的显示行选中复选框,如图 3.16 所示。年龄为自定义字段,它的值根据系统的当前日期和每个人的出生日期计算得到。

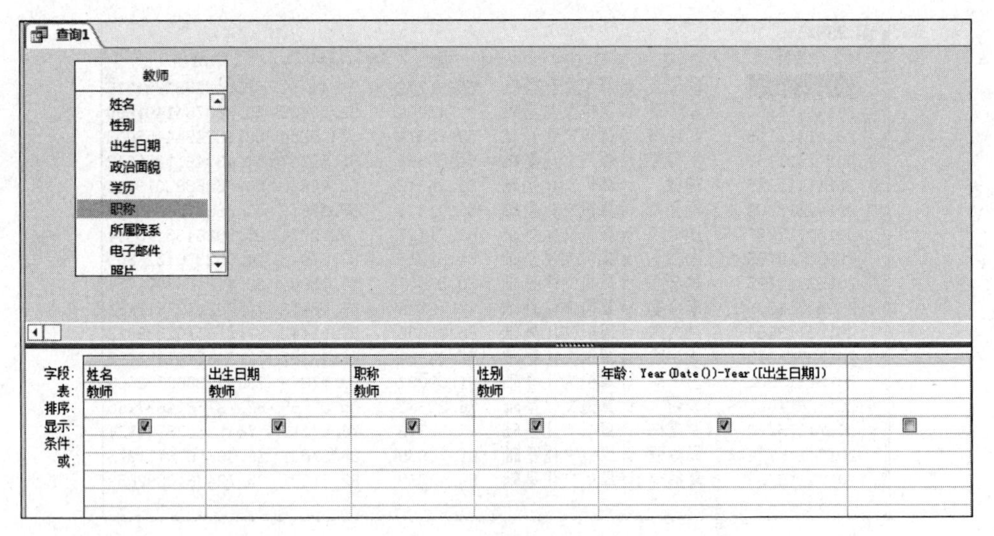

图 3.16　创建年龄字段

(5) 在“性别”字段列的“条件”行中输入条件“女”,在“年龄”列的“条件”行中输入“＞＝55”。在“性别”字段列的“或”行中输入条件“男”,在“年龄”列的“或”行中输入“＞＝60”,如图 3.17 所示。

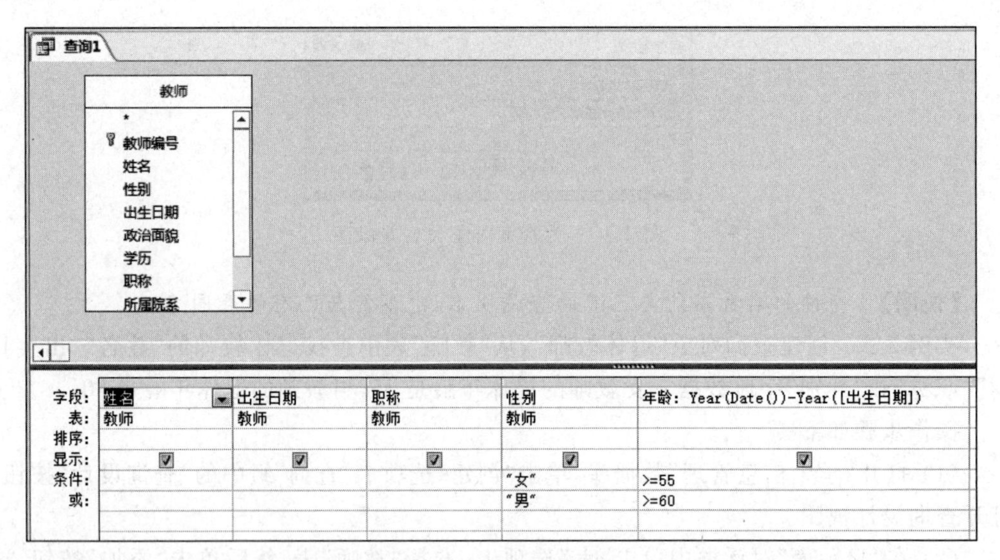

图 3.17　设置查询条件

【说明】 在查询设计视图中,“条件”行与“或”行都是用来表示条件的。“条件”行中的所有条件,都是并且的关系;“或”行中的所有条件,也是并且的关系;但“条件”行的条件与“或”行中的条件是或者的关系。

(6) 单击“查询工具|设计”选项卡中的“视图”按钮,或单击“运行”按钮,切换到数据

表视图,查看查询运行的结果。

(7) 单击“查询工具|设计”选项卡中的“视图”按钮,切换到查询设计视图,取消“年龄”列显示行中的“√”,本例不要求显示年龄。

(8) 单击快速访问工具栏中的“保存”按钮,弹出“另存为”对话框,在“查询名称”文本框中输入“退休教师”,然后单击“确定”按钮,保存查询。

3.2.3 设置查询条件

查询条件又称查询准则,是描述用户查询需求的主要途径,也是查询设计的一个重要内容。在查询设计中,一个查询条件对应一个条件表达式。下面介绍 Access 查询条件表达式的组成和使用。

1. 表达式

表达式是使用各类运算符将各类操作数连接起来,具有唯一运算结果的运算式,其运算结果称为表达式的值。也就是说,表达式是由运算符和操作数组成的运算式。

(1) 表达式的操作数有常量、变量和函数。

(2) 表达式的运算符有算术运算符、关系运算符、字符运算符和逻辑运算符。

(3) 表达式值的类型有数字型、文本型、日期型、是/否型(又称逻辑型)等。

2. 常量与变量的表示

在 Access 中,常量按其类型不同有不同的表示方法(或称引用规则),如表 3.1 所示。本章中用到的变量一般是字段变量,不论其类型如何,直接用方括号将字段名括起来引用即可。

表 3.1 常量的表示方法

类 型	表示方法	示 例
数字型常量	直接输入数据	1.23
文本型常量	用双引号("")括起来	"计算机"
日期型常量	用一对井号(##)括起来	#2008-8-8#
是/否型常量	使用专用字符表示,只有两个选项	True/False(或者 Yes/No;On/Off)

【说明】 表达式中的定界符(双引号、井号、方括号等)和运算符都要在半角英文标点状态下输入。

3. 运算符

运算符是用来进行算术运算、大小比较、字符串连接或创建复杂的表达式的符号。运算符主要有算术运算符、关系运算符、逻辑运算符、字符串操作运算符和通配符等。表 3.2～表 3.7 给出了这些运算符的意义。

表 3.2 算术运算符

算术运算符	说　明
+	计算两个数值的和。数值可以是数据变量,也可以是字段,还可以连接两个字符串
−	计算两个数值的差
*	计算两个数值的乘积
/	两个数相除
\	整除除法,做除法返回商的整数部分
Mod	取模运算符,做除法然后返回余数
^	乘方运算符

表 3.3 关系运算符

关系运算符	说　明	关系运算符	说　明
=	等于	>	大于
<>	不等于	<=	小于或等于
<	小于	>=	大于或等于

表 3.4 逻辑运算符

逻辑运算符	说　明
And	与运算符,当连接的表达式都为真时,返回值为真,否则为假
Or	或运算符,当连接的表达式有一个为真时,返回值为真,否则为假
Not	非运算符,当连接的表达式为真时,返回值为假,否则为真

表 3.5 字符串运算符

字符串运算符	说　明
&	连接运算符,将两个字符串进行连接
Like	“类似于…”运算符,用于指定查找文本字段的字符模式
Not Like	“不类似于…”运算符,用于与指定文本字段不类似,不匹配的格式或内容

表 3.6 通配符和其他比较常用的几个运算符

通配符	说　明
?	匹配单个字符(A～Z,0～9) 或汉字
*	任何数目的字符(0 个或多个)
#	任何单个数字
[ ]	通配方括号内列出的任一单个字符

表 3.7 其他比较常用的几个运算符

其他常用运算符	说　明
Between…And	用于指定一个字段值的范围
In	用于指定一个字段值的列表,列表中的任意一个值都可以与查询的字段相匹配
Is Null	指定一个字段值为空
Is Not Null	指定一个字段值非空

4. 函数

Access 2016 提供了大量的内置函数,也称为标准函数或函数,如算术函数、字符函数、日期/时间函数和统计函数等。这些函数为更好地构造查询条件提供了极大的便利,也为更准确地进行统计计算、实现数据处理提供了有效的方法。其格式和功能如表 3.8～表 3.11 所示。

表 3.8 数值函数的格式和功能

函数	功　能	说　明
Abs(x)	求 x 的绝对值	x 为实数
Sgn(x)	符号函数	x 大于 0 返回 1 x 等于 0 返回 0 x 小于 0 返回 －1
Sqr(x)	求 x 的平方根	x>＝0
Int(x)	求 x 的整数部分	Int 函数将要处理的数取整为小于等于它的整数

表 3.9 字符函数的格式和功能

函　数	功　能	说　明
Left(x,n)	取出字符 x 左边的 n 个字符	Left("Study",2)＝"St"
Right(x,n)	取出字符 x 右边的 n 个字符	Right("Study",2)＝"dy"
Mid(x,n1,n2)	对 x 字符串从第 n1 个字符开始取 n2 个字符	Mid("Study",2,2)＝"tu"
Len(x)	字符串的长度	Len("国家")＝2
LenB(x)	字符串所占的字节数	LenB("国家")＝4
LTrim(x)	去掉字符串左边的空格	LTrim("　Hello")＝"Hello"
RTrim (x)	去掉字符串右边的空格	RTrim("Hello　")＝"Hello"
Trim(x)	去掉字符串左右两边的空格	Trim("　Hello　")＝"Hello"
Space(n)	产生 n 个空格组成的字符串	Space(3)＝"　"
Instr(x1,x2)	返回字符串 x2 在字符串 x1 中首次出现的位置,找不到则为 0	Instr("abcdabcd","bcd")＝2 Insdtr("abcdabcd","bca")＝0

表 3.10　日期/时间函数的格式和功能

函　　数	说　　明
Day(date)	返回给定日期 1～31 的值。表示给定日期是一个月中的哪一天
Month(date)	返回给定日期 1～12 的值。表示给定日期是一个月中的哪个月
Year(date)	表示给定日期是哪一年
Weekday(date)	表示给定日期是一周中的哪一天
Hour(date)	给定小时 0～23 的值。表示给定时间是一天中的哪个钟点
Date( )	返回当前系统时间
DateSerial(yyyy,mm,dd)	返回一个由 3 个整数指定年、月、日的日期

表 3.11　统计函数的格式和功能

函　　数	说　　明
Sum(＜表达式＞)	返回表达式中值的总和
Avg(＜表达式＞)	返回表达式中值的平均值
Count(＜表达式＞)	返回表达式中值的个数，即统计记录的个数
Max(＜表达式＞)	返回表达式中值的最大值
Min(＜表达式＞)	返回表达式中值的最小值

5. 条件表达式示例

在 Access 中，表达式是许多查询条件的基本组成部分，在查询中加入条件表达式的方法是：在设计视图中打开查询，单击要设置查询条件的字段的“条件”行，在其中输入要添加的条件，或使用“表达式生成器”来创建条件表达式。

(1) 数值条件。数值包含数字、货币及自动编号类型的数据。表 3.12 针对“课程成绩”表的“考试成绩”字段列举了一些以数值作为条件的示例。

表 3.12　数值条件示例

若要包含满足下面条件的记录	条　　件	查 询 结 果
完全匹配一个值，如 100	100	返回成绩为 100 分的学生记录
不匹配某个值，如 50	Not 50	返回成绩不为 50 分的学生记录
包含小于某个值(如 80) 的值	＜＝80	返回成绩低于或者不高于 80 分的学生记录
包含大于某个值(如 60) 的值	＞＝60	返回成绩高于或者不低于 60 分的学生记录
包含两个值(如 60 或 75) 中的任一值	60 Or 75	返回成绩为 60 或 75 的记录
包含某个值范围之内的值	Between 60 and 100	返回成绩在 60 到 100 之间的记录

(2) 文本条件。在标准情况下，输入文本条件应在两端加上英文双引号，如果没有加

入，Access 2016 也会自动加上双引号。表 3.13 针对“教师”表和“学生”表中的某些字段，列举了一些常用的文本条件。

表 3.13 常用文本条件示例

字段名	条　　件	功　　能
职称	"教授"	查询职称为“教授”的记录
	"教授" Or "副教授"	查询职称为“教授”或“副教授”的记录
	Right([职称],2)="教授"	
姓名	In("李四","张三")	查询姓名为“李四”或“张三”的记录
	"李四" Or "张三"	
	Not "李四"	查询姓名不为“李四”的记录
	Left([姓名],1)="李" Like "李*"	查询姓“李”的记录
	Len([姓名])<=2	查询姓名为两个字的记录
课程名称	Right([课程名称],2)="基础"	查询课程名称最后两个字为“基础”的记录
学号	Mid([学号],5,2)="03"	查询学号第 5 和第 6 个字符为“03”的记录

【说明】 查询职称为教授的职工，查询条件可以表示为：="教授"，但为了输入方便，Access 2016 允许在条件中省去“=”，所以可以直接表示为："教授"。

(3) 日期/时间条件。在 Access 2016 中，使用日期/时间条件作为查询要求，方便限定查询的时间范围。表 3.14 以“教师”表的某些字段为例列举了日期/时间条件的示例。书写这类条件时应注意，日期常量要用英文的＃号括起来。

表 3.14 常用日期/时间条件举例

字段名	条　　件	查 询 结 果
工作日期	#2006/2/2#	返回工作日期为 2006 年 2 月 2 日的记录
工作日期	Between Date()-31 and Date()	查询前 31 天参加工作的记录
出生日期	Year([出生日期])=1965	查询 1965 年出生的记录
工作日期	Year([工作日期])=Year(Date())	查询今年参加工作的记录

3.2.4 在查询中进行汇总计算

在 Access 2016 查询中，可以执行许多类型的计算。在表达式中使用计算既可以减少存储空间，也可以避免在更新数据时产生不同步带来的错误。计算包括了总和、平均值、计数、最大值、平均值、标准偏差和方差等。用户也可自定义计算，如可以用一个或多个字段的值进行数值、日期和文本计算。

在查询中对字段进行汇总计算，可通过汇总操作来完成。单击“查询工具|设计”选项

卡中的“汇总”按钮或直接在查询设计视图的下半部窗格右击，选择“汇总”选项，在设计网格中插入一个“总计”行，常用的“总计”选项有 Group By(分组)、合计、计数、最大值、最小值、平均值、Expression(表达式)、Where(条件)等。在“总计”行下拉列表中包含 12 个选项，它们代表不同的函数和操作命令，通过总计运算可以生成不同的新数据。

实例 3.4 创建一个名称为“山东省学生人数统计”的查询，统计“学生”表中山东省的学生总人数。

操作步骤如下。

(1) 单击“创建”选项卡“查询”组中的“查询设计”按钮，打开查询设计视图和“显示表”对话框，将“学生”表添加到设计视图上半部分窗口中。

(2) 依次双击“学生”表字段列表中的“学号”和“籍贯”字段，将它们添加到字段行的第 1 列和第 2 列中。

(3) 单击“查询工具|设计”选项卡“显示/隐藏”组中的“汇总”按钮，在设计网格中插入一个“总计”行，这时 Access 会自动将“学号”和“籍贯”字段的“总计”行单元格设置为 Group By 分组统计。

(4) 由于查询要计算山东省的学生人数，因此应将“籍贯”的“总计”行设置为条件。单击“籍贯”字段“总计”行单元格，并单击右侧的向下箭头按钮，然后从下拉菜单中选择 Where。注意，这时 Access 会自动取消“籍贯”字段的显示，如要在查询结果中显示“籍贯”字段，则需再次添加“籍贯”字段。本例中采取默认设置，不显示“籍贯”字段信息。

(5) 在“籍贯”字段的“条件”行单元格中输入条件“山东”。

(6) 单击“学号”字段的“总计”行单元格，并单击其右侧的向下箭头按钮，然后从下拉菜单列表中选择“计数”选项，经过以上操作之后查询设计视图窗口如图 3.18 所示。

(7) 保存查询为“山东省学生人数统计”。

(8) 运行查询，可以看到“山东省学生人数统计”的总计查询结果，如图 3.19 所示。

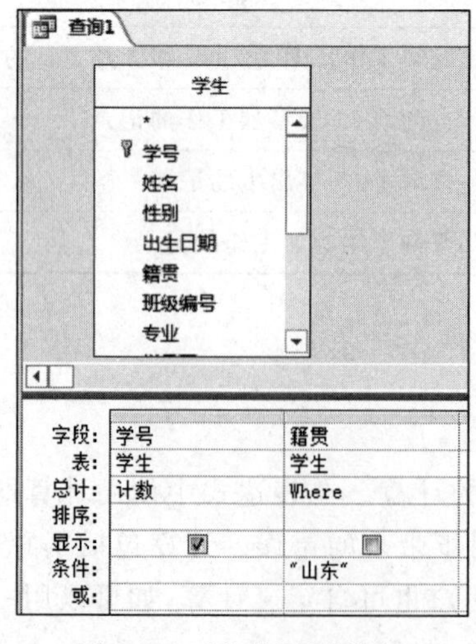

图 3.18 “总计”行的设置

图 3.19 总计查询结果

实例 3.4 说明了如何创建带条件的总计查询，在实际应用中，用户可能不仅要统计某个字段中的所有值，而且还要把记录分组，对每组的值进行统计。在设计视图中，将用于分组字段的“总计”行设置为 Group By，即可对记录进行分组统计。如本例中可按“籍贯”字段分组统计各个籍贯的学生人数。下面再通过实例 3.5 进一步理解分组统计查询。

实例 3.5 创建一个名称为“各职称教师人数”的选择查询，分组统计“教师”表中各类职称的教师人数，并将显示结果按统计人数升序排列。

操作步骤如下。

(1) 单击“创建”选项卡“查询”组中的“查询设计”按钮，打开查询设计视图和“显示表”对话框，将“教师”表添加到设计视图上半部分窗口中。

(2) 依次双击“教师”表中的“职称”和“教师编号”字段，将它们添加到“字段”行第 1 列和第 2 列中。

(3) 在查询设计视图的下半部窗格右击，在弹出的快捷菜单中选择“汇总”选项，这时在设计网格中插入一个“总计”行，并自动将“职称”字段和“教师编号”字段的“总计”行设置成 Group By。

(4) 单击“教师编号”字段的“总计”行，并单击其右侧的向下箭头按钮，然后从下拉列表中选择“计数”选项，设计视图如图 3.20 所示。

(5) 在如图 3.20 所示窗口中，单击“教师编号”字段的“排序”行单元格，并单击单元格内右侧的向下箭头按钮，从下拉菜单中选择一种排序方式，这里选择“升序”。

(6) 改变查询结果第 2 列的标题。在“教师编号”字段的“字段”行单元格“教师编号”左边输入“人数:”，如图 3.21 所示。

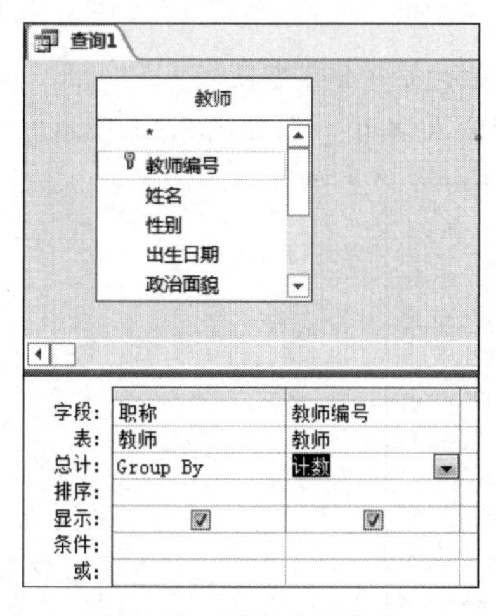

图 3.20 设置分组汇总

图 3.21 查询结果排序和改变列标题

(7) 保存查询对象为“各职称教师人数”。运行该查询可以看到如图 3.22 所示结果。

各职称教师人数

职称	人数
助教	5
教授	20
副教授	22
讲师	42

图 3.22 各职称教师人数统计结果

通过上面两个实例，可以看到分组总计查询的基本过程分成三步：第一步，找出满足条件的所有记录(利用 Where 选项)；第二步，对找出来的数据进行分组(利用 Group By 选项),可以按照多个字段进行分组(如对学生分组,则可先按籍贯分组,再按性别分组等),分组的优先顺序是按照添加字段的先后顺序排列的;第三步,分别对每组记录进行总计运算,一组记录得到一行总计数据。

3.3 参数查询

前面所建立的查询,无论是内容还是条件,都是固定的。如果用户希望根据不同的条件来查找记录,就需要不断修改或建立查询,这样做很麻烦。为了方便用户,Access 提供了参数查询。参数查询是动态的,它利用对话框提示用户输入参数并检索符合所输入参数的记录或值。

根据查询中参数的个数,参数查询分为单参数查询和多参数查询两种类型。

1. 单参数查询

单参数查询是指查询条件包含一个参数的查询。

实例 3.6 创建参数查询,根据用户输入的学历查询教师的相关信息。运行查询时,显示提示信息“请输入学历:”。

操作步骤如下。

(1) 单击“创建”选项卡“查询”组中的“查询设计”按钮,打开查询设计视图和“显示表”对话框,将“教师”表添加到设计视图上半部分窗口中。

(2) 将“教师”表字段列表中 * 拖到“设计网格”的第 1 列中。把“学历”字段拖到第 2 列,取消“显示”行单元格复选框。

【说明】 星号(*)表示选择所有字段,查询结果显示表中全部字段。

(3) 在“学历”字段的“条件”行单元格中输入“[请输入学历:]”,如图 3.23 所示。

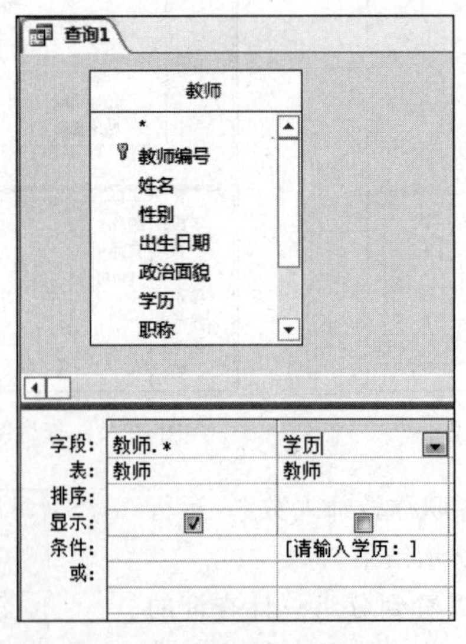

图 3.23 参数查询设计视图

【说明】 在 Access 中创建参数查询，就是在查询条件中输入方括号括起来的提示信息。

(4) 单击“运行”按钮或切换到数据表视图，弹出“输入参数值”对话框，如图 3.24 所示。输入要查找的学历，如输入“大学本科”。单击“确定”按钮，查询结果如图 3.25 所示。

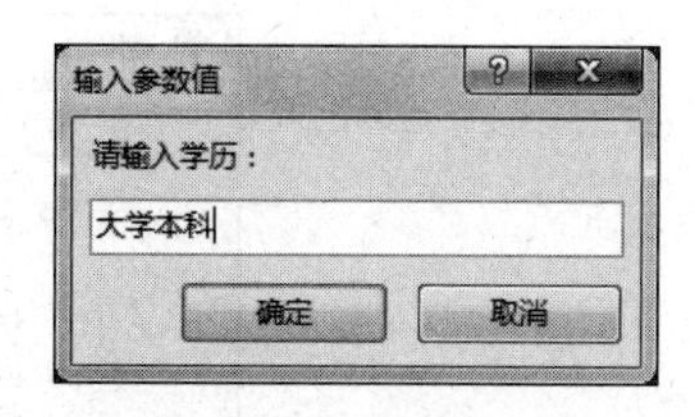

图 3.24 “输入参数值”对话框

(5) 单击快速访问工具栏上的“保存”按钮，在弹出的“另存为”对话框的“查询名称”文本框中输入“教师学历参数查询”，然后单击“确定”按钮，保存所建查询。

查询1

教师编号	姓名	性别	出生日期	政治面貌	学历	职称	所属院系
110003	郭建政	男	1957/6/20		大学本科	副教授	19
110035	酉志梅	女	1961/8/18	民盟	大学本科	讲师	24
120019	陈海涛	男	1967/5/15		大学本科	讲师	11
120022	史玉晓	男	1970/1/26		大学本科	讲师	23
130004	李菲菲	女	1974/7/12		大学本科	讲师	22
140048	刁秀库	男	1977/8/8		大学本科	教授	24
140086	程洁	女	1978/12/2		大学本科	讲师	14
140088	高尧尧	男	1976/4/11		大学本科	教授	24

图 3.25 参数查询结果

2. 多参数查询

多参数查询是指查询条件中含有两个或两个以上参数的查询。

实例 3.7 创建多参数查询，根据用户输入的学历和职称查询教师的相关信息。运行查询时，显示提示信息“请输入学历：”和“请输入职称：”。

操作步骤如下。

(1) 单击“创建”选项卡“查询”组中的“查询设计”按钮，打开查询设计视图和“显示表”对话框，将“教师”表添加到设计视图上半部分窗口中。

(2) 将“教师”表字段列表中 * 拖到“设计网格”的第 1 列中。把“学历”字段拖到第 2 列，取消“显示”行单元格复选框。把“职称”字段拖到第 3 列，取消“显示”行单元格复选框。

(3) 在“学历”字段的“条件”行单元格中输入“[请输入学历：]”。在“职称”字段的“条件”行单元格中输入“[请输入职称：]”，如图 3.26 所示。

(4) 单击“运行”按钮或切换到数据表视图，弹出“输入参数值”第一个对话框，输入要查找的学历如“大学本科”，如图 3.27 所示，然后单击“确定”按钮。弹出“输入参数值”第二个对话框，输入要查找的职称如“副教授”，如图 3.28 所示。单击“确定”按钮，查询结果如图 3.29 所示。

(5) 单击快速访问工具栏上的“保存”按钮，在弹出的“另存为”对话框的“查询名称”文本框中输入“教师学历职称参数查询”，然后单击“确定”按钮，保存所建查询。

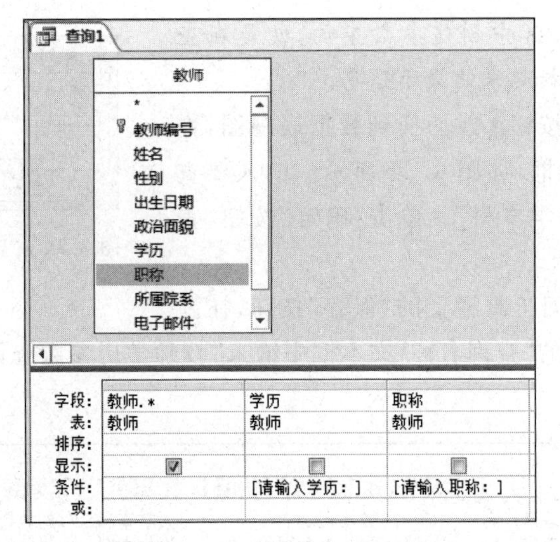

图 3.26 多参数查询设计视图

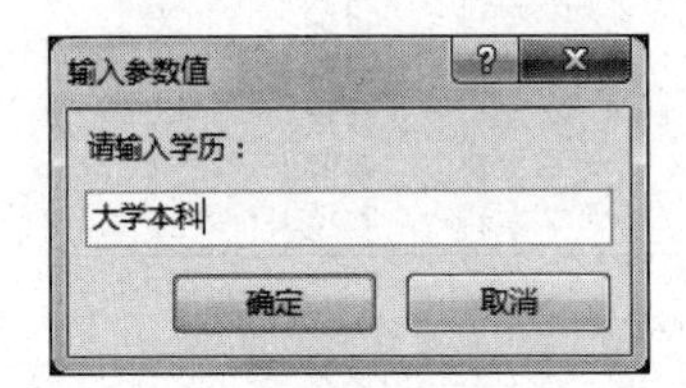

图 3.27 “输入参数值”对话框(1)

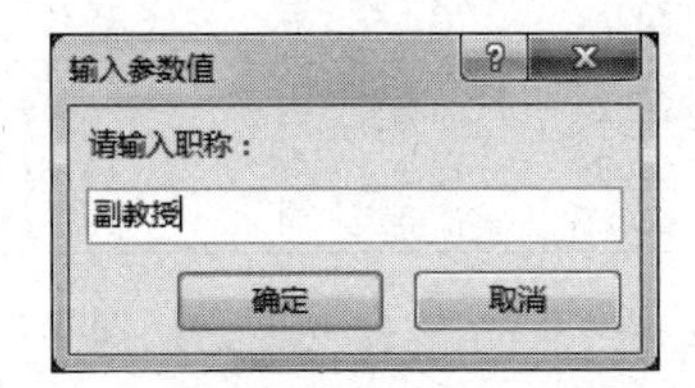

图 3.28 “输入参数值”对话框(2)

教师编号	姓名	性别	出生日期	政治面貌	学历	职称	所属院系
110003	郭建政	男	1957/6/20		大学本科	副教授	19
240015	李佳琳	女	1968/5/28	致公党	大学本科	副教授	24
250064	李秀增	男	1971/9/20	中共党员	大学本科	副教授	12
270016	刘建晓	男	1961/3/19	致公党	大学本科	副教授	24
280047	林伟阳	男	1964/4/24		大学本科	副教授	14
280085	侯淑杰	男	1973/7/21		大学本科	副教授	21
330014	李涛	男	1967/1/23		大学本科	副教授	22

图 3.29 多参数查询结果

从上列可以看出，多参数查询运行时会出现多个输入参数值对话框，并且对话框是按设计视图中参数从左到右的顺序依次出现的。如果用户需要重新指定另一个顺序，可以单击“查询工具|设计”选项卡“显示/隐藏”组中的“参数”按钮，在弹出的“查询参数”对话框中定义参数和显示次序，如图 3.30 所示。在“查询参数”对话框中还可以指定参数的数据类型。

【归纳】

(1) 参数查询就是条件行中输入的查询条件表达式包含用方括号括起来的提示信息。本节前面多个例子中使用过方括号，但方括号里的字符为字段名，而本节中代表的是参数。Access 在查询中遇到方括号时，首先在查询数据源寻找方括号中的内容是否为字段名称。若是字段名，Access 会自动使用字段数据进行查询；若不是，则认为是参数，显

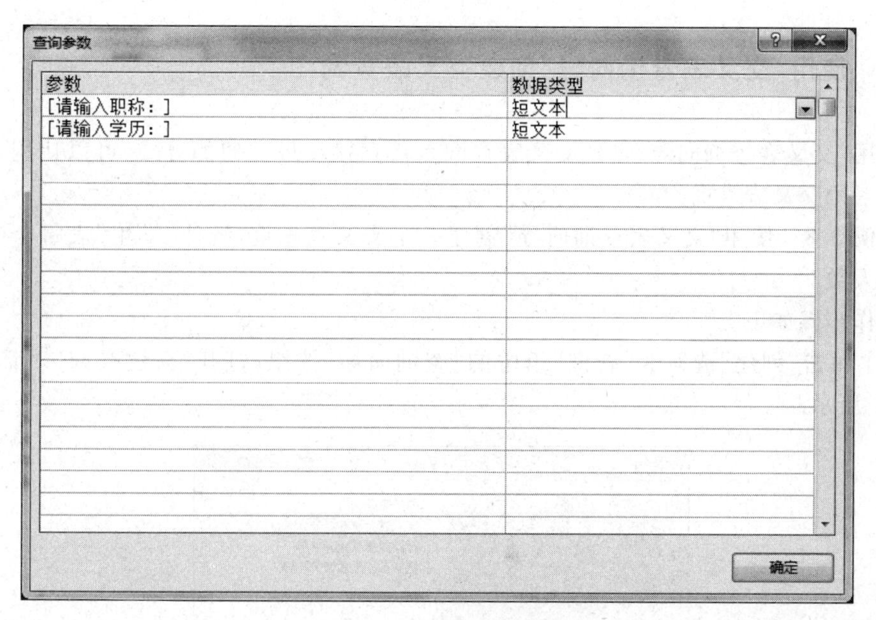

图 3.30 “查询参数”对话框

示对话框，要求输入参数值。因此，在设置参数查询时应避免参数给出的提示信息与表中的字段名称相同。另外，运行查询后，在弹出的“输入参数值”对话框中，用户一定要按字段数据要求输入具体数据值，否则会查找失败。

(2) 参数也可以是窗体或报表中的控件的内容。其格式为：

[Forms]![窗体名称]![控件名称]或[Reports]![报表名称]![控件名称]

在第 4 章窗体的操作中将会用到这种设置。

3.4 交叉表查询

交叉表查询以水平方式和垂直方式对记录进行分组，并计算和重构数据，可以简化数据分析。交叉表查询可以对数据求和、平均值、最大值、计数等计算。例如，要查询每个学生每门课程的考试成绩，由于每个学生修了多门课程，如果使用选择查询，在“课程名称”字段中将出现重复的课程名称，这样显示出来的数据很凌乱。为了使查询的结果能够满足实际需要，使查询后生成的数据显示得更清晰、准确，结构更紧凑、合理，Access 提供了一个很好的查询方式，即交叉表查询。交叉表查询为用户提供了非常清晰的汇总数据，便于用户的分析和使用，是其他查询无法完成的。

在创建交叉表查询时，用户需要指定三种字段。

(1) 行标题。放在查询数据表最左端的分组字段构成行标题。

(2) 列标题。放在查询数据表最上面的分组字段构成列标题。

(3) 值字段。放在行与列交叉位置上的字段为值字段，用于计算。

其中，列标题和值字段只能有一个，行标题可以有多个。

3.4.1 使用"交叉表查询向导"创建交叉表查询

使用"交叉表查询向导"创建交叉表查询是最直接和最方便的方式,可以让用户快捷地创建一个交叉表查询。

实例 3.8 使用"交叉表查询向导"创建一个交叉表查询,统计"学生"表每个专业的男女生人数。

操作步骤如下。

(1) 单击"创建"选项卡"查询"组中的"查询向导"按钮,打开"新建查询"对话框,如图 3.31 所示。

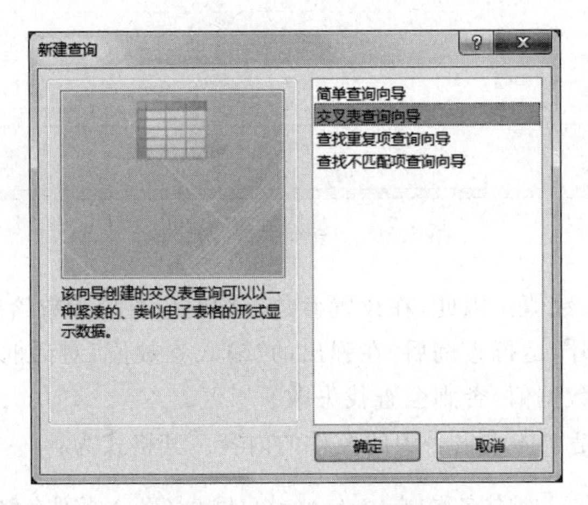

图 3.31 "新建查询"对话框

(2) 在对话框的列表框中选择"交叉表查询向导"选项,单击"确定"按钮,打开"交叉表查询向导"第一个对话框,如图 3.32 所示。

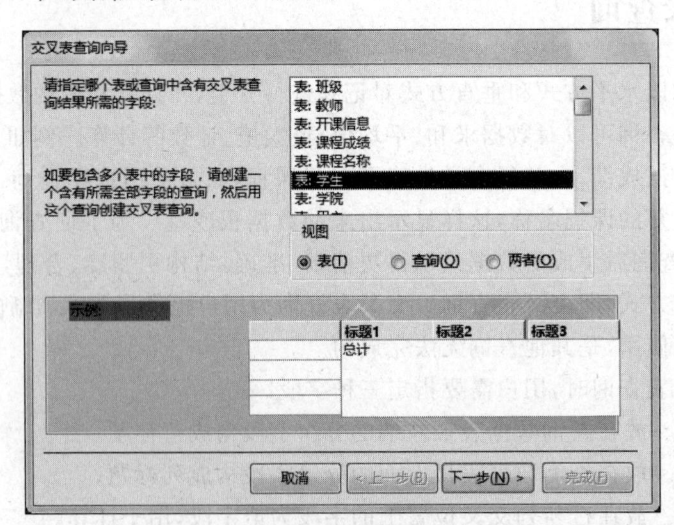

图 3.32 "交叉表查询向导"对话框

(3) 交叉表查询的数据源可以是表,也可以是查询。此例数据源为表,因此单击“视图”选项组中的“表”单选按钮,选择“学生”表。

【说明】 利用“交叉表查询向导”创建交叉表查询,数据源可以是表,也可以是查询,但只能是一个表或一个查询。故当需要从多个表或查询中读取数据时,必须先创建一个查询,然后再以查询作为数据源。

(4) 单击“下一步”按钮,打开“交叉表查询向导”第二个对话框。在该对话框中,确定交叉表的行标题。这里双击“可用字段”列表框中“专业”字段,结果如图 3.33 所示。

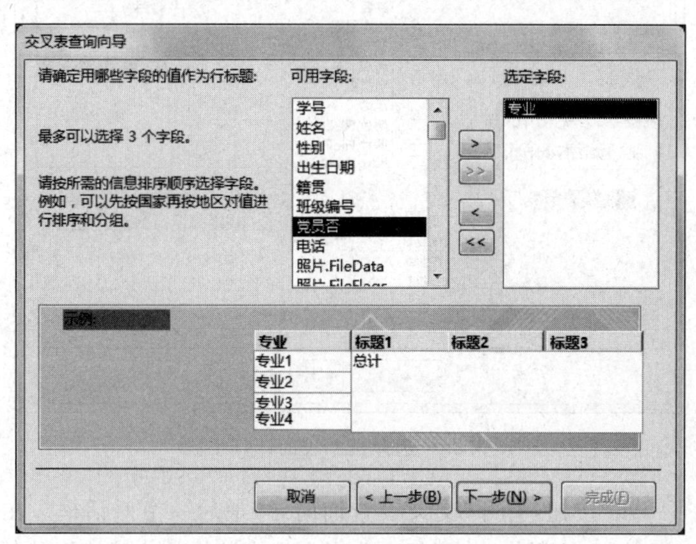

图 3.33　选择交叉表的行标题

【说明】 利用“交叉表查询向导”创建交叉表查询,最多可选定 3 个字段作为行标题。

(5) 单击“下一步”按钮,打开“交叉表查询向导”第三个对话框。在该对话框中,确定交叉表的列标题。这里选择“性别”字段,结果如图 3.34 所示。

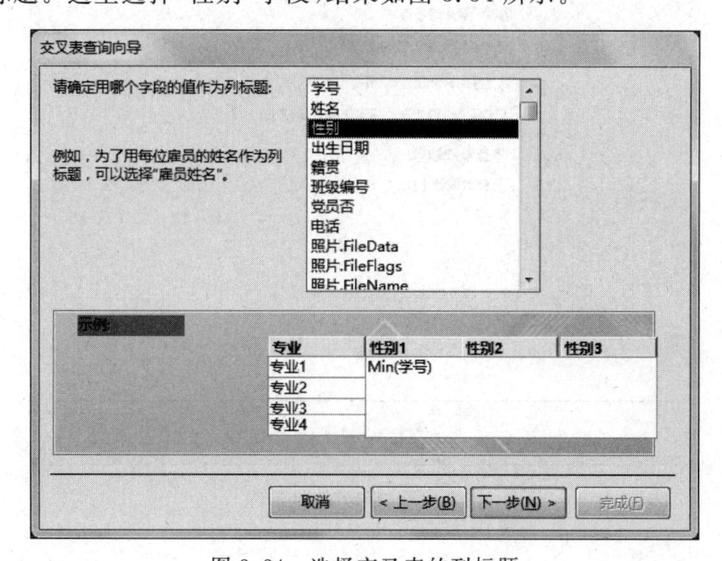

图 3.34　选择交叉表的列标题

(6) 单击“下一步”按钮，打开“交叉表查询向导”第四个对话框。在该对话框中，确定计算字段，也就是值字段。为了使交叉表显示男女生人数，这里选中“字段”列表框中的“学号”字段，然后在“函数”列表框中选择“计数”选项。若不在交叉表的每行前面显示总计数，应取消“是，包括各行小计”复选框，如图 3.35 所示。

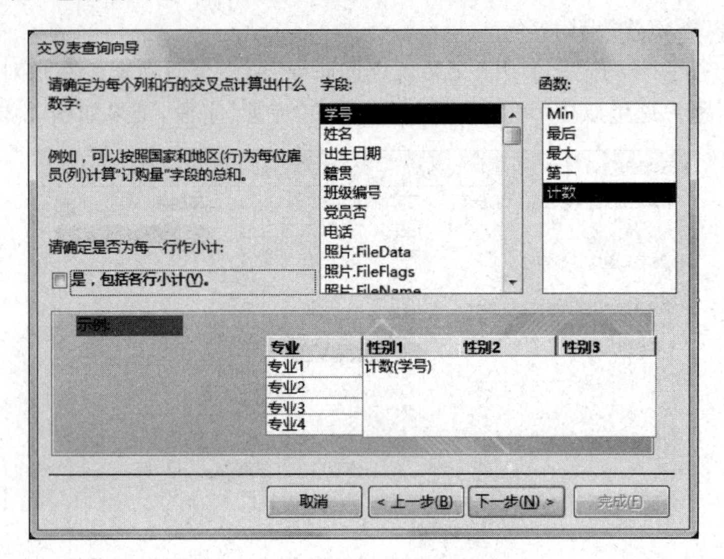

图 3.35 选择交叉表的计算字段

(7) 单击“下一步”按钮，打开“交叉表查询向导”最后一个对话框。在该对话框中给出一个默认的查询名称，这里修改为“每专业男女生人数统计交叉表”，然后单击“完成”按钮，如图 3.36 所示。这时，“交叉表查询向导”开始建立交叉表查询，最后以数据表视图方式显示出如图 3.37 所示的查询结果。

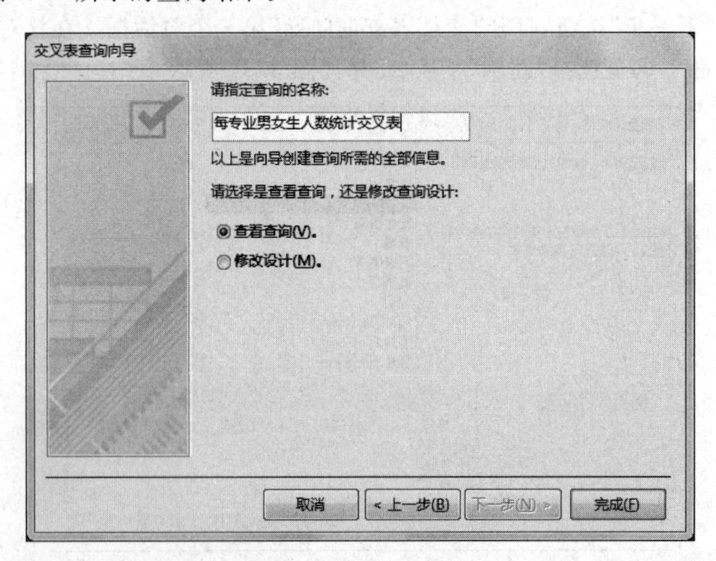

图 3.36 指定查询名称

每专业男女生人数统计交叉表

专业	男	女
桥梁	1	2
公路	2	2
小学教育		4
教育技术		1
心理学	1	
历史		2
国学	1	1
会计	1	1

图 3.37　查询结果

3.4.2　使用设计视图创建交叉表查询

使用设计视图创建查询，数据源可以是多个表或查询，并且行标题字段没有3个的限制，可以多于3个字段。

在交叉表的设计视图中，会多出两行："总计"行与"交叉表"行。"总计"行用来指定是对字段进行分组，还是对字段进行总计运算处理。而"交叉表"行则用来指定是行标题、列标题，还是值。

实例3.9　使用设计视图创建交叉表查询，以交叉表方式显示学生每门课的考试成绩，显示格式如图3.38所示。

学号	姓名	大学英语(1)	高等数学A(1)	高等数学A(2)	高等数学A(3)	计算机文化基础	数据库应用技术	自然辩证法	综合艺术
20141111101	张志丽		58	79	73				91
20141111104	邢延程		78	84	87			57	
20141111112	满鑫		91	71	57			92	
20141311165	陈元杰						69		90
20141411170	郭晓云					90	86		
20141411182	李小青					83	55		52
20141411196	武玮琦					75	60		
20141411197	王婷婷					52	64		70
20141411235	鞠健					52	64		70
20141411236	王文超		76	75	78				97
20151613566	陈丽虹						97		78
20152413962	杨亚青					59	63		88
20152713787	周啸海					92	61		60
20152713788	吕雪玉					84	76		89
20152713798	牟彦霏					55	70		76
20152713800	白英光		56	93				55	
20152713812	张晴晴	90						64	
20152713831	李绪星					69	66		51
20152713835	杜文文		89	51	64				61
20152713844	常莹莹	86						66	
20152713845	邹馥榕	57						56	
20152713856	孙文秀					88	96		62
20152713875	周珍珍					66	60		91
20152713901	王宁					70	83		84
20152713918	张芳						62		95
20162814061	李莉					86	69		80

图 3.38　交叉表显示学生课程成绩

操作步骤如下。

(1) 创建查询，打开查询设计视图，并将"学生"表、"课程名称"表和"课程成绩"添加到设计视图的上半部窗口中。

(2) 分别双击"学号""姓名""课程名称"和"考试成绩"字段，将它们添加到设计网格中。

(3) 单击“查询工具|设计”选项卡“查询类型”组中的“交叉表”按钮,这时 Access 会在设计网格中插入“总计”行和“交叉表”行,并自动将“总计”行选项设置为 Group By。

(4) 分别单击“学号”和“姓名”字段“交叉表行”右侧的向下箭头,在打开的下拉列表中选择“行标题”选项;单击“课程名称”字段“交叉表行”右侧的向下箭头,在打开的下拉列表中选择“列标题”选项;在“考试成绩”字段的“交叉表行”选择“值”选项;在“考试成绩”字段“总计”行的下拉列表中选择“Last”选项。如图 3.39 所示。

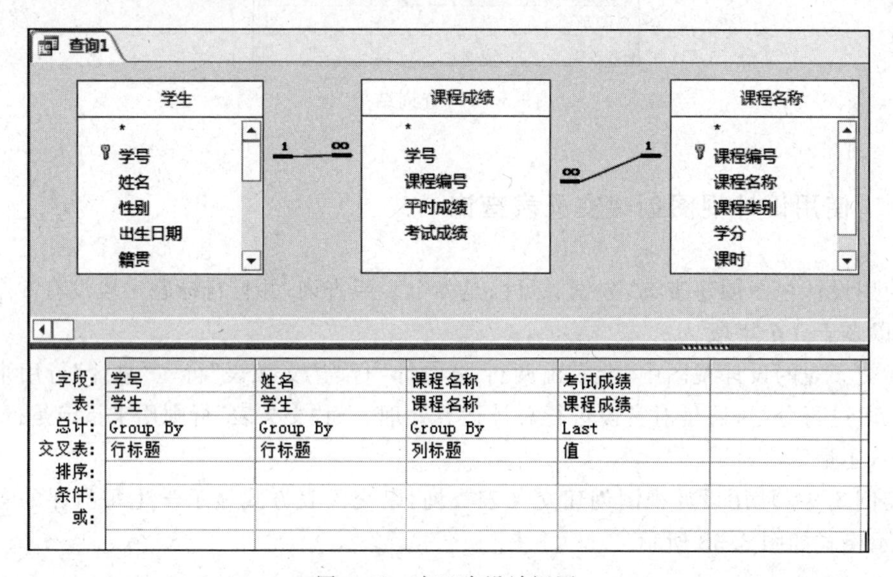

图 3.39　交叉表设计视图

(5) 单击快速访问工具栏中的“保存”按钮,将查询命名为“学生课程成绩交叉表显示”,切换到数据表视图,查看结果。

【说明】 交叉表查询中也可以使用参数,方法同选择查询一样。但需注意的是,在交叉表查询中使用参数时必须在“查询参数”对话框中定义参数的数据类型,否则运行时会弹出错误提示。

3.5　操作查询

前面介绍的几种查询,都是根据特定的查询准则,从数据源中提取符合条件的动态记录集,但对数据源的内容并不进行任何的改动。操作查询,就是能进行操作的查询,主要用于对表数据进行操作,如删除记录、更新记录、追加记录等。

操作查询包括生成表查询、删除查询、更新查询和追加查询 4 种类型。

(1) 生成表查询:根据一个或多个表中的全部或部分数据创建新表。

(2) 删除查询:从一个或多个表中删除满足条件的一组记录。

(3) 更新查询:对一个或多个表中的一组记录的某些字段值进行更改。

(4) 追加查询:将一个或多个表中的一组记录添加到某个表的末尾。

3.5.1 生成表查询

生成表查询就是将查询的结果保存到一个表中，这个表可以是一个新表，也可以是已存在的表。但如果将查询结果保存在已有的表中，则该表中原有内容被删除。

在 Access 中，从表中访问数据的速度比从查询中访问数据的速度要快，所以如果需要经常访问某些数据，应该使用生成表查询，将查询结果作为一个表永久地保存起来。

实例 3.10 创建生成表查询，用于将考试成绩在 60 分以下的学生信息存储在一个新表中，新表名称为“不及格名单”。要求显示“学号”“姓名”“专业”“课程名称”和“考试成绩”5 个字段。

操作步骤如下。

(1) 创建查询，打开查询设计视图，并将“学生”表、“课程名称”表和“课程成绩”添加到设计视图的上半部窗口中。

(2) 分别双击“学号”“姓名”“专业”“课程名称”和“考试成绩”字段，将它们添加到设计网格中。

(3) 设置查询条件：在“考试成绩”字段的条件单元格中输入“<60”，如图 3.40 所示。

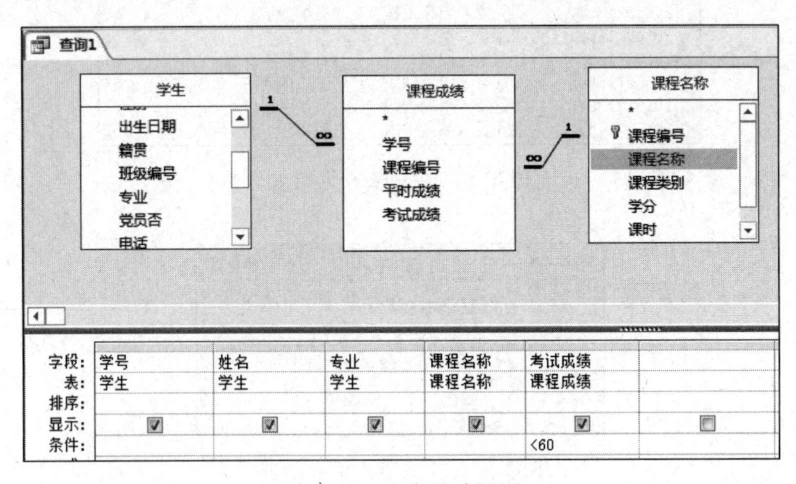

图 3.40 查询设计视图

(4) 定义查询类型：单击“查询工具|设计”选项卡“查询类型”组中的“生成表”按钮，弹出“生成表”对话框。在“表名称”文本框中输入表的名称为“不及格名单”，如图 3.41 所示，然后单击“确定”按钮。

(5) 切换到数据表视图，预览查询结果，如图 3.42 所示。

(6) 生成新表：切换到设计视图，单击“查询工具|设计”选项卡“结果”组中的“运行”按钮，弹出如图 3.43 所示的提示框。单击“是”按钮，Access 创建“不及格名单”表；单击“否”按钮，则取消创建新表。这里单击“是”按钮。

此时，在数据库导航窗格的表对象下，可以看到自动生成的“不及格名单”表，双击该表，可以看到图 3.42 一样的预览结果。

图 3.41 “生成表”对话框

学号	姓名	专业	课程名称	考试成绩
20141111101	张志丽	桥梁	高等数学A(1)	58
20141111104	邢延程	桥梁	自然辩证法	57
20141111112	满鑫	小学教育	高等数学A(3)	57
20141411182	李小青	历史	数据库应用技	55
20141411182	李小青	历史	综合艺术	52
20141411197	王婷婷	数学	计算机文化基础	52
20141411235	鞠健	英语	计算机文化基础	52
20152413962	杨亚青	美术	计算机文化基础	59
20152713798	牟彦霏	网络工程	计算机文化基础	55
20152713800	白英光	软件工程	自然辩证法	55
20152713800	白英光	软件工程	高等数学A(1)	56
20152713831	李绪星	英语	综合艺术	51
20152713835	杜文文	日语	高等数学A(2)	51
20152713845	邹馥榕	市场营销	自然辩证法	56
20152713845	邹馥榕	市场营销	大学英语(1)	57
20163114481	姜元茗	教育技术	综合艺术	52

图 3.42 生成表查询结果

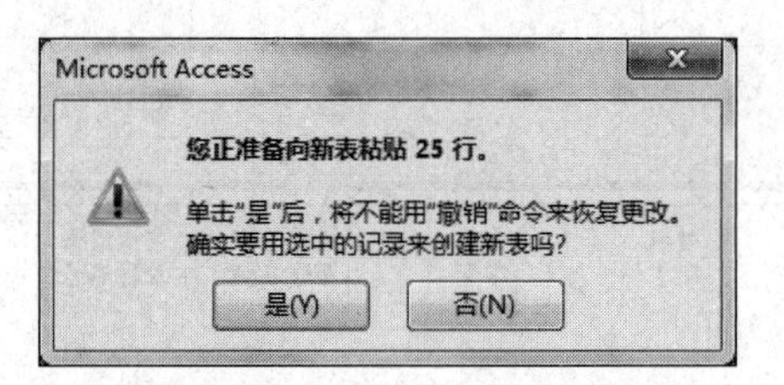

图 3.43 生成表查询提示框

(7) 保存查询为“生成不及格名单”。

【归纳】

(1) 利用生成表查询建立新表时，新表中的字段从数据源中继承原字段的名称、数据类型及字段大小属性，但是不继承其他的字段属性及表的主键。如果需要为生成表定义主键，需要进入新表的设计视图进行。

(2) 如果预览到的生成表的记录集不满足要求，可以暂不运行查询，返回查询设计视图进行修改，直到满意为止。生成表查询会创建两个对象，除了查询对象外，以后每次运行查询都会生成新表对象，如果定义的表已存在，会覆盖已有的表。

(3) 前面各节的例子中，预览查询和运行查询的结果是一样的。但从本例可以看出，对于操作查询，这两个操作是不同的。对于操作查询，在数据表视图中预览，只是显示满足条件的记录;而运行查询,则是对查找到的记录执行添加、删除、修改等操作。也就是说,只有运行查询,操作表查询才能对相关表执行相应的操作。

3.5.2 删除查询

如果需要从数据库的某个数据表中有规律地成批删除一些记录,可以使用删除查询来解决。应用删除查询成批地删除数据表中的记录,应该指定相应的删除条件,否则就会删除数据表中的全部记录。

如果要从多个表中删除相关记录,必须同时满足以下条件:① 已经定义了表间关系;② 在"编辑关系"对话框中已选中"实施参照完整性"复选框;③ 在"编辑关系"对话框中已选中"级联删除相关记录"复选框。

实例 3.11 创建删除查询,删除"学生"表非党员学生。

由于删除查询要直接删除原来数据表中的记录,为保险起见,本题中建立删除查询之前先将学生表进行备份,指定备份表名为"学生备份",删除操作对"学生备份"表进行。

操作步骤如下。

(1) 创建查询,打开查询设计视图,添加"学生备份"表到查询设计视图中。

(2) 定义查询类型:单击"查询工具|设计"选项卡"查询类型"组中的"删除表"按钮,这时查询设计网格中显示一个"删除"行,取代了原来的"显示"和"排序"行。

(3) 选择所有字段作为查询字段:单击"学生备份"字段列表中的 * 号,将其拖到设计网格中"字段"行的第 1 列上,在字段的"删除"单元格中显示 From,它表示从何处删除记录。

(4) 输入要删除的记录条件:双击"学生备份"表字段列表中的"党员否"字段,将"党员否"字段添加到设计网格中。同时在该字段的"删除"行单元格中显示 Where,它表示要删除哪些记录。在"党员否"字段的"条件"行单元格中输入准则 False,如图 3.44 所示。

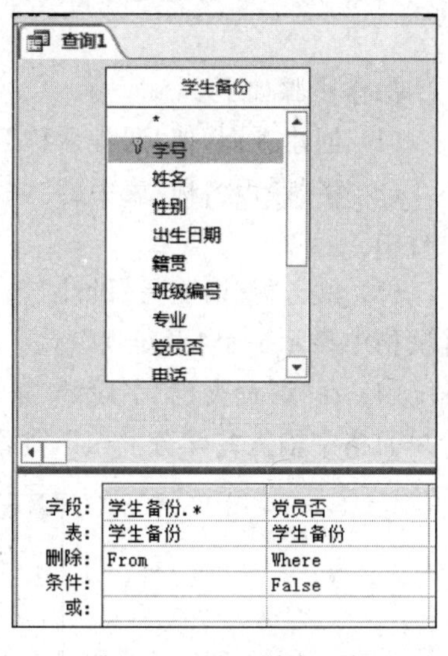

图 3.44 设置删除查询

(5) 切换到数据表视图,预览查询结果。如果预览的记录不是要删除的,可以再次单返回到设计视图,对查询进行修改。

(6) 执行删除记录操作:切换到设计视图,单击"查询工具|设计"选项卡"结果"组中的"运行"按钮,弹出如图 3.45 所示提示框,单击"是"按钮,将删除符合查询条件的所有记录;单击"否"按钮,不删除记录。此处单击"是"按钮。

(7) 保存查询对象:保存"查询 1"为"删除非党员学生"。

【归纳】

删除查询将永久删除指定表中的记录,不能恢复。因此用户在执行删除查询操作时

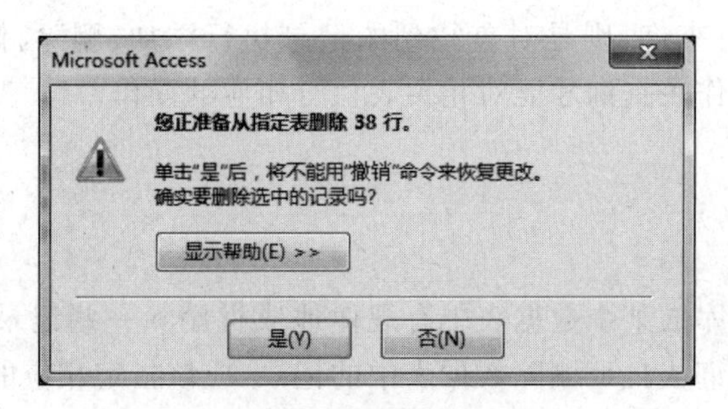

图 3.45　删除提示框

应十分慎重，最好先预览查询再运行查询，或对要删除记录的表进行备份，以防误操作而引起的数据丢失。删除查询每次删除整条记录，而不是指定字段中的数据。如果只删除指定字段中的数据，可以使用更新查询将该值改为空值。

3.5.3　更新查询

当需要根据指定条件更改一个或多个表中的记录时，可以采用更新查询。

实例 3.12　创建更新查询，用于将"课程名称"表中所有选修课的学分增加 1 个学分。

操作步骤如下。

(1) 创建查询，把"课程名称"表添加到查询设计视图中。

(2) 将"课程名称"表中的"课程类别"和"学分"字段拖到查询设计视图设计网格的字段行中。

(3) 单击"查询工具|设计"选项卡"查询类型"组中的"更新查询"按钮。这时查询设计网格中显示一个"更新到"行。

(4) 在"课程类别"字段的"条件"行单元格中输入"选修"，在"学分"字段的"更新到"行单元格中输入"[学分]+1"，如图 3.46 所示。

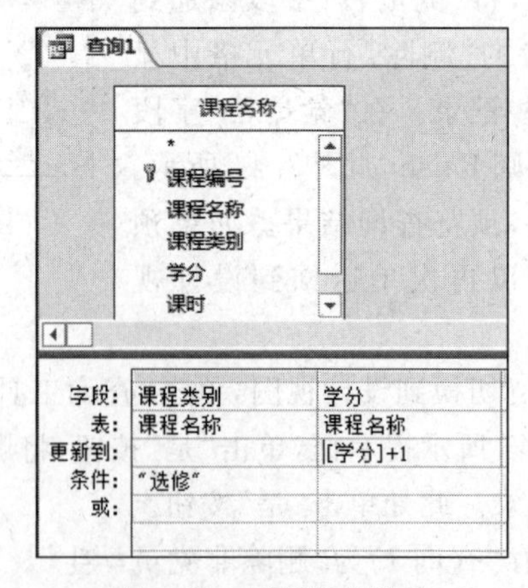

图 3.46　更新字段设置

(5) 切换到数据表视图,预览查询结果。

(6) 切换到设计视图,单击“查询工具|设计”选项卡“结果”组中的“运行”按钮,这时会弹出一个提示框,如图3.47所示,单击“是”按钮,将更新符合查询条件的所有记录;单击“否”按钮,不更新记录。这里单击“是”按钮。

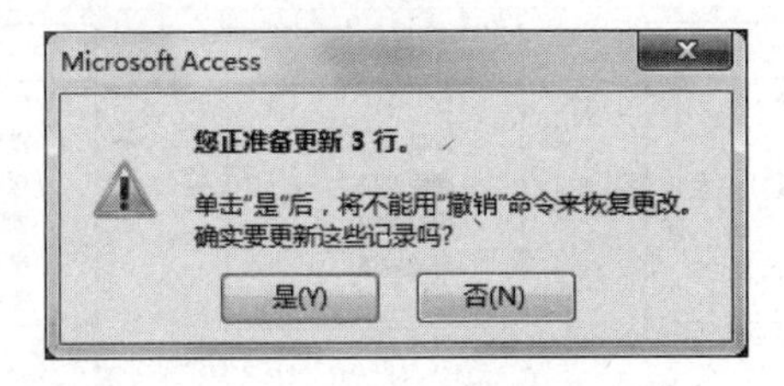

图3.47 更新记录提示框

此时,在数据库导航窗格的“表”对象中,双击“课程名称”表,就可以看到所有选修课的学分都增加了1。

(7) 保存查询对象为“更新学分查询”。

【归纳】

运行更新查询一定要注意,每执行一次查询更新字段的值就更新一次,如本实例中选修课的学分,执行一次将增加一个学分。因此,更新数据之前一定要认真浏览一下找出的数据是不是要更新的数据。另外,不能对计算类型和自动编号类型字段实施更新查询。

3.5.4 追加查询

维护数据库时常常需要将某个表中符合一定条件的记录添加到另一个表中。追加查询很容易就能实现这种操作,该查询可以用于将各表中的数据整合到一个表中。

实例3.13 建立一个追加查询,将考试成绩在60～65分之间的学生信息添加到“不及格名单”表中。

操作步骤如下。

(1) 创建查询,把“学生”表、“课程名称”表和“课程成绩”添加到查询设计视图中。

(2) 单击“查询工具|设计”选项卡“查询类型”组中的“追加”按钮,此时会弹出“追加”对话框,如图3.48所示。在“表名称”文本框中输入表的名称,或者从下拉列表中选择“不及格名单”。单击“确定”按钮,此时查询设计网格中会出现“追加到”行。

图3.48 “追加”对话框

（3）分别双击“学号”“姓名”“专业”“课程名称”和“考试成绩”字段，将它们添加到设计网格“字段”行中。在“考试成绩”字段的条件行单元格中输入“＞＝60 And ＜＝65”，如图 3.49 所示。

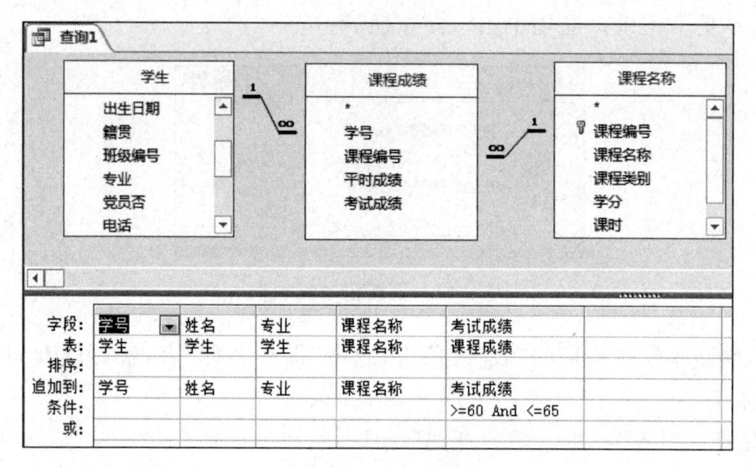

图 3.49　追加查询

（4）切换到数据表视图，预览要追加的记录。

（5）切换到设计视图，单击“查询工具|设计”选项卡“结果”组中的“运行”按钮，这时会弹出一个提示框，如图 3.50 所示。单击“是”按钮，将符合条件的一组记录追加到指定的表中；单击“否”按钮，记录不进行追加。这里单击“是”按钮。

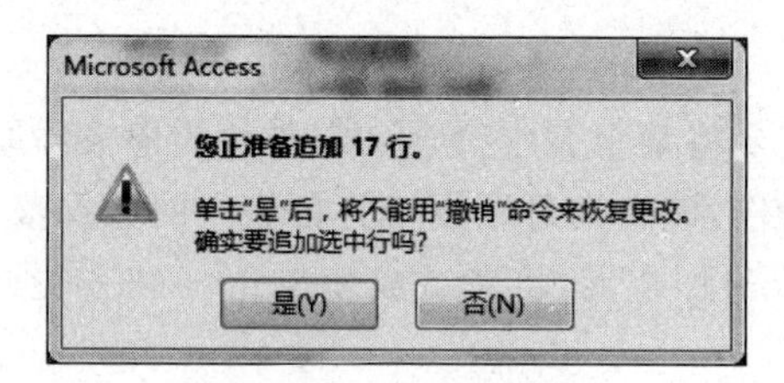

图 3.50　追加提示框

（6）保存查询对象为“追加考试成绩 60～65”。

【归纳】

追加查询可以将一个或多个表中符合一定条件的记录追加到另一个表的末尾，源表和目标表可以是同一数据库中的表也可以是不同数据库的表。由于两个表之间的字段定义可能不同，追加查询只能添加相互匹配的字段内容，而那些不对应的字段将被忽略。

3.6　SQL 查询

在 Access 中，有些查询用查询向导和查询设计器无法实现，此时只能使用 SQL 查询才可以完成。SQL 语言作为一种通用的数据库操作语言，实际工作中有时必须使用这种语言才能完成一些复杂的查询工作。

实际上，Access 的所有查询都可以认为是一个 SQL 查询，因为 Access 查询就是以 SQL 语句为基础来实现查询功能的。如果用户比较熟悉 SQL 语句，那么使用它建立查询、修改查询将比较方便。

3.6.1 SQL 简介

SQL(Structured Query Language，结构化查询语言)是关系数据库的标准语言，当今所有关系数据库管理系统都是以 SQL 为核心的。SQL 语言的建立始于 1974 年，随着 SQL 的发展，ISO、ANSI 等国际权威标准化组织都为其制定了标准，从而建立了 SQL 在数据库领域里的核心地位。

1. SQL 语言特点

SQL 语言充分体现了关系数据语言的优点，其主要特点如下。

(1) 综合统一。SQL 语言风格统一，可以独立完成数据库生命周期中的全部活动，包括定义关系模式、录入数据以建立数据库、查询、更新、维护、数据库重构、数据库安全性控制等一系列操作要求，这就为数据库应用系统开发提供了良好的环境。

(2) 高度非过程化。用 SQL 语言进行数据操作，用户只需提出“做什么”，而不必指明“怎么做”。

(3) 共享性。SQL 是一个共享语言，它全面支持客户机/服务器模式。

(4) 语言简洁，易学易用。SQL 所使用的语句很接近自然语言，易于掌握和学习。

2. SQL 语言功能

SQL 语言具有以下功能。

(1) 数据定义 DDL。数据定义用于定义和修改表、定义视图和索引。数据定义语句包括 CREATE(建立)、DROP(删除)和 ALTER(修改)。

(2) 数据操纵 DML。数据操纵用于对表或视图的数据进行添加、删除和修改等操作。数据操纵语句包括 INSERT(插入)、DELETE(删除)和 UPDATE(修改)。

(3) 数据查询 DQL。数据查询用于检索数据库中的数据。数据查询语句包括 SELECT(选择)。

(4) 数据控制 DCL。数据控制用于控制用户对数据库的存取权利。数据控制语句包括 GRANT(授权)和 REVOTE(回收权限)。

3. SQL 视图

在 Access 中，所有通过查询设计器设计出的查询，系统在后台都自动生成了相应的 SQL 语句。用户在 SQL 视图中可以看到相关的 SQL 命令。在建立一个比较复杂的查询时，通常是先在查询设计视图中完成查询的基本功能，再切换到 SQL 视图通过编辑 SQL 语句完成一些特殊的查询。

切换 SQL 视图的步骤如下。

(1) 新建查询并直接关闭"显示表"对话框。单击"创建"选项卡"查询"组中的"查询设计"按钮,在弹出的"显示表"对话框中直接单击"关闭"按钮,窗口即切换到没有任何数据源的查询设计视图中。

(2) 打开 SQL 视图。单击"查询工具|设计"选项卡"结果"组中的"SQL 视图"按钮。或者直接在查询设计视图上半部窗格空白处右击,在弹出的快捷菜单中选择"SQL 视图"命令,即可打开 SQL 视图,如图 3.51 所示。在 SQL 视图中,可以完成对 SQL 语句的编辑。

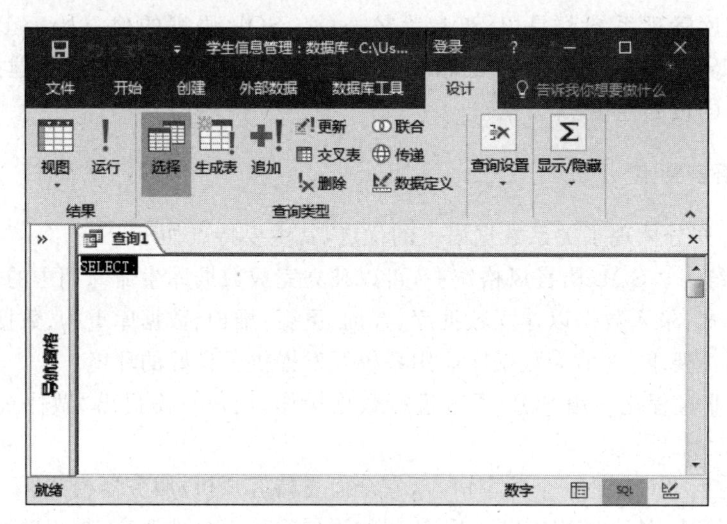

图 3.51　SQL 视图

3.6.2　SQL 的数据定义功能

在 Access 中,数据定义是 SQL 的一种特定查询,用户使用数据定义查询可以在当前数据库中创建表、删除表、更改表和创建索引。SQL 数据定义功能的核心命令动词有 CREATE(建立)、ALTER(修改)和 DROP(删除)。

1. 建立表结构

```
CREATE TABLE <表名>(<字段名 1><数据类型>[(<长度>)][,<字段名 2><数据类型>[(<长度>)]]…)
```

实例 3.14　创建一个"职工信息"表,字段包括"工号""姓名""出生日期"和"婚否"。

```
CREATE TABLE 职工信息(工号 TEXT(10),姓名 TEXT(8),出生日期 DATE,婚否 LOGICAL)
```

2. 修改表结构

(1) 增加新字段

```
ALTER TABLE <表名>ADD <字段名><数据类型>[(<长度>)]
```

实例 3.15 为“职工信息”表增加一个新字段“性别”。

```
ALTER TABLE 职工信息 ADD 性别 TEXT(1)
```

(2) 修改字段

```
ALTER TABLE <表名>ALTER <字段名><数据类型>[(<长度>)]
```

实例 3.16 修改“职工信息”表“姓名”字段的字段大小为 8。

```
ALTER TABLE 职工信息 ALTER 姓名 TEXT(8)
```

(3) 删除字段

```
ALTER TABLE <表名>DROP <字段名>
```

实例 3.17 删除“职工信息”表的“性别”字段。

```
ALTER TABLE 职工信息 DROP 性别
```

3. 删除表

```
DROP TABLE <表名>
```

实例 3.18 删除“职工信息”表。

```
DROP TABLE 职工信息
```

3.6.3 SQL 的数据操纵功能

SQL 语言的数据操纵功能主要包括插入记录、更新记录和删除记录。SQL 数据操纵功能的核心命令动词有 INSERT(插入)、UPDATE(更新)和 DELETE(删除)。

1. 插入记录

```
INSERT INTO <表名>[(<字段名 1>[,<字段名 2>…])] VALUES(<常量 1>[,<常量 2>…])
```

实例 3.19 向“学生”表中插入一条记录。

```
INSERT INTO 学生(学号,姓名,党员否,出生日期) VALUES("1110001","王林",True,#1996/6/6#)
```

2. 修改记录

```
UPDATE <表名>SET <字段名 1=表达式 1>[,<字段名 2=表达式 2>…][WHERE <条件表达式>]
```

实例 3.20 将“学生”表中学号是“1110001”的同学的学号更改为“1110011”,党员更改为非党员。

```
UPDATE 学生 SET 学号="1110011",党员否=False WHERE 学号="1110001"
```

3. 删除记录

```
DELETE FROM <表名> [WHERE <条件表达式>]
```

实例 3.21 删除“学生”表中学号为“1110011”的记录。

```
DELETE FROM 学生 WHERE 学号="1110011"
```

3.6.4 数据查询 SELECT 语句

数据查询是数据库的核心操作，SQL 语言提供了 SELECT 语句进行数据查询。SELECT 语句的主要功能是实现对数据源数据的选择、投影和连接，对筛选字段的重命名，对记录的分组、汇总、排序等操作。SELECT 语句在数据库系统中是功能最强、最常用，也是最灵活的语句，掌握好 SELECT 语句是进行数据库开发的基础。

1. SELECT 语句结构

(1) SELECT 语句语法格式如下：

```
SELECT [ALL|DISTINCT|TOP N]  * |<字段列表>  FROM <表名 1>[,<表名 2>]…
    [WHERE<条件表达式>]
    [GROUP BY<字段>[HAVING <条件表达式>]]
    [ORDER BY<字段>[ASC|DESC]]
```

(2) SELECT 语句的功能说明如下。

① SELECT 说明执行数据查询操作。

② ALL|DISTINCT|TOP N 用来限制返回的记录数量。默认值为 ALL，表示查询结果全部记录；DISTINCT 说明要去掉重复的记录；TOP N 表示只显示查询结果是前 *N* 条记录，*N* 为整数。

③ * 表示所有的字段。＜字段列表＞使用逗号将各项分开，这些输出项可以是字段、常数或系统内部的函数及表达式。

④ FROM 短语说明要查询的数据来自哪些表。

⑤ WHERE 短语说明查询的条件。

⑥ GROUP BY 短语用于对查询结果按指定的列进行分组。

⑦ HAVING 短语必须跟随 GROUP BY 使用，用来限定分组必须满足的条件。

⑧ ORDER BY 短语用来对查询结果进行排序。ASC 表示结果按某一字段值的升序排列，DESC 表示检索结果按某一字段值降序排列。默认为升序 ASC。

【说明】 在输入 SQL 语句时，有一些需要注意的事项：第一，SQL 语句的关键词是不区分字母的大小写的；第二，SQL 语句中的所有符号、关键词都是英文半角状态的，用户可自定义的部分除外(如表名、字段名等)。

2. SELECT 语句操作示例

(1) 检索表中所有记录的所有字段。

实例 3.22 查找并显示“教师”表中的所有字段。

```
SELECT * FROM 教师
```

(2) 检索满足条件的记录和指定的字段。

实例 3.23 查找所有中共党员教授信息，并显示“姓名”“性别”“政治面貌”“职称”和“所属院系”。

```
SELECT 姓名,性别,政治面貌,职称,所属院系 FROM 教师
WHERE 政治面貌="中共党员" AND 职称="副教授"
```

(3) 进行分组统计。

实例 3.24 计算各种职称的教师人数，并将计算字段命名为“各种职称人数”。

```
SELECT COUNT(教师编号)AS 各种职称人数 FROM 教师 GROUP BY 职称
```

其中各种职称人数是新字段名。

实例 3.25 统计选修五门课程以上(包括五门)学生的学号和修课门数。

```
SELECT 学号, Count(*) AS 选修课程门数 FROM 课程成绩
GROUP BY 学号 HAVING COUNT(*)>=5
```

【说明】 HAVING 与 WHERE 的区别在于：WHERE 是对表中的所有记录进行筛选，HAVING 是对分组结果进行筛选。在分组查询中如果既选用了 WHERE，又选用了 HAVING，则执行的顺序是先用 WHERE 限定记录，然后对筛选后的记录按 GROUP BY 指定的分组关键字分组，最后用 HAVING 对分组进行筛选。

(4) 对检索结果进行排序。

实例 3.26 计算每名学生的平均考试成绩，并按平均成绩降序显示。

```
SELECT 学号, AVG (考试成绩) AS 平均成绩 FROM 课程成绩
GROUP BY 学号 ORDER BY AVG (考试成绩) DESC
```

(5) 查询数据来自多个表或查询。

实例 3.27 查找日语专业女生的信息。

```
SELECT * FROM 学生 INNER JOIN 专业 ON 学生.专业=专业.专业编号
WHERE 专业名称="日语" AND 性别="女"
```

(6) 嵌套查询。

在 SQL 语言中，当一个查询是另一个查询的条件时，即在一个 SELECT 语句的 WHERE 子句中出现另一个 SELECT 语句，这种查询称为嵌套查询。通常，把内层的查询子句称为子查询。SQL 语言允许多层嵌套查询，即子查询中还可以嵌套其他子查询。需要特别指出的是，子查询的 SELECT 语句中不能使用 ORDER BY 子句，ORDER BY 子句只能对最终查询结果排序。

实例 3.28 查找计算机文化基础课程考试成绩低于本门课平均成绩的学生的学号、姓名、课程名称和考试成绩。

```
SELECT 学生.学号,姓名,课程名称,考试成绩
FROM 学生 INNER JOIN(课程名称 INNER JOIN 课程成绩 ON 课程名称.课程编号=课程成绩.课程编号)ON 学生.学号=课程成绩.学号
WHERE(课程名称="计算机文化基础" AND 考试成绩<(select avg(考试成绩)from 课程名称 INNER JOIN 课程成绩 ON 课程名称.课程编号=课程成绩.课程编号 WHERE 课程名称="计算机文化基础"))
```

本章小结

查询是关系数据库中的一个重要概念,查询对象不是数据的集合,而是操作的集合。查询的运行结果是一个动态数据集合,尽管从查询的运行视图上看到的数据集合形式与从数据表视图上看到的数据集合形式完全一样,在数据表视图中所能进行的各种操作也几乎都能在查询的运行视图中完成,但无论它们在形式上是多么的相似,其实质是完全不同的。可以这样来理解,数据表是数据源之所在,而查询是针对数据源的操作命令,相当于程序。

在 Access 2016 中,根据对数据源操作方式和操作结果的不同,查询分为 5 种:选择查询、参数查询、交叉表查询、操作查询和 SQL 查询。选择查询是最常用、最基本的查询类型;参数查询是利用对话框来提示用户输入准则的查询,是一种交互式的查询,参数的表示使用方括号来实现;交叉表查询由行标题字段,列标题字段和值字段组成;操作查询是能对表进行操作的查询,主要用于对表数据进行操作,如删除记录、更新记录、追加记录等。注意,操作查询所更改的记录,是不可进行恢复的;SQL 查询是用结构化查询语言 SQL 来查询、更新和管理 Access 数据库。

思考题

1. 查询与数据表中的筛选操作有什么相似和不同之处?
2. Access 2016 提供的常用查询有哪几类?
3. 简述选择查询与操作查询的区别。
4. 在查询向导中,明细与汇总的含义和区别是什么?
5. 参数查询在查询准则的确定上有什么特点?
6. 使用 SQL 语句可以实现所有查询设计视图的操作吗?反之,使用查询设计视图可以实现 SQL 语句完成的所有操作吗?

第4章　窗　　体

本章导读

一个完整的数据库应用系统不但要设计合理,还应该有一个功能完善、外观漂亮的用户接口,窗体是提供给用户操作 Access 2016 数据库最主要的接口。事实上,在 Access 应用程序中,用户对数据库的任何操作都是在一个个窗体中进行的。窗体设计的好坏直接影响 Access 应用程序的友好性和可操作性。控件是窗体上的一些对象,如标签、文本框、命令按钮等,它们是组成窗体的基本元素。

本章将介绍窗体的概念和作用、窗体的结构类型,学习如何创建不同类型的窗体,并理解有关窗体上所使用的控件类型。

4.1　窗体概述

在 Access 2016 中,窗体是一种最具灵活性的数据库对象,用来显示、输入或编辑数据库中的数据。虽然在前几章中已经介绍过数据表、查询等数据库对象,并利用它们对数据进行管理,但是数据表和查询对象在显示数据时,界面缺乏友好性。而窗体是一个交互的界面、一个窗口,用户可以通过窗体直观地查看或维护数据库,事实上,用户的数据处理工作大多是通过窗体来完成的。

4.1.1　窗体的功能

作为用户和 Access 应用程序之间的主要接口,窗体起着联系数据库与用户的桥梁作用。它既可以用于显示表和查询中的数据,输入数据、编辑数据和修改数据,也可以作为输入界面,接受用户的输入,判定其有效性、合理性,并针对输入执行一定的功能。具体来说,窗体具有以下几种功能。

1. 数据的显示与编辑

窗体最基本的功能是显示与编辑数据。窗体可以显示来自多个数据表中的数据。此外,用户可以利用窗体对数据库中的相关数据进行添加、删除和修改,并可以设置数据的属性。用窗体来显示并浏览数据比用表和查询的数据表格式显示数据更加灵活。

2. 数据输入

用户可以根据需要设计窗体,作为数据库中数据输入的接口,这种方式可以节省数据录入的时间并提高数据输入的准确度。窗体的数据输入功能,是它与报表(将在第5章介绍)的主要区别。

3. 应用程序流控制

与 VB 窗体类似，Access 中的窗体也可以与函数、子程序相结合。在每个窗体中，用户可以使用 VBA 编写代码，并利用代码执行相应的功能。

4. 信息显示和数据打印

在窗体中可以显示一些警告或解释信息。此外，窗体也可以用来执行打印数据库数据的功能。

4.1.2 窗体的类型

根据显示数据方式的不同，窗体可分为纵栏式窗体、表格式窗体、数据表窗体、主/子窗体、图表窗体和分割窗体，它们各有不同的功能和特点。

1. 纵栏式窗体

纵栏式窗体是最基本的，也是默认的窗体格式。纵栏式窗体每屏显示一条记录，每行一个字段。这种布局非常清晰，它将窗体中的一条记录按列分隔，每列的左边显示字段名，右边显示字段内容，如图 4.1 所示。窗体左侧的按钮是记录选择器，单击该按钮可以选择窗体中的某个记录；窗体左下角是导航按钮，单击导航按钮上的按钮可以遍历窗体中的所有记录。纵栏式窗体通常用于输入数据。

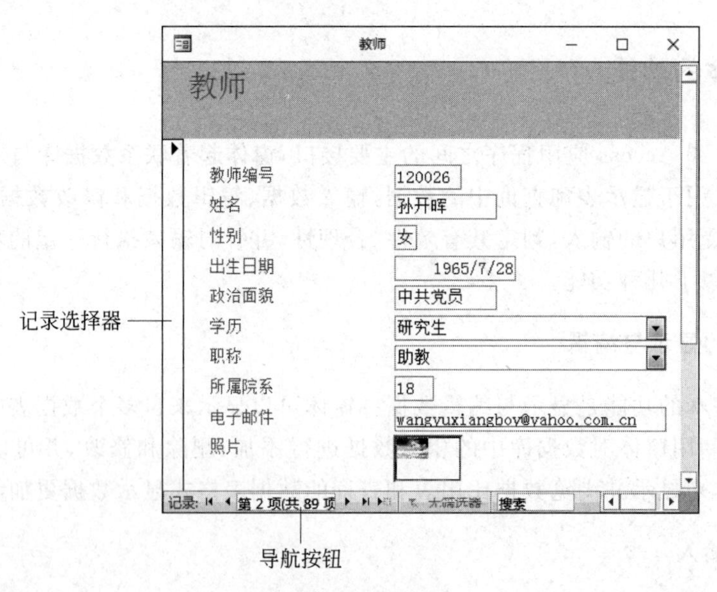

图 4.1 纵栏式窗体

2. 表格式窗体

表格式窗体是一种连续窗体，即每屏显示多条记录，字段在一行中从左向右排列，如图 4.2 所示。这种窗体更适合查看字段数较少的表，否则操作数据时，常需要左右移动，不太方便。

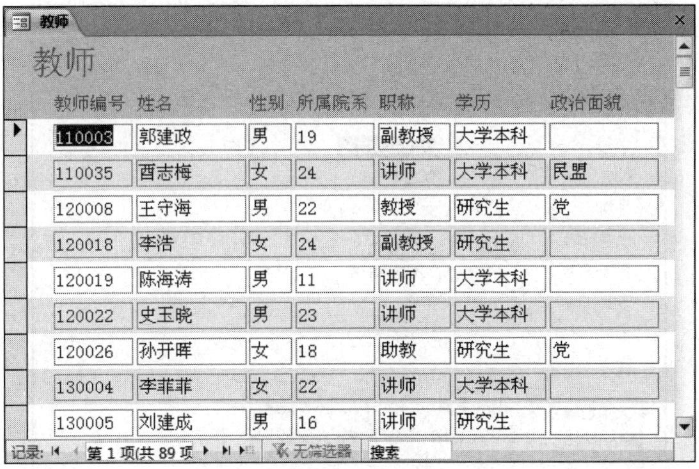

教师

教师编号	姓名	性别	所属院系	职称	学历	政治面貌
110003	郭建政	男	19	副教授	大学本科	
110035	酉志梅	女	24	讲师	大学本科	民盟
120008	王守海	男	22	教授	研究生	党
120018	李浩	女	24	副教授	研究生	
120019	陈海涛	男	11	讲师	大学本科	
120022	史玉晓	男	23	讲师	大学本科	
120026	孙开晖	女	18	助教	研究生	党
130004	李菲菲	女	22	讲师	大学本科	
130005	刘建成	男	16	讲师	研究生	

记录: 第 1 项(共 89 项 无筛选器 搜索

图 4.2 表格式窗体

3. 数据表窗体

数据表窗体从外观上看与表和查询的数据表视图显示数据的界面相同，就是将“数据表”套用到窗体上，显示 Access 最原始的数据风格，如图 4.3 所示。数据表窗体的主要作用是作为一个窗体的子窗体。

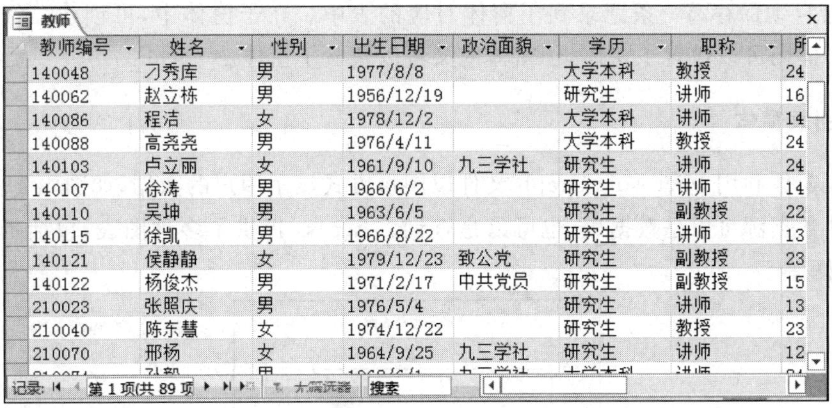

教师

教师编号	姓名	性别	出生日期	政治面貌	学历	职称	所
140048	刁秀库	男	1977/8/8		大学本科	教授	24
140062	赵立栋	男	1956/12/19		研究生	讲师	16
140086	程洁	女	1978/12/2		大学本科	讲师	14
140088	高尧尧	男	1976/4/11		大学本科	教授	24
140103	卢立丽	女	1961/9/10	九三学社	研究生	讲师	24
140107	徐涛	男	1966/6/2		研究生	讲师	14
140110	吴坤	男	1963/6/5		研究生	副教授	22
140115	徐凯	男	1966/8/22		研究生	讲师	13
140121	侯静静	女	1979/12/23	致公党	研究生	副教授	23
140122	杨俊杰	男	1971/2/17	中共党员	研究生	副教授	15
210023	张照庆	男	1976/5/4		研究生	讲师	13
210040	陈东慧	女	1974/12/22		研究生	教授	23
210070	邢杨	女	1964/9/25	九三学社	研究生	讲师	12

记录: 第 1 项(共 89 项 无筛选器 搜索

图 4.3 数据表窗体

4. 主/子窗体

窗体中的基本窗体是主窗体，窗体中的窗体称为子窗体。主/子窗体通常用于显示多个表或查询中的数据,这些表或查询中的数据具有一对多关系。一般来说,主窗体显示一对多关系中的一端表(主表)信息,通常使用纵栏式窗体;子窗体显示一对多关系的多端表(相关表)的信息,通常使用表格式窗体或数据表窗体。例如,要在一个窗口同时查看学生的基本信息及其所选修的各门课程的成绩,就可以将学生表作为主窗体的数据,而将学生选修的课程及成绩作为子窗体的数据,如图 4.4 所示。

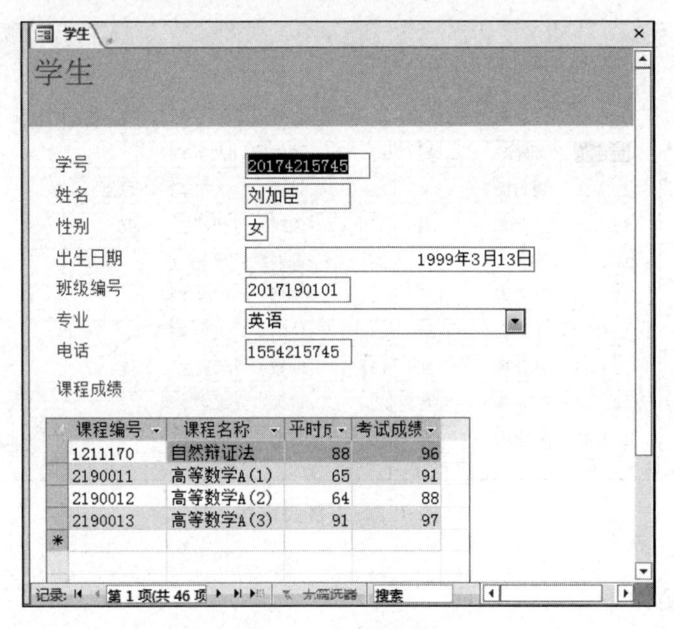

图 4.4　主/子窗体

在主/子窗体中,主窗体和子窗体彼此链接,主窗体显示某一条记录的信息,子窗体就会显示与主窗体当前记录相关的记录的信息。当在主窗体中输入数据或添加记录时,Access 会自动保存每一条记录到子窗体对应的表中。在子窗体中,可创建二级子窗体,即在主窗体内可以包含子窗体,子窗体内又可以包含子窗体。

5. 图表窗体

图表窗体利用 Microsoft Graph 文件以图形方式显示用户的数据,如图 4.5 所示。图表窗体的数据源可以是数据表,也可以是查询。Access 提供了多种图表,包括折线图、柱形图、饼图等。

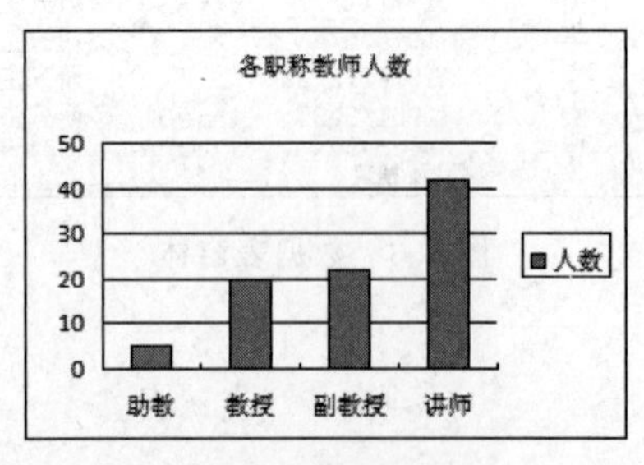

图 4.5　图表窗体

6. 分割窗体

分割窗体是一个窗口分割为上下两个分区,窗口下部的分区中显示一个数据表,上部的分区中显示一个窗体,用于输入或编辑数据表中所选记录的有关信息,如图 4.6 所示。

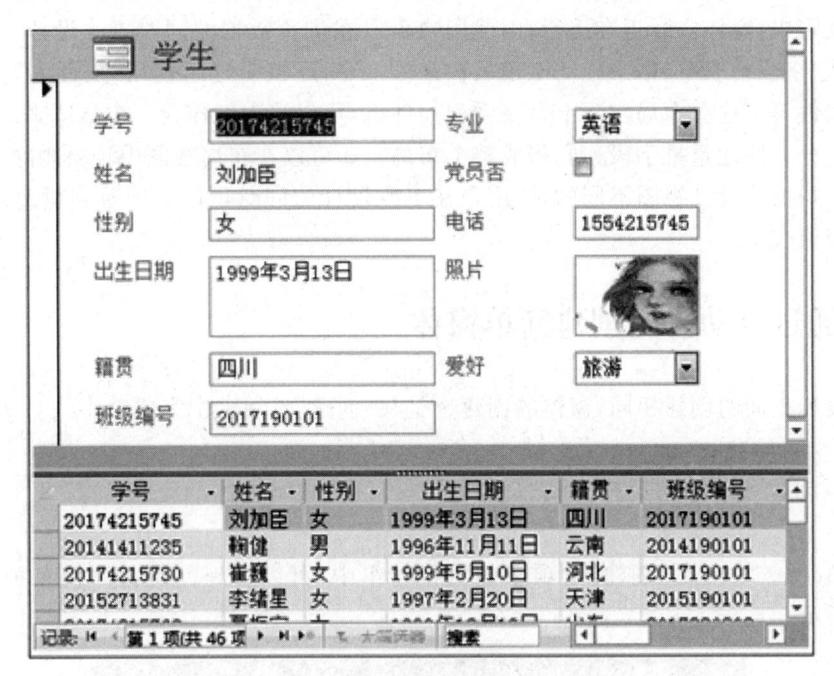

图 4.6 分割窗体

4.1.3 窗体的视图

为了能够以各种不同的角度和层面来查看窗体,Access 2016 提供了 3 种常用视图模式,分别为窗体视图、设计视图和布局视图。

在进行窗体设计时,不同视图模式下,可以进行的操作是有所不同的。下面分别介绍在不同的视图模式下进行操作的重点。

1. 窗体视图

窗体视图是完成窗体设计之后的效果图,体现的是最终面向应用程序用户的效果。它也是窗体的运行视图,该视图用来显示数据表中的记录。用户可以通过它来查看、添加和修改数据。

2. 设计视图

设计视图是对窗体进行创建和修改的主要场所。在设计视图中,可以编辑窗体中需要显示的任何元素,包括需要显示的文本及其样式、控件的添加和删除、图片的插入等;还可以编辑窗体页眉和页脚，以及页面页眉和页脚等。另外，还可以绑定数据源和控件。

3. 布局视图

布局视图是用于修改窗体的最直观的视图，可用于对窗体进行几乎所有需要的更改。在布局视图中，窗体实际正在运行，因此用户可以在浏览数据的同时更改设计。例如，可以通过从“字段列表”窗格中拖动字段名称来添加字段，或者通过使用“属性表”窗格来更改控件属性等。这些布局实际上是一系列控件组，可以将它们作为一个整体来调整，这样就可以十分方便地重排字段、列、行或整个布局。还可以在布局视图中轻松删除字段或添加格式。与窗体设计视图不同的是，用户在更改设计的同时可以立即看到更改后的效果而无须切换视图。

4.2 通过自动方式创建简单窗体

与表和查询的创建相同，窗体的创建也是在“创建”选项卡中完成的。

4.2.1 创建窗体的方法

在 Access 2016 的“创建”选项卡的“窗体”组中，可以看到创建窗体的多种方法，如图 4.7 所示。

图 4.7 “创建”选项卡提供的创建窗体选项

“窗体”组提供的这些创建窗体的选项中，各个选项可以创建的窗体及其作用如下。

(1) 窗体：根据选择的某个表或查询对象自动创建一个纵栏式窗体。使用“窗体”按钮是创建窗体的最快方法。

(2) 窗体设计：用于打开窗体设计视图，创建一个新的空白窗体。

(3) 空白窗体：创建一个空白窗体，并在布局视图中显示新窗体。同时，“字段列表”窗格也将显示出来，通过“字段列表”窗格可以向窗体中添加字段。

(4) 窗体向导：打开窗体向导对话框，根据向导提示创建窗体。

(5) 导航：用于创建导航窗体。如果在 Access 应用程序中需要在不同的窗体和报表之间进行切换，可以选择创建导航窗体来将这些数据库对象组成一个整体，实现它们之间的快速跳转，就像 Access 的导航窗格一样。

(6) 其他窗体：在“其他窗体”下拉列表中，列出 4 种创建窗体的方式，分别如下。

① 多个项目：利用当前选定(或打开)的数据表或查询自动创建一个包含多条记录的窗体，即区别于根据“窗体”创建出的只显示一条记录的窗体。

② 数据表：利用当前选定(或打开)的数据表或查询自动创建一个数据表窗体。

③ 分割窗体：可以同时提供两种视图，即上方的窗体视图和下方的数据表视图。两种视图格式的数据源是一致的，如果在窗体的某个视图中选择了一条记录，则在窗体的另一个视图中选择相同的记录。

④ 模式对话框：创建一个带有命令按钮的浮动对话框窗口，始终保持在系统的最上面，登录窗体就属于这种窗体。

与表和查询不同，窗体对象相对比较复杂，使用设计视图完全从无到有地创建费时费力。Access 2016 提供了功能强大的自动创建以及向导，使用它们可以完成大多数基础性工作。但是，使用向导或自动创建的窗体的布局一般都不太理想，还需要进行再设计。所以，窗体的主要设计方法如下。

(1) 先用自动方式或向导创建窗体，得到窗体的初步设计。

(2) 再切换到设计视图对初步设计成的窗体进行再设计，直到满意为止。

4.2.2 自动创建窗体

Access 2016 提供了 4 种基于表和查询快速自动创建窗体的方法，分别可以创建显示单条记录的纵栏式窗体，显示多条记录的表格式窗体，同时显示单条和多条记录的分割式窗体，每条记录的字段以行和列格式显示的数据表式窗体。

自动创建窗体的方法是在导航窗格中选中要在窗体上显示的表或查询，再单击“创建”选项卡“窗体”组中相应按钮即可。

1. 创建纵栏式窗体

使用“窗体”按钮所创建的窗体，数据源来自某个表或某个查询对象，窗体的布局结构简单规整。使用这种方法创建的窗体是一种显示单条记录的纵栏式窗体。

实例 4.1 以“开课信息”表为数据源建立名为“开课信息纵栏式窗体”的窗体。

操作步骤如下。

(1) 打开“学生信息管理”数据库。

(2) 在 Access 的导航窗格中选择“开课信息”表作为数据源。

(3) 单击“创建”选项卡“窗体”组的“窗体”按钮，即可自动创建纵栏式窗体对象，如图 4.8 所示。

(4) 单击快速访问工具栏上的“保存”按钮，显示“另存为”对话框，在“窗体名称”文本框内输入“开课信息纵栏式窗体”，单击“确定”按钮，就建立了纵栏式窗体。

2. 创建数据表窗体

数据表窗体的特点是每条记录的字段以行和列的格式显示，即每条记录显示为一行，每个字段显示为一列，字段的名称显示在每一列的顶端。

数据表可以显示多条记录，常被用作子窗体以显示一对多关系中的多端数据。

实例 4.2 在“学生信息管理”数据库中，以“课程名称”表为数据源创建数据表窗体。

操作步骤如下。

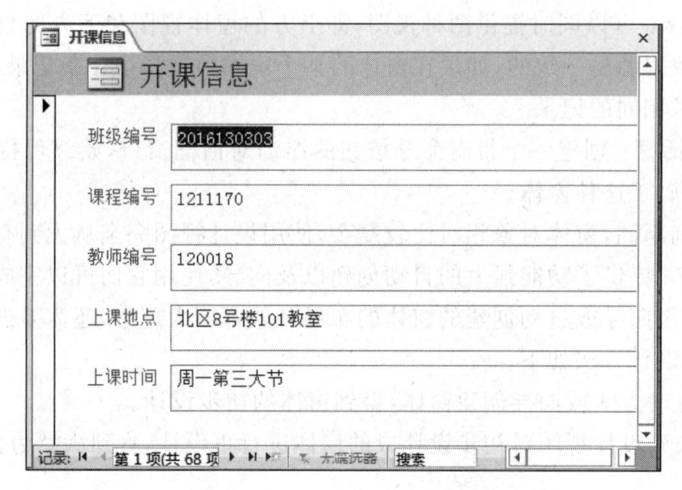

图 4.8 “开课信息”纵栏式窗体

(1) 在 Access 的导航窗格中选择“课程名称”表作为数据源。

(2) 单击“创建”选项卡“窗体”组的“其他窗体”按钮，在下拉列表中单击“数据表”按钮，即可自动创建数据表窗体，如图 4.9 所示。

课程名称

课程编号	课程名称	课程类别	学分	课时	开课学院
1210270	宗教学概论	选修	3	36	24
1210750	宗教文化概论	选修	3	36	24
1211170	自然辩证法	必修	2	36	24
2190011	高等数学A(1)	必修	3	48	17
2190012	高等数学A(2)	必修	3	48	17
2190013	高等数学A(3)	必修	3	48	17
2230060	计算机文化基础	必修	3	48	22
2235160	数据库应用技术	必修	3	48	22
3210100	综合艺术	选修	3	36	23
4190011	大学英语(1)	必修	3	48	11
4190012	大学英语(2)	必修	3	48	11
*					

图 4.9 “课程名称”数据表窗体

(3) 保存窗体对象为“课程名称数据表窗体”。

3. 创建分割窗体

分割窗体是用于创建一种具有两种布局形式的窗体。窗体的上半部是单一记录布局方式，窗体的下半部是多个记录的数据表布局方式，这种分割窗体为用户浏览记录带来了方便。既可以在宏观上浏览多条记录，又可以在微观上浏览一条记录明细。

实例 4.3 在“学生信息管理”数据库中，以“学生”表为数据源创建分割窗体。

操作步骤如下。

(1) 在 Access 的导航窗格中选择“学生”表作为数据源。

(2) 单击“创建”选项卡“窗体”组的“其他窗体”按钮，在下拉列表中单击“分割窗体”按钮，即可自动创建分割窗体，并打开其布局视图，如图 4.10 所示。

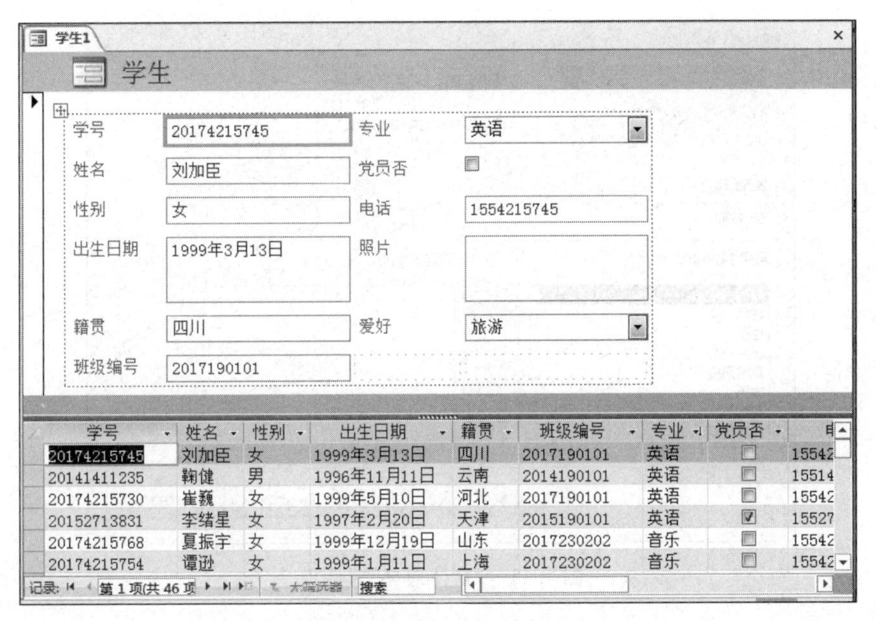

图 4.10 “学生”分割窗体

(3) 在窗体的下半部分中，单击下方的导航按钮，可以改变上半部分的记录显示信息。使用窗体中间的分割条可以重新调整分割窗体上、下部分的大小。

(4) 保存窗体对象为“学生分割窗体”。

【说明】 自动创建窗体是基于单个表或查询创建的，如果要创建基于多个表或查询数据的窗体，需要创建一个查询，再以这个查询为数据源来创建窗体。

4.3 通过向导创建窗体

窗体中的数据源可以来自一个表或查询，也可以来自多个表或查询。创建基于一个表或查询的窗体最简单的方法是通过自动方式创建窗体。创建基于多个表或查询的窗体最直接的方法是使用窗体向导。

使用窗体向导创建窗体不如自动创建窗体快捷、简便，但可以进行相对详细的设置，包括按要求选定字段和窗体布局，创建的窗体更灵活更有针对性。这是创建窗体的主要方法，在接下来的再设计中可以大大减少修改的工作量。

4.3.1 创建基于一个表的窗体

实例 4.4 使用窗体向导创建“教师表格式窗体”窗体，具体要求是：以“教师”表为数据源，选取“教师编号”“姓名”“性别”“职称”和“学历”5 个字段，窗体的布局为“表格”。

操作步骤如下。

(1) 打开“学生信息管理”数据库，单击“创建”选项卡“窗体”组的“窗体向导”按钮，弹出“窗体向导”第一个对话框，如图 4.11 所示。

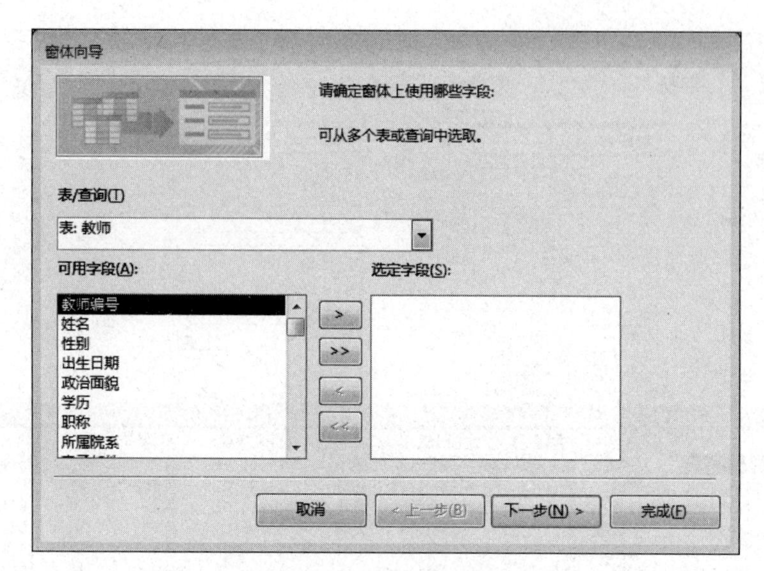

图 4.11 “窗体向导”对话框

(2) 选择数据源：在“表/查询”下拉列表中选择“表：教师”。这时在左侧“可用字段”列表框中列出了所有可用的字段。

(3) 选择窗体字段：在“可用字段”列表框中选择需要在新建窗体中显示的字段，双击字段名或单击按钮 > ，将所选字段移到“选定字段”列表框中。这里选择“教师编号”“姓名”“性别”“职称”和“学历”5 个字段。

(4) 选择窗体布局：单击“下一步”按钮，显示如图 4.12 所示的“窗体向导”第二个对话框。在此对话框中，选择“表格”单选按钮，这时在对话框左边可以预览所建窗体的布局。

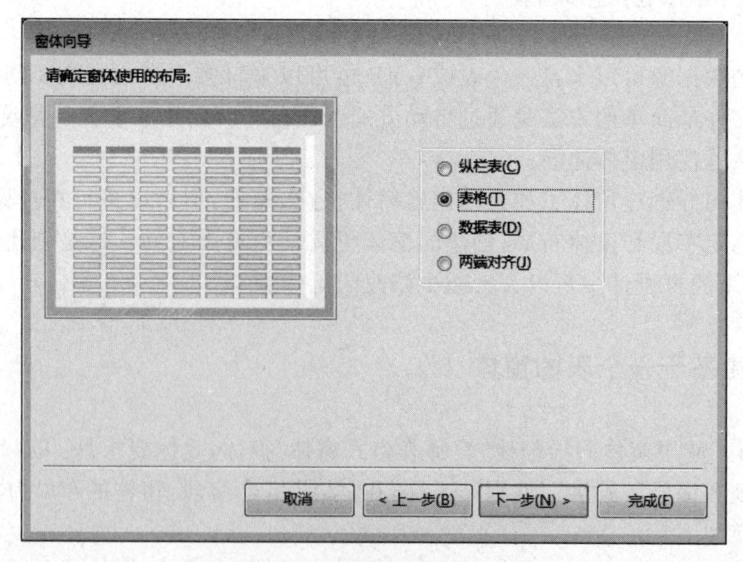

图 4.12 选择窗体使用的布局

（5）保存窗体对象：单击“下一步”按钮，显示如图 4.13 所示的对话框，在“请为窗体指定标题”文本框中输入“教师表格式窗体”。如果想在完成窗体的创建后，打开窗体并查看或输入数据，选中“打开窗体查看或输入信息”单选按钮；如果要调整窗体的设计，则选中“修改窗体设计”单选按钮。这里选择“打开窗体查看或输入信息”单选按钮。

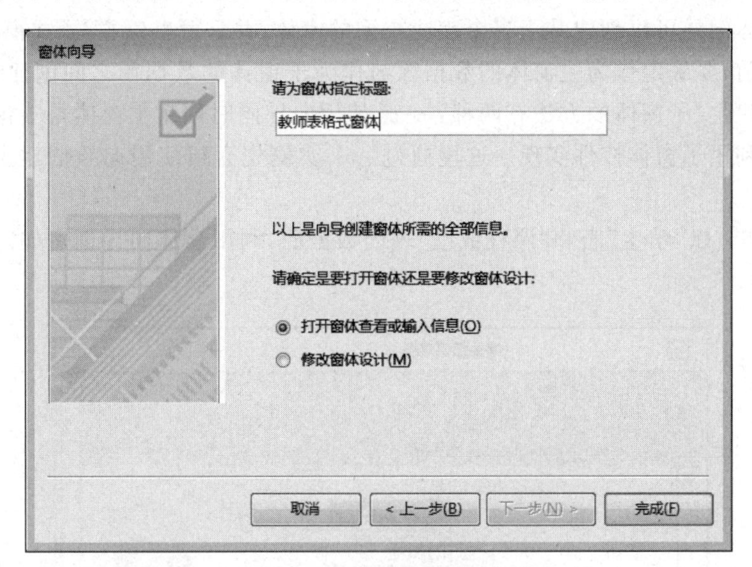

图 4.13　指定窗体标题

（6）单击“完成”按钮，创建的窗体显示在屏幕上，如图 4.14 所示。

教师表格式窗体

教师编号	姓名	性别	职称	学历
110003	郭建政	男	副教授	大学本科
110035	酉志梅	女	讲师	大学本科
120008	王守海	男	教授	研究生
120018	李浩	女	副教授	研究生
120019	陈海涛	男	讲师	大学本科
120022	史玉晓	男	讲师	大学本科
120026	孙开晖	女	助教	研究生
130004	李菲菲	女	讲师	大学本科
130005	刘建成	男	讲师	研究生
140048	刁秀库	男	教授	大学本科
140062	赵立栋	男	讲师	研究生
140086	程洁	女	讲师	大学本科
140088	高尧尧	男	教授	大学本科

记录: 第 1 项(共 89 项　无筛选器　搜索

图 4.14　教师表格式窗体

窗体向导用可视的方法一步步地提出有关窗体创建的一系列问题，然后自动创建窗体，通过该功能可以实现如图 4.12 所示的 4 种不同布局方式的窗体的创建，并可以由用户指定需要在窗体中显示的字段。

4.3.2 创建基于多个表或查询的窗体——主/子窗体

使用窗体向导可以创建基于多个表或查询的窗体，并且可以以主/子式窗体呈现。在创建窗体之前，要确定作为主窗体的数据源与作为子窗体的数据源之间创建了“一对多”的关系。创建主/子窗体的方法有两种：一是使用向导同时创建主窗体与子窗体；二是在设计视图中利用子窗体控件实现。这里通过一个实例先介绍使用向导创建主/子窗体的方法。

实例 4.5 以“学生”表和“课程成绩”表为数据源，利用窗体向导创建如图 4.15 所示的主/子窗体。

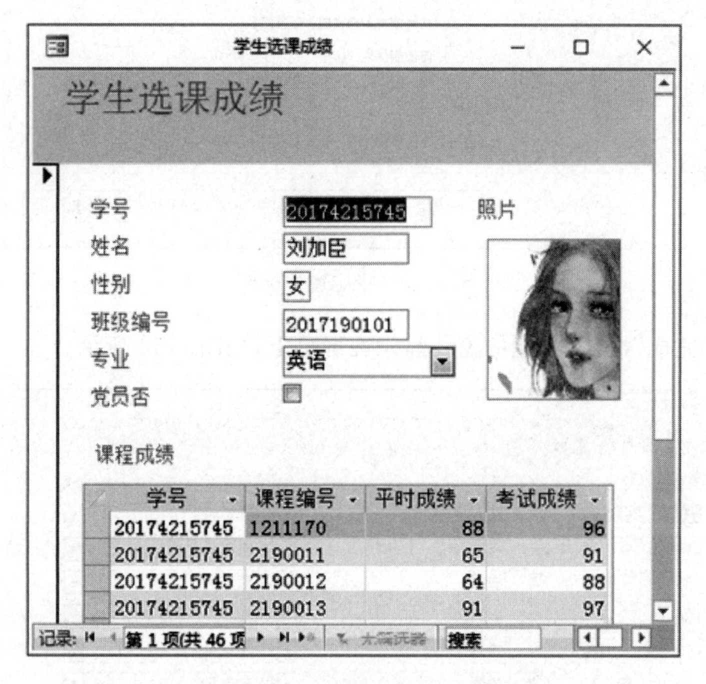

图 4.15 通过向导创建的主/子窗体

操作步骤如下。

(1) 打开“学生信息管理”数据库，单击“创建”选项卡“窗体”组的“窗体向导”按钮，弹出“窗体向导”第一个对话框。

(2) 选择数据源：在“表/查询”下拉列表中选择“表：学生”，在“可用字段”列表框中选择需要在新建窗体中显示的字段，双击字段名或单击按钮 > ，将所选字段移到“选定字段”列表框中。这里选择“学号”“姓名”“性别”“班级编号”“专业”“党员否” 和“照片”字段。再在“表/查询”下拉列表中选择 “表：课程成绩”，单击按钮 >> 选择所有字段。

(3) 选择主窗体：单击“下一步”按钮，显示如图 4.16 所示对话框。该对话框要求确定窗体查看数据的方式，由于“学生”表和“课程成绩”表有一对多关系，所以有两个可选项

“通过 学生”查看或“通过 课程成绩”查看，这里选择“通过 学生”，并选中“带有子窗体的窗体”单选按钮。

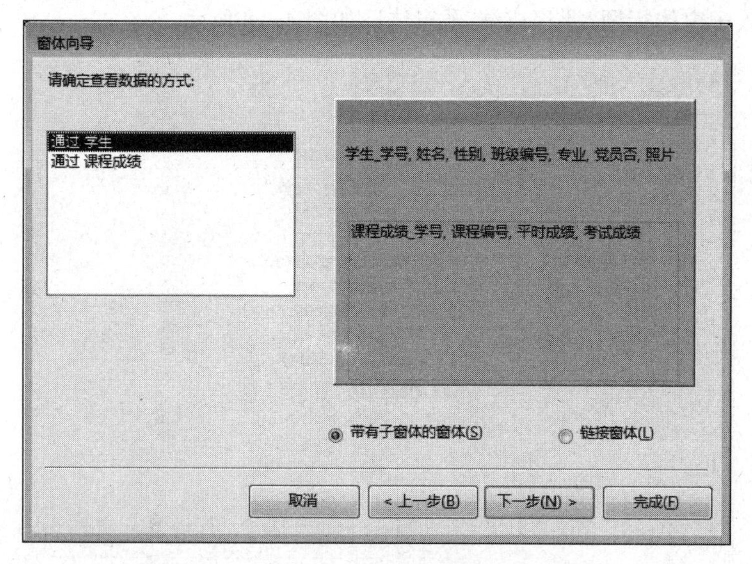

图 4.16　确定主/子窗体的数据查看方式

(4) 选择子窗体布局：单击“下一步”按钮，显示如图 4.17 所示的对话框。该对话框要求设置子窗体所采用的布局，有两个可选项“表格”和“数据表”，在对话框的左侧可预览布局效果，此处选择“数据表”单选按钮。

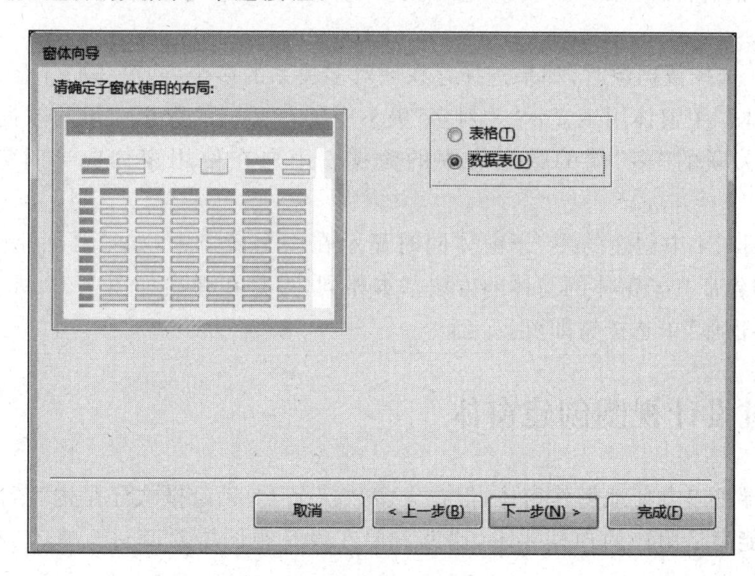

图 4.17　确定子窗体布局

(5) 选择窗体样式：单击“下一步”按钮，显示“窗体向导”第四个对话框。该对话框要求确定窗体所采用的样式。在对话框右部的列表框中列出了若干种窗体的样式，用户可以选择所喜欢的样式。此处选择“标准”样式。

(6) 保存主/子窗体：单击“下一步”按钮，显示“窗体向导”最后一个对话框，为窗体指定标题。在该对话框的“窗体”文本框中输入主窗体标题“学生选课成绩”；在“子窗体”文本框中输入子窗体标题“课程成绩 子窗体”，如图 4.18 所示。

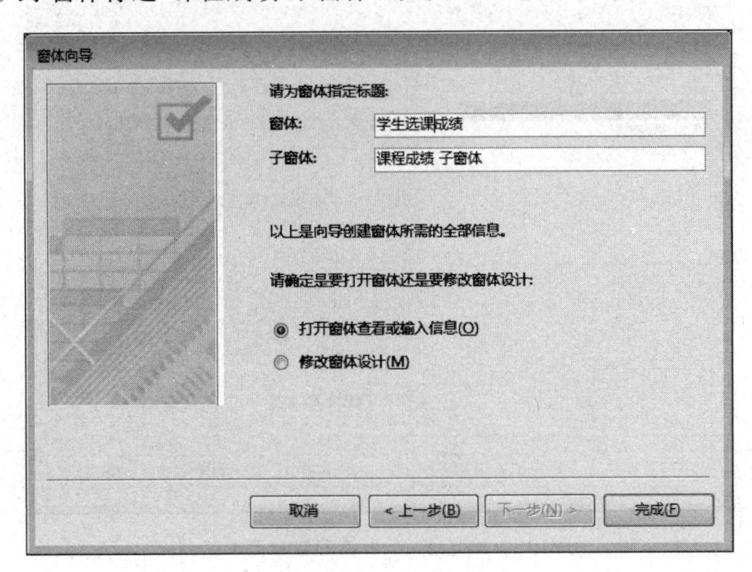

图 4.18 指定窗体标题

(7) 单击“完成”按钮，所创建的主窗体和子窗体同时显示在屏幕上，如图 4.15 所示。同时“导航窗格”窗体对象多了“学生选课成绩”和“课程成绩 子窗体”两个窗体。

【归纳】

(1) 当在选择数据源时，如果选择存在一对多关系的多个表，窗体向导会自动创建主窗体和子窗体。主窗体用于显示“一对多”关系中的“一”端的数据表里的数据，子窗体用于显示与其关联的“多”端的数据表中的数据。用户在使用窗体向导时需自行指定“一”方。

(2) 实例 4.4 中创建的主、子窗体同时显示在一个窗口中，如果要创建弹出式子窗体，方法与创建带有子窗体的窗体的方法基本相同，只是在弹出如图 4.16 所示的对话框中选择“链接窗体”单选按钮即可。

4.4 通过设计视图创建窗体

使用向导可以方便地创建窗体，但在大多数情况下，无论格式还是内容，向导所生成的窗体都不能满足用户的预期要求，这就需要在设计视图中对其进行修改、修饰以满足需要。

与表和查询一样，Access 2016 也可以使用设计视图来直接创建窗体。在设计视图中创建一个窗体步骤包括：创建一个空白窗体；为窗体设定数据源；添加用于显示和维护数据的控件；设定窗体和控件属性等。

本节的主要任务就是学习如何在窗体设计视图中通过设置数据源、控件和控件属性来创建界面友好、功能强大、操作简单的窗体。

4.4.1 窗体的组成

要想在设计视图中设计窗体，首先就需了解设计视图中窗体的结构组成。

在窗体设计视图中，窗体的工作区主要包括窗体页眉、页面页眉、主体、页面页脚和窗体页脚5部分，每一部分又称为一个“节”，如图4.19所示。如果需要调整各部分的面积大小可以通过拖动各自左边、下边的边框线或右下角来改变。

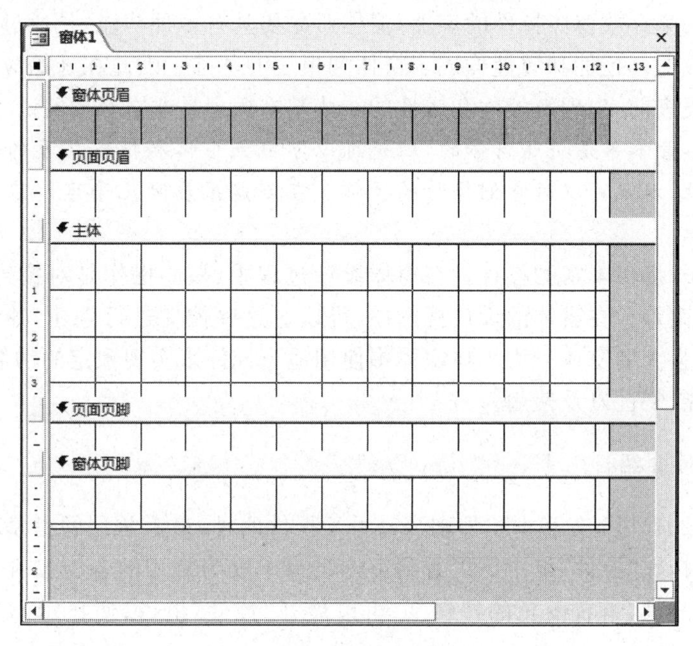

图4.19 窗体的组成

主体：是窗体的主要组成部分，用来显示窗体数据源中的记录。主体具有多种显示格式，非常灵活，所有相关记录显示的设置都在这一节中。

窗体页眉：是窗体的首部，位于设计窗口的最上方，一般用于设置窗体的标题、说明性文字或放置命令按钮、下拉列表等不随记录改变的信息，打印时只在第一页出现一次。

窗体页脚：是窗体的尾部，与窗体页眉相对应，位于窗体底部，作用与窗体页眉类似。也可以用于显示汇总主体节的数据，使用命令的操作说明等信息。

页面页眉：显示在窗体页眉的下方，位于每一页的顶部，一般用来设置窗体在打印时的页头信息。如标题、字段名或者用户要在每一页上方显示的内容。

页面页脚：在每一页的底部，与页面页眉相对应，一般用来设置窗体在打印时的页脚信息，如日期、页码和本页汇总数据等信息。

页面页眉和页面页脚中的内容，仅在设计视图中和打印窗体时出现，其他视图看不到。

窗体中，主体是不可缺少的。绝大多数窗体都有页面页眉和页面页脚，简单的窗体可以没有窗体页眉和窗体页脚。在默认的情况下，窗体工作区中只有主体部分，通过窗体快捷菜单中的“窗体页眉/页脚”和“页面页眉/页脚”命令，可以给窗体增加窗体页眉和页脚、页面页眉和页脚部分。

另外，窗体中还包含标签、文本框、复选框、列表框、组合框、选项组、命令按钮、图像等图形化的对象，这些对象称为控件，在窗体中起不同的作用。

4.4.2 窗体中的控件

窗体只是一个存放窗体控件的容器，窗体对象要具有多种功能，是通过窗体中放置的各种控件来完成的。控件和属性构成了窗体和报表的基础。因此在开始应用控件和属性自定义窗体和报表前，先理解控件和属性的一些基本概念是非常必要的。

【说明】 尽管本章是讲述窗体的，但是可以学习到窗体和报表共享的包括控件在内的很多通用特性，以及可以对它们执行的操作。在创建报表时几乎可以应用本章介绍的控件的所有知识。

Access 2016 提供丰富的控件。在窗体设计过程中，核心操作是对控件的操作，包括添加、删除和修改等。在窗体的设计视图中，可以对这些控件进行创建，并设置其各种属性，创建出功能强大的窗体。为了在窗体中使用适当控件来实现预定的功能，必须先了解各种控件的功能、特性以及使用。

1. 常用控件介绍

在 Access 2016 中，有基本控件和 ActiveX 控件两种，最为常用的是基本控件。打开窗体设计视图时，在“控件”组中可以看到窗体设计中极为常用的各类控件，如图 4.20 所示。通过单击“控件”组右下角的按钮，可以展开“控件”组，以便显示出所有的可用控件，如图 4.21 所示。

图 4.20 “控件”组

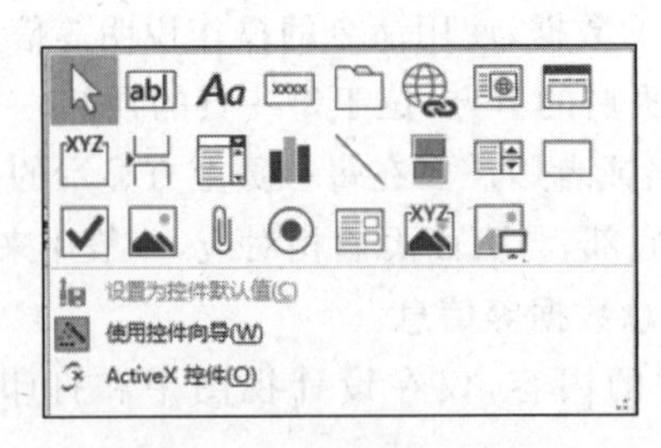

图 4.21 展开的“控件”组

将鼠标光标定位到控件上时，就会出现一个提示框提示该控件的名称，通过单击控件按钮，可以向窗体或报表中添加各种控件。表4.1详细介绍了这些常用控件按钮的名称及用途。

表4.1 常用控件及其用途介绍

按钮	名称	功能
	选择对象	选择控件，对其进行移动、放大、缩小和编辑，单击该按钮可以释放以前选定的控件按钮
ab|	文本框	显示数据，并允许用户编辑数据
Aa	标签	显示说明文本的控件，如窗体的标题
xxxx	按钮	也称为命令按钮，单击时执行宏或者VBA代码
	选项卡控件	创建一个多页的选项卡窗体或选项卡对话框，用来显示属于同一内容的不同对象的属性
	链接	创建一个超级链接，单击可以启动相应的链接对象
	Web浏览器控件	用于在窗体中显示网页信息
	导航控件	用于创建窗体或报表中的导航
XYZ	选项组	显示一组可选值，常与复选框、选项按钮或切换按钮搭配使用
	插入分页符	用来定义多页窗体的分页位置
	组合框	含有列表框和文本框的组合框控件，既可以在文本框中输入文字，也可以在列表框中选择输入项
	图表	用于在窗体中创建图表，如创建图表窗体等
	直线	用于在窗体上画线，一般用于对象的分隔
	切换按钮	通过按钮的按下或者弹起来显示状态，一般使用图片或者图标，很少使用文字
	列表框	显示可滚动的数据列表
	矩形	用于在窗体上画矩形，通常用于突出显示某些对象或数据
	复选框	建立复选按钮，可以对多组是/否型数据进行共存选择
	未绑定对象框	用来加载未绑定的OLE对象，如图片、视频、音频等
	附件	用于管理附件数据类型的文件
	选项按钮	也称为单选按钮，在一组中只能选择一个
	子窗体/子报表	加载另一个子窗体或子报表，显示来自多个数据源的数据
XYZ	绑定对象框	用来加载与表中的数据关联的OLE类型字段
	图像	用于显示一个图片，占用空间极少，是修饰窗体的重要手段之一
	控件向导	在选中该按钮时，创建其他控件的过程中，系统会自动启动控件向导帮助用户快速地设计控件（默认是选中状态）

在 Access 2016 中，可以将所有控件根据其与数据源的关系分为绑定型、非绑定型与计算型 3 种。绑定型控件主要用于显示、输入和更新数据库中的字段；非绑定型控件没有数据来源，可以用来显示信息、线条、矩形或图像等；计算型控件用表达式作为数据源，表达式可以是窗体所引用的表或查询字段中的数据，也可以是窗体上的其他控件中的数据。由于计算型控件的值不会改变基本表中的数据，所以通常也可以看作是非绑定型控件。

2. 控件的使用

(1) 控件的添加。创建控件的一般步骤：先在"控件"组中选择需要添加的控件种类，单击相应的按钮；然后，按住鼠标左键在窗体适当位置拖动或直接在放置控件的位置单击，完成控件的建立。

控件建立好后，就要为其进行个性化的设置——设置属性值。控件的属性用于决定控件的结构外观、定义控件在窗体中实现的功能等，每一类控件都有自己的属性项。不同类型的控件其属性项不完全相同。某些控件在被添加时，Access 会同时启动"控件向导"，在不熟悉控件的具体属性的时候，使用控件向导为窗体添加控件是一个不错的选择。但并不是所有的控件都有控件向导，如标签控件、选项卡控件等，用户可以在添加控件后右击控件选择"属性"，通过"属性"窗口进行属性的设置。

(2) 控件的操作。在将控件添加到窗体上之后，可以对控件进行调整位置和大小、复制和删除等操作，在执行这些操作之前，必须先选中控件。选择控件的操作只能在窗体设计视图或布局视图中进行，先将"控件"组中的"选择对象"按钮按下(默认是按下状态)，然后在窗体的控件上单击，控件四周会出现 8 个小方块，即选中控件。如图 4.22 所示，左上角较大的方块是移动控点，用于整个控件的移动操作，其余的控点为大小控点，用于调整控件的大小。

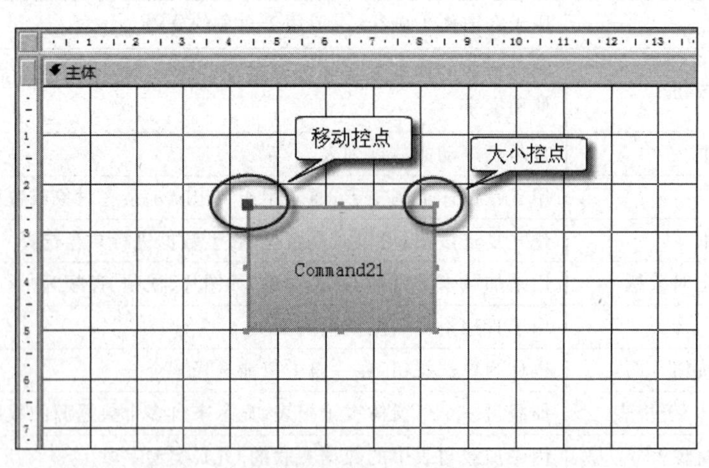

图 4.22　控件的选择

要调整控件的大小和位置时，可单击选中窗体上的控件，将鼠标对准控件的相应控点，拖放鼠标即可。需要注意的是，如果希望控件的大小刚好容纳显示内容，可以双击控件上的任意大小控点，控件的大小就自动适应其内容。

如果想对多个控件进行对齐、大小、水平间距、垂直间距等设置操作，可通过鼠标框选或按住 Shift 键选中多个控件后，利用“窗体设计工具”选项卡中的“排列”和“格式”子选项卡下的相应命令进行修改。其中，“排列”选项卡主要针对控件的位置、大小、对齐方式等进行设置，而“格式”选项卡则主要针对控件的外观，如字体、字号等进行统一设置。

另外，对添加到窗体上的控件，还可以进行复制、删除等操作，只需选中控件后右击选择相应的命令即可。

(3) 添加绑定控件。添加绑定控件与其他控件的方法有所不同，一般有下列两种方法。

① 从字段列表中拖动。单击“窗体设计工具|设计”选项卡“工具”组的“添加现有字段”按钮即可打开“字段列表”窗口，如图 4.23 所示，其中列出了窗体数据源中的所有字段。把“字段列表”中的字段拖放到窗体中就完成了向窗体添加绑定控件。按住 Ctrl 键或 Shift 键后单击可以在“字段列表”中选择多个字段，然后拖动所选择的一组字段到窗体，可以一次将多个字段添加到窗体中，通过这种方法向窗体中添加绑定控件最简单也最常用。

② 利用属性表窗格。将某个需要绑定的控件添加到窗体中，单击“窗体设计工具|设计”选项卡“工具”组的“属性表”按钮，或者按 F4 键，即可打开“属性表”窗格，如图 4.24 所示，其中按分组选项卡的形式列出了该控件的所有属性。选择“属性表”窗格中的“数据”选项卡，在“控件来源”下拉列表中选择控件所要绑定的表或查询的字段，即完成绑定控件的操作。

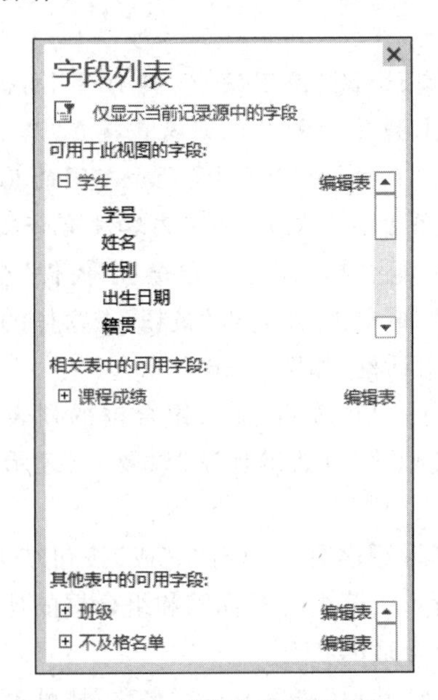

图 4.23 “字段列表”窗格

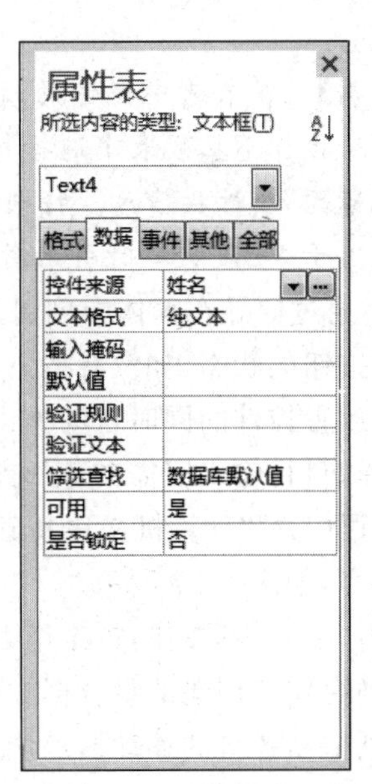

图 4.24 “属性表”窗格

同样的方法也适用于计算型控件，只需在“属性表”窗格的“控件来源”文本框中输入一个表达式，运行窗体后控件中会显示表达式的结果。

4.4.3 创建自定义窗体

自定义窗体就是开发人员根据用户的需求在空白窗体中设置记录源、创建控件、设置控件属性，将控件与窗体结合在一起的窗体对象。

本小节将通过 3 个实例介绍使用设计视图创建自定义窗体的方法。

实例 4.6 创建名称为“学生成绩查询窗口”的自定义窗体对象，在窗体上实现人机交互的控件的设置。

操作步骤如下。

(1) 创建一个空白窗体。打开“学生信息管理”数据库，单击“创建”选项卡“窗体”组中的“窗体设计”按钮，打开窗体设计视图，即创建一个空白窗体。默认的空白窗体上只有“主体”节，如果需要页眉和页脚，可通过在窗体上右击选择添加窗体页眉和页脚、页面页眉和页脚。

(2) 在窗体中创建显示窗口标题的“标签”控件。右击窗体，在弹出的快捷菜单中选择“窗体页眉/页脚”命令，添加窗体页眉节，在窗体页眉中添加一个“标签”控件，在其中输入标题“学生成绩查询”，按 Enter 键结束。然后打开其“属性表”窗格，按图 4.25 所示设置标签的字体大小、颜色等格式属性。设置的属性效果可同时在窗体中看到。

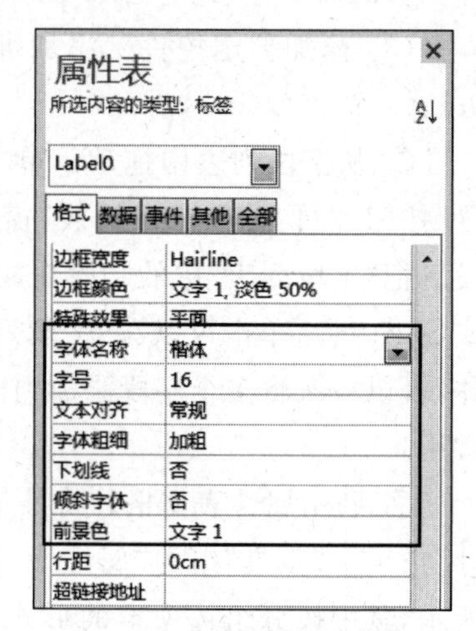

图 4.25 设置标签属性

【说明】 在未选中控件的情况下可以直接在设计视图下按 F4 键打开“属性表”窗格，然后从控件下拉列表中选择控件对象。标签上的显示文本也可以直接在“属性表”窗格中的“标题”属性栏输入。特别注意标签对象的“名称”和“标题”是两个不同的属性，“名称”属性用于 VBA 代码时引用对象，“标题”属性用于显示文本，两者内容没有必然联系。

(3) 通过向导在窗体中创建显示课程名称的“组合框”控件。先查看“控件”组的“控件向导”按钮的状态，如没有按下，单击将其按下。再单击“组合框”按钮，在窗体的适当位置单击，放置控件的同时自动弹出“组合框向导”对话框，如图 4.26 所示。

选择“自行输入所需的值”单选按钮，单击“下一步”按钮，输入组合框的列表项的值“大学英语(1)”“计算机文化基础”“数据库应用技术”“自然辩证法”以及 *（表示所有课程）等内容，如图 4.27 所示。

单击“下一步”按钮，指定组合框标签为“选择课程名称”，单击“完成”按钮结束向导，即可看到窗体上创建的组合框控件，如图 4.28 所示。若组合框标签和组合框的位置有重叠可分别拖动各自的移动控点调整它们的位置至合适的状态。

打开“组合框”控件的“属性表”窗格，从中选择“其他”选项卡，将“名称”属性改为 C1。原来的组合框默认名称为 Combo1 会变为 C1，简化对象的名称在以后引用对象时会变得方便。

(4) 在窗体中创建非绑定型“文本框”控件。文本框的创建也可以使用控件向导来创

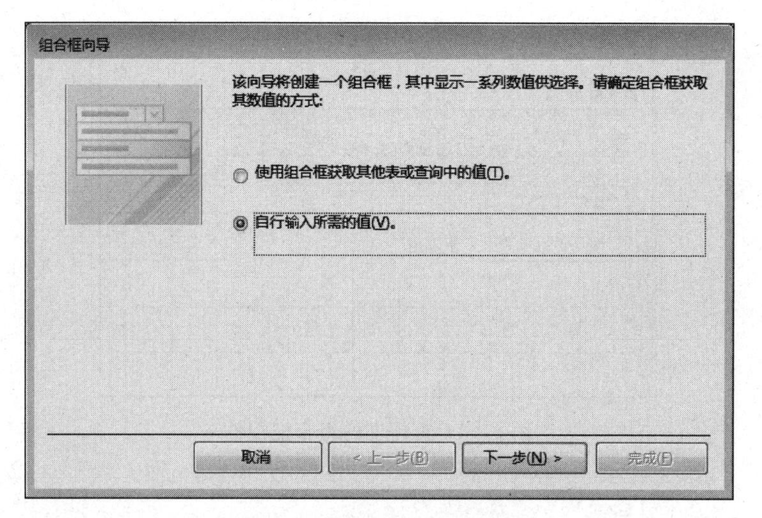

图 4.26 “组合框向导”对话框

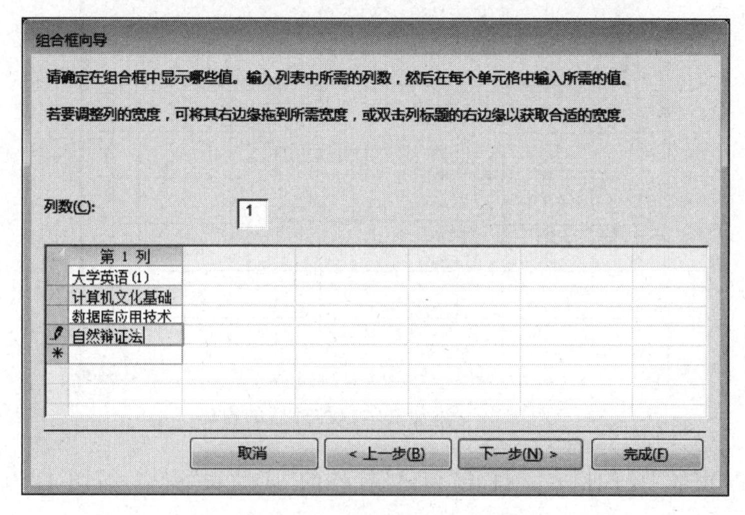

图 4.27 指定组合框显示的值

建，方法与组合框向导类似，这里采用直接创建的方法来建立。释放工具箱的“控件向导”按钮，然后单击“文本框”按钮，在窗体的适当位置单击完成添加，这时在窗体上会出现一个带有关联标签的文本框，将标签的文本修改为“输入学号”。打开文本框控件的属性窗格，在“其他”选项卡中，将“名称”属性改为 B1。

同样的方式在该文本框控件的下方再添加一个文本框控件，标签文字为“输入姓名”，文本框的“名称”属性为 B2，如图 4.29 所示。

（5）调整控件布局。在设计的过程中可以随时单击功能区上的“视图”按钮切换到窗体视图来查看控件效果。若不合适，则返回到设计视图，选中需要调整的控件，通过“窗体设计工具|排列”选项卡“调整大小和排序”组的“大小/空格”和“对齐”下拉菜单中的相关命令适当调整其大小、位置、间距、对齐方式等使窗体整齐美观。

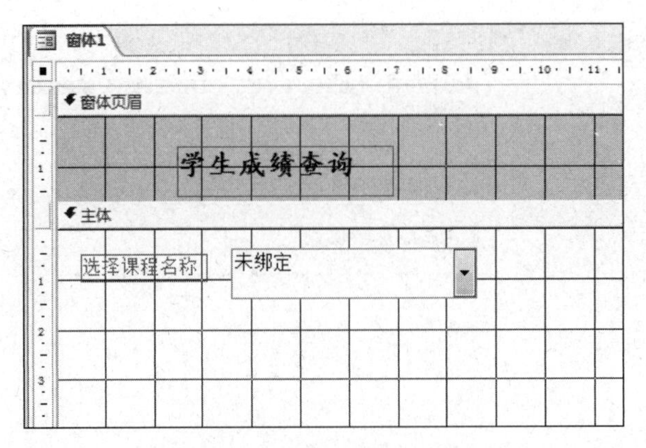

图 4.28　窗体上的组合框控件

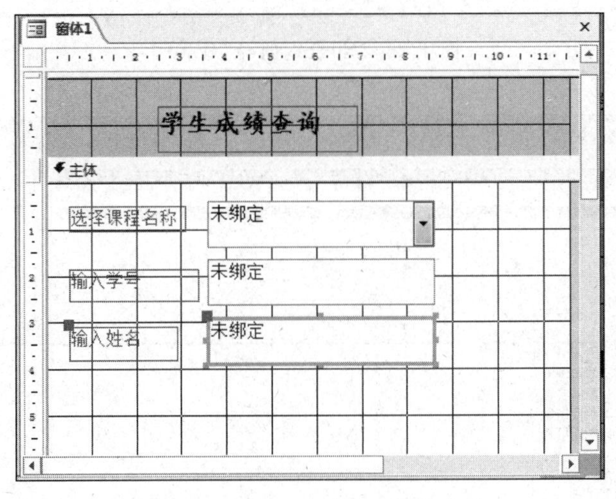

图 4.29　添加文本框控件后的窗体

(6) 设置“窗体”控件格式。打开“窗体”控件的“属性表”窗格，按图 4.30 所示设置窗体的相关属性。经过一系列设置后窗体最终的设计效果如图 4.31 所示。

(7) 单击快速访问工具栏上的“保存”按钮，将窗体另存为“学生成绩查询窗口”。

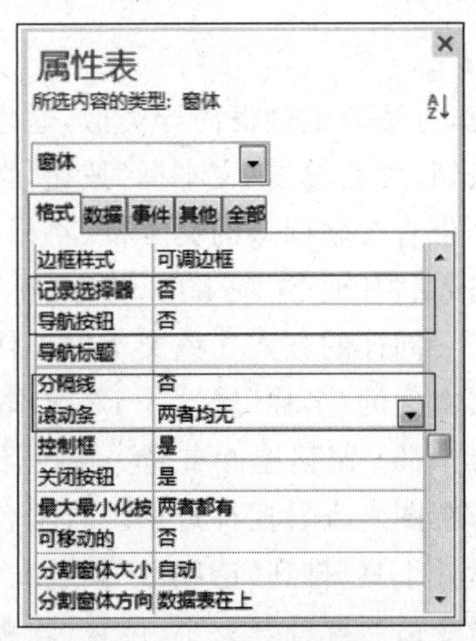

图 4.30　设置窗体格式

【说明】

(1) 标签是用来显示说明性文本的控件，如标题、题注或简短的说明。标签不能显示字段或表达式的数值。标签是非绑定型控件。注意，不能创建没有任何字符的标签。如果在向窗体添加标签时，没有在标签中输入任何字符，单击窗体其他位置后标签就会消失。

(2) 组合框是可以在一组有限选项集合中选取值，也可以直接输入值的控件，如同文本框和列表框的组

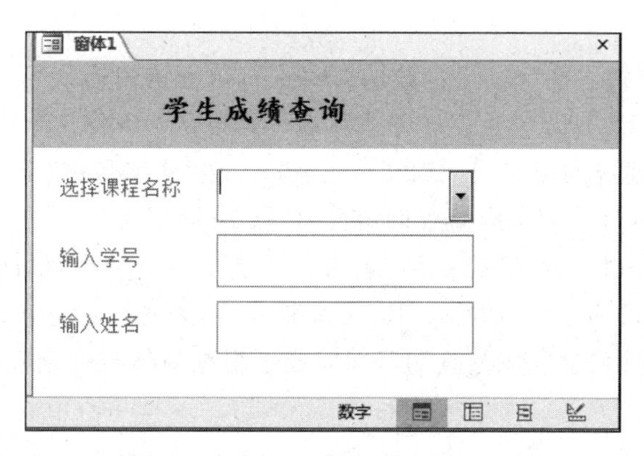

图 4.31　添加完控件后的窗体效果

合，既可以在组合框中直接输入文本，也可以从列表框中选择内容。在组合框中输入文本或选择某个值时，如果该组合框是绑定型，则输入或选择的值将保存到组合框绑定的字段。

(3) 文本框是用来显示数据源中数据的控件。文本框可以是绑定型也可以是非绑定型。绑定型文本框用来与某个字段绑定。非绑定型文本框用来显示计算的结果或接受用户输入的数据，其中的数据不保存。

(4) 默认情况下，将文本框、组合框等控件添加到窗体中时，Access 总会在添加的控件左侧加上关联标签。如果在添加这些控件时不要关联标签，操作如下：在控件区中选定控件(先不将其插入到窗体中)，打开“属性表”窗口，将“自动标签”属性项改为“否”，再插入控件。这样就只插入控件本身，没有关联标签。用控件区的“标签”按钮创建的标签都是独立标签。

(5) 要特别注意区分“名称”属性和“标题”属性。窗体上的每个控件都有不同的属性，但是所有的控件都具有“名称”属性。名称属性用以标识各控件，所以控件的名称必须是唯一的，它并不显示在窗体上，只供引用控件对象时使用。而“标题”属性是显示在窗体上的，并不是所有的控件都有“标题”属性，例如文本框控件就没有。

(6) 窗体上的控件排列是否整齐，是判断窗体是否美观的一个重要标准。当窗体中的控件较多时，可以考虑通过布局来排列控件。在 Access 中，提供了堆积和表格两种不同的布局方式。这两种布局方式都是采用将控件放置到类似于表格的框架中从而使得布局之内的控件排列整齐。另外还可以通过插入行和列来实现局部布局。

(7) 本例中使用“窗体设计”按钮创建一个空白窗体，在“窗体设计”视图下完成窗体的制作，也可以使用“空白窗体”通过布局视图创建窗体。

实例 4.7　根据窗体控件创建查询对象。为了使窗口具有查询数据的功能，实现窗口与查询数据的传递，需要根据窗体控件创建相应的查询对象“学生成绩查询”。

操作步骤如下。

(1) 单击“创建”选项卡“查询”组的“查询设计”按钮，打开查询设计视图，添加“学生”“课程名称”和“课程成绩”表。

(2) 选择查询目标字段“学号”“姓名”“专业”“课程编号”“课程名称”“平时成绩”“考

试成绩”等。

(3) 输入查询准则。在“学号”字段的“条件”行单元格中输入“Like [Forms]! [学生成绩查询窗口]! [B1] & "*"”。在“姓名”字段的“条件”行单元格中输入“Like [Forms]! [学生成绩查询窗口]! [B2] & "*"”。在“课程名称”字段的“条件”行单元格中输入“Like [Forms]! [学生成绩查询窗口]! [C1] & "*"”。

【说明】 Like 条件表达式中连接*的目的是实现不精确查找。如在 B2 文本框中输入“王”,则查找姓王的同学的成绩;如 B2 文本框空白,则查找所有同学的成绩。

(4) 保存该查询为“学生成绩查询”,即完成了根据窗体控件创建查询的任务,创建的查询如图 4.32 所示。

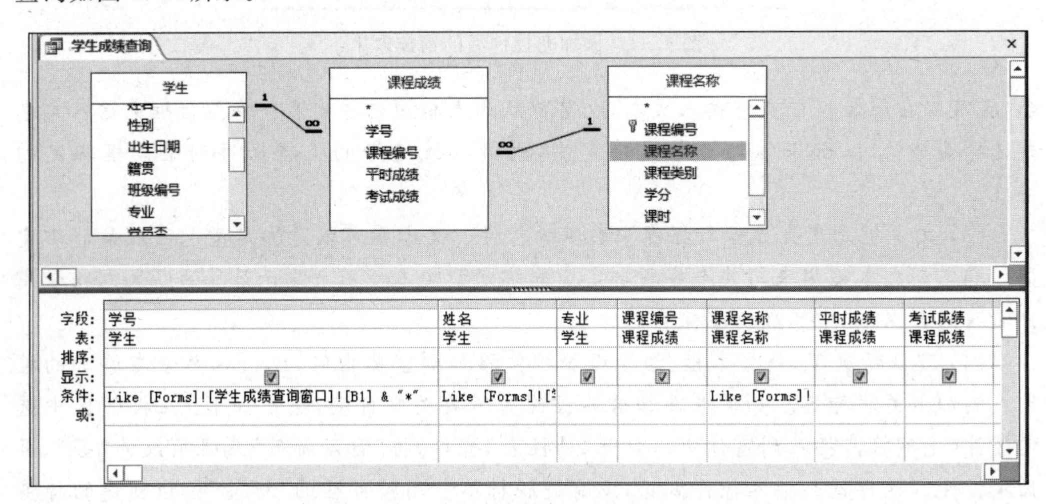

图 4.32 “学生成绩查询”查询设计器

【说明】 在查询设计器中,引用窗体名称、控件名称要加方括号,窗体名称前还要加[Forms]!表示为表单类,例如,[Forms]![学生成绩查询窗口]![B1]。因为本查询是结合窗体控件创建的,所以必须在运行窗体时在控件里输入数据后才可以运行。

实例 4.8 通过在实例 4.6 创建的窗体上创建“命令按钮”控件来运行实例 4.7 创建的查询对象。在窗体上要控制其他数据库对象,需要使用命令按钮。

操作步骤如下。

(1) 打开“学生成绩查询窗口”窗体的设计视图。

(2) 使用向导创建“命令按钮”控件。使“控件向导”按钮呈按下状态,单击“命令按钮”按钮,在窗体的适当位置放置命令按钮,启动命令按钮向导。

(3) 在弹出的“命令按钮向导”第一个对话框中选择按下按钮时产生的动作。在“类别”列表框中选择“杂项”,在“操作”列表框中选择“运行查询”,如图 4.33 所示。

(4) 单击“下一步”按钮,在第二个对话框中选择要运行的查询“学生成绩查询”,如图 4.34 所示。

(5) 单击“下一步”按钮,在第三个对话框中选择命令按钮上要显示文本还是图片,这里选择“文本”单选按钮,并输入文本“查找”,如图 4.35 所示。

图 4.33 选择按钮动作

图 4.34 选择按钮要运行的查询

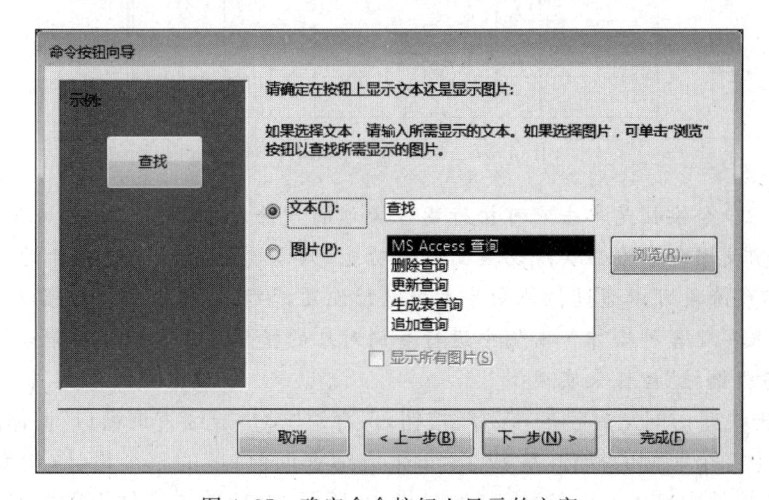

图 4.35 确定命令按钮上显示的文字

(6) 单击“下一步”按钮，在第四个对话框中输入命令按钮的名称，如图 4.36 所示，单击“完成”按钮结束命令按钮向导。这时在窗体中可以看到创建的“命令按钮”控件，如图 4.37 所示。

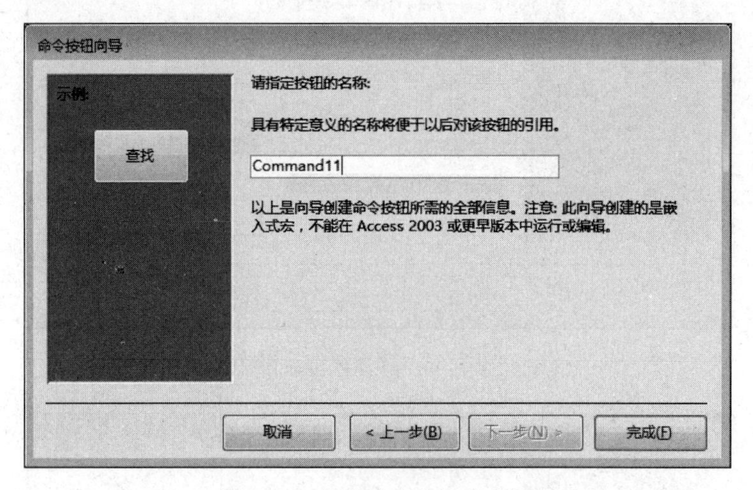

图 4.36　指定命令按钮的名称

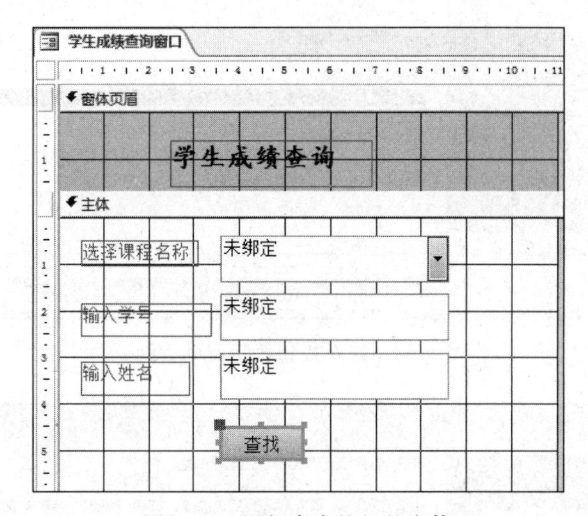

图 4.37　添加命令按钮的窗体

【说明】 命令按钮是单击它可执行某种操作的控件。命令按钮是最常用、最具有代表性的控件。使用命令按钮实现切换面板的功能，只需要赋予它一个打开对象的功能即可，这个功能现阶段可以通过控件向导直接进行设置，学习完后续章节后可以通过编辑宏或事件代码来实现各种操作。本例中运行查询对象的操作除了可以使用命令按钮实现还可以通过“超级链接”控件来实现。

(7) 单击快速访问工具栏的“保存”按钮，保存对“学生成绩查询窗口”窗体的修改。

经过以上 3 个实例的操作，完成了“学生成绩查询窗口”的整个设计，切换到窗体视图，在不同的控件中输入不同的数值，如图 4.38 所示，然后单击窗体上的“查找”按钮，会打开相应的查询结果窗口，如图 4.39 所示。

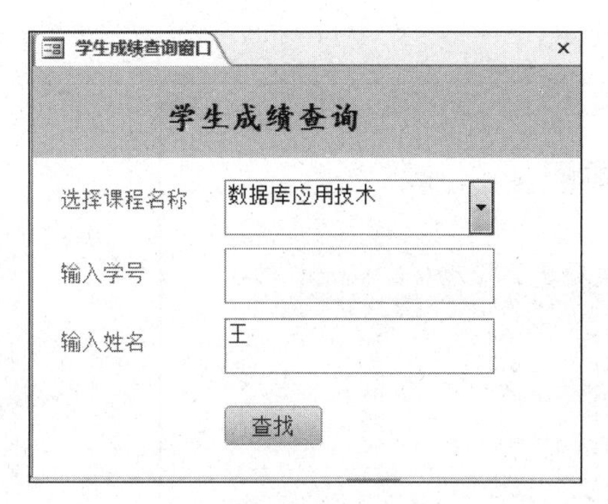

图 4.38 运行窗体输入查询条件

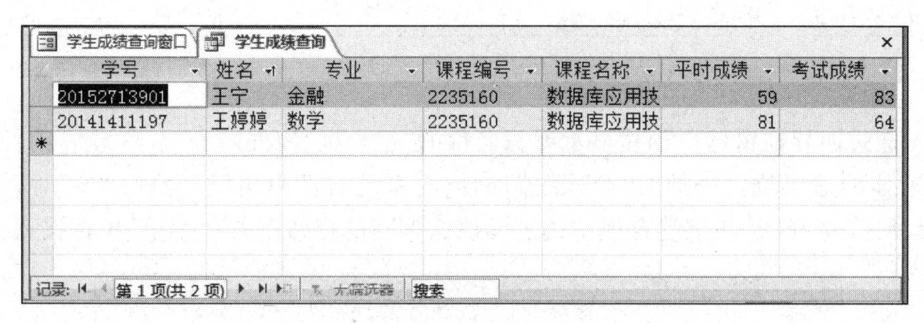

图 4.39 窗体查询结果

【归纳】

通过设计视图创建具有交互功能的窗体需要以下 3 个步骤。

(1) 创建一个空白窗体,然后添加需要的窗体控件,完成窗体的外观设计。

(2) 创建查询对象,根据窗体控件接收的用户输入信息在数据库中查找数据。

(3) 在窗体中创建命令按钮,执行相应的查询操作,实现窗体与查询的数据传递。

4.4.4 使用设计视图创建主/子窗体

4.3.2 节已经介绍了使用窗体向导创建主/子窗体的方法。实际上,子窗体也是窗体的一个控件,可以在窗体的设计视图中直接创建。利用设计视图为窗体添加子窗体分两种情况:在主窗体中添加已存在的子窗体和在主窗体中直接创建子窗体。

实例 4.9 利用设计视图创建主/子窗体。主窗体以"课程名称"作为记录源,内嵌"课程成绩"子窗体。在主窗体中选择课程,子窗体中显示该课程的成绩信息。效果如图 4.40 所示。

操作步骤如下。

(1) 单击"创建"选项卡"窗体"组中的"窗体设计"按钮,打开窗体设计视图,创建一个空白窗体。

(2) 打开"窗体"控件的"属性表"窗格,设置其"数据"选项卡下的"记录源"属性为"课程名称”表，如图 4.41 所示。

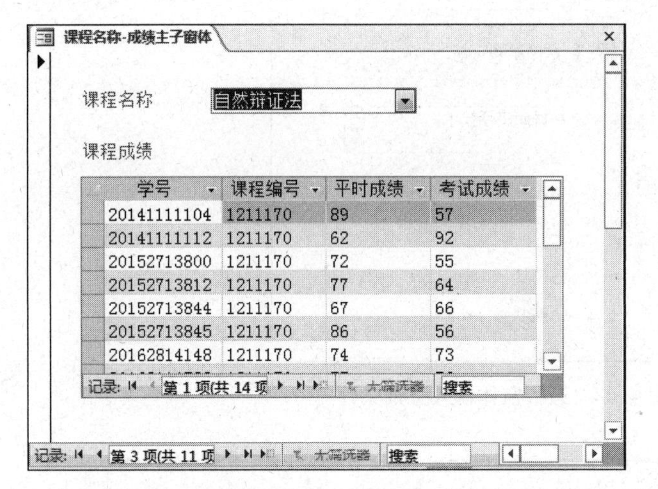

图 4.40 主/子窗体

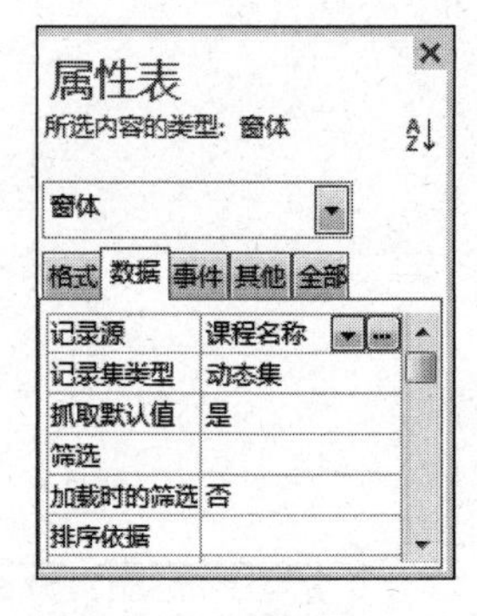

图 4.41 “属性表”窗口

(3) 通过向导在窗体中创建显示课程名称的“组合框”控件。

在窗体的适当位置添加“组合框”控件，同时系统自动弹出“组合框向导”对话框，如图 4.42 所示，选择“在基于组合框中选定的值而创建的窗体上查找记录”单选按钮。

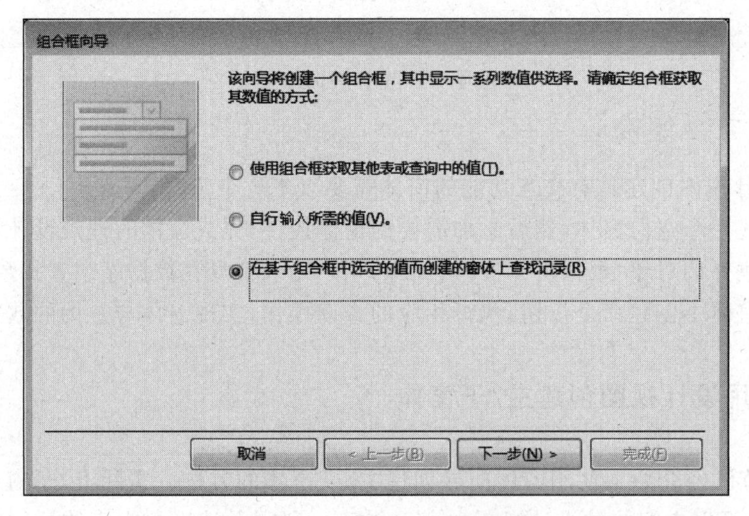

图 4.42 “组合框向导”对话框

单击“下一步”按钮，在可用字段(来源于窗体的记录源“课程名称”表)中选择“课程编号”和“课程名称”两个字段作为组合框的列，如图 4.43 所示，其中“课程编号”为主键，“课程名称”为组合框要显示的值字段。

单击“下一步”按钮，调整组合框中显示列的宽度，如图 4.44 所示，系统自动隐藏主键列，只显示“课程名称”列。

单击“下一步”按钮，指定组合框标签为“课程名称”，单击“完成”按钮结束向导，即可看到窗体上创建的组合框控件。

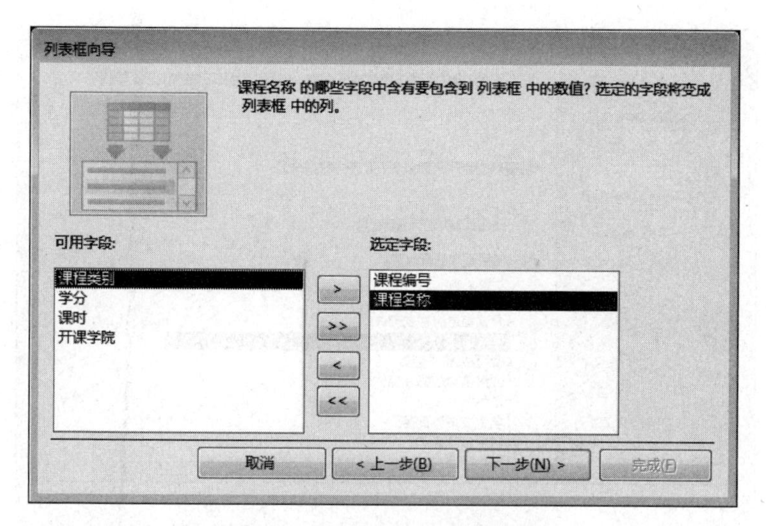

图 4.43 选择组合框的数值列

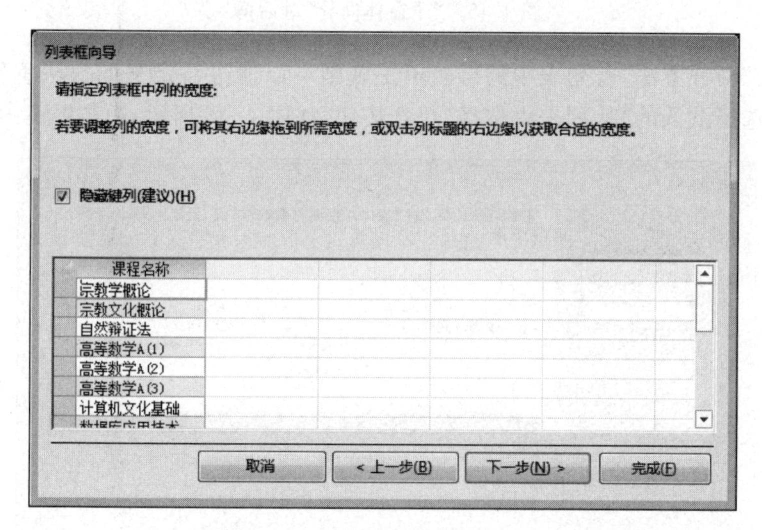

图 4.44 指定组合框中列的宽度

(4) 通过控件向导在窗体中创建显示“课程成绩”的“子窗体”控件。单击控件组的“子窗体/子报表”按钮，在窗体的适当位置放置控件的同时弹出“子窗体向导”对话框，如图 4.45 所示。

(5) 在“子窗体向导”第一个对话框中选择子窗体的数据来源，可以选择“使用现有的表和查询”或“使用现有的窗体”单选按钮，此处选择“使用现有的窗体”单选按钮，并在窗体列表框中选择“课程成绩”选项，单击“下一步”按钮。

【说明】 使用现有窗体作为子窗体还可以通过直接拖动的方法实现。在窗体设计视图或布局视图下，从 Access 的导航窗格中将现有窗体对象直接拖动到主窗体中，即完成了子窗体的添加，这样既不用添加子窗体控件也不用打开控件向导，更加方便快捷。

(6) 在“子窗体向导”第二个对话框中选择主/子窗体的链接字段，有“从列表中选择”

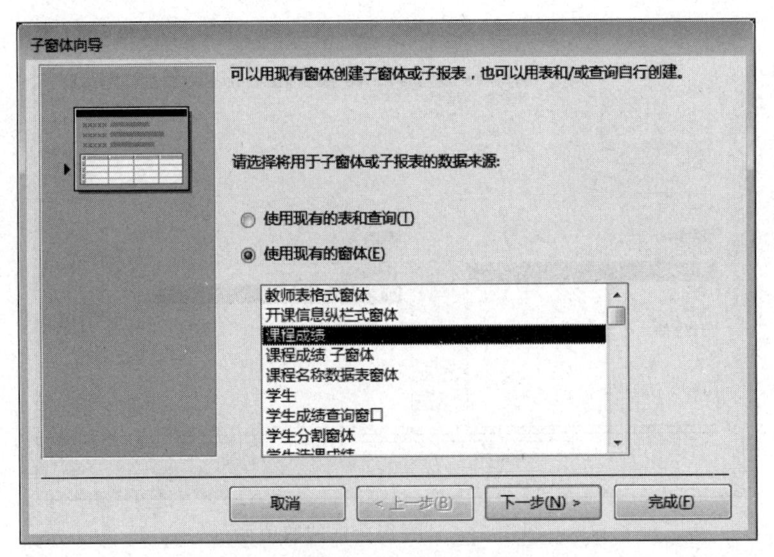

图 4.45 “子窗体向导”对话框

和“自行定义”两种方法，若列表中的链接不正确则可以通过自定义的方法重新定义链接字段。这里选择默认的“从列表中选择”单选按钮，如图 4.46 所示，单击“下一步”按钮。

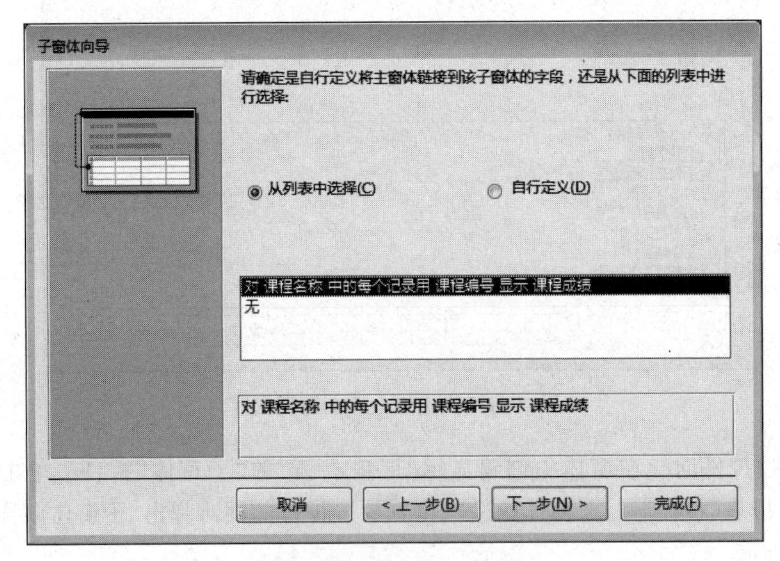

图 4.46 选择链接字段

(7) 在“子窗体向导”第三个对话框中指定子窗体控件的名称为“课程成绩”，如图 4.47 所示。单击“完成”按钮结束向导，即可看到窗体上创建的“子窗体”控件，如图 4.48 所示。

(8) 切换到窗体视图，在“课程名称”组合框中选择课程，“课程成绩”子窗体即显示该课程的成绩情况，如图 4.40 所示，实现了主/子窗体的联动。

(9) 保存该窗体为“课程名称-成绩主子窗体”。

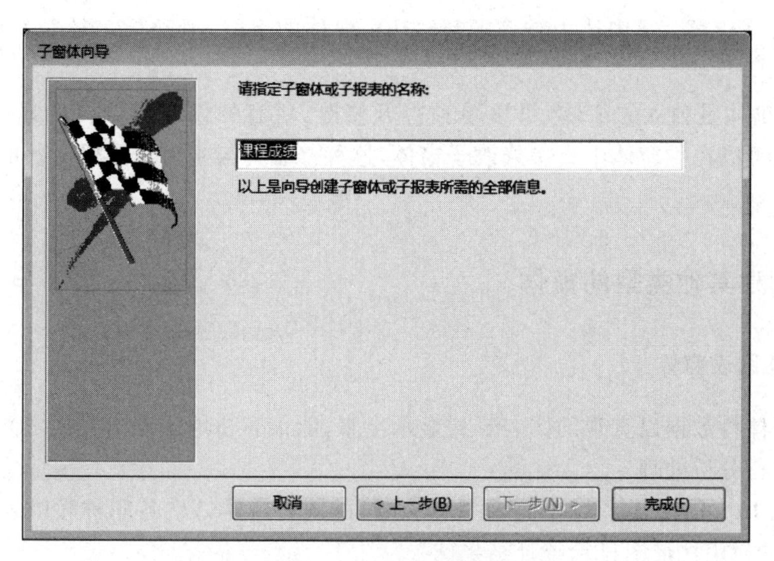

图 4.47　指定子窗体控件的名称

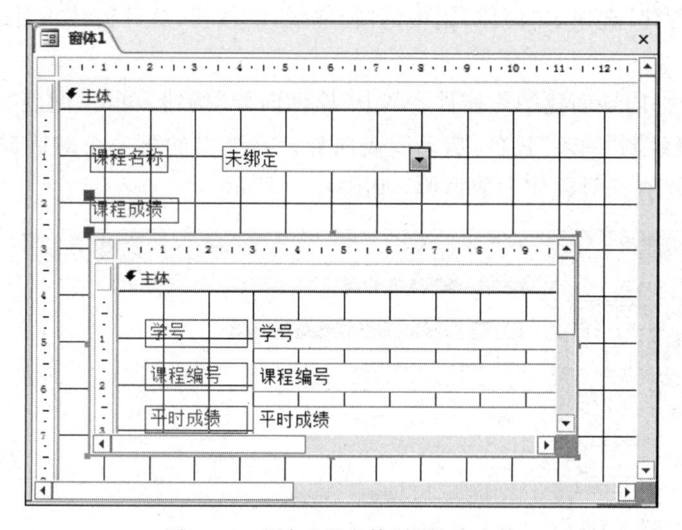

图 4.48　添加“子窗体”控件的窗体

【归纳】

(1) 主窗体可以包含任意多个并列子窗体。子窗体可以嵌套,最多可以嵌套 7 层。

(2) 既可以对两个设置了一对多关系的表创建子窗体,也可以对尚未创建关系但表中的数据具有一对多关系的两个表创建子窗体。

(3) 子窗体控件的使用跟其他控件的使用类似,在创建子窗体之后可能需要对子窗体的属性进行一些修改,子窗体控件的主要属性如下。

① 源对象:嵌入主窗体中的窗体、表或查询的名称。

② 链接主字段:主窗体中链接子窗体和主窗体的字段,通常是一对多关系的“一”端的链接字段。

③ 链接子字段：子窗体中链接子窗体和主窗体的字段，通常是一对多关系的“多”端的链接字段。

（4）子窗体是独立的窗体，可以单独打开修改，所有的修改都会自动显示到主窗体中。当然也可以在主窗体中直接修改子窗体，这种修改可与主窗体形成更好的协调关系，直观方便。

4.4.5 创建其他类型的窗体

1. 创建图表窗体

图表窗体将数据以直观的图表形式显示出来，能很容易地区分出数据之间的差异，便于对数据进行分析处理。

实例 4.10 创建名称为“各职称教师人数”的图表窗体，以“各职称教师人数”查询为数据源，要求使用柱形图显示统计结果。

操作步骤如下。

（1）单击“创建”选项卡“窗体”组中的“窗体设计”按钮，打开窗体设计视图，创建一个空白窗体。

（2）使用控件向导创建图表控件：单击“控件向导”按钮，单击“图表”控件按钮，在窗体的适当位置绘制“图表”控件，启动图表向导。在弹出的第一个对话框中选择“查询：各职称教师人数”查询对象作为数据源，如图 4.49 所示。

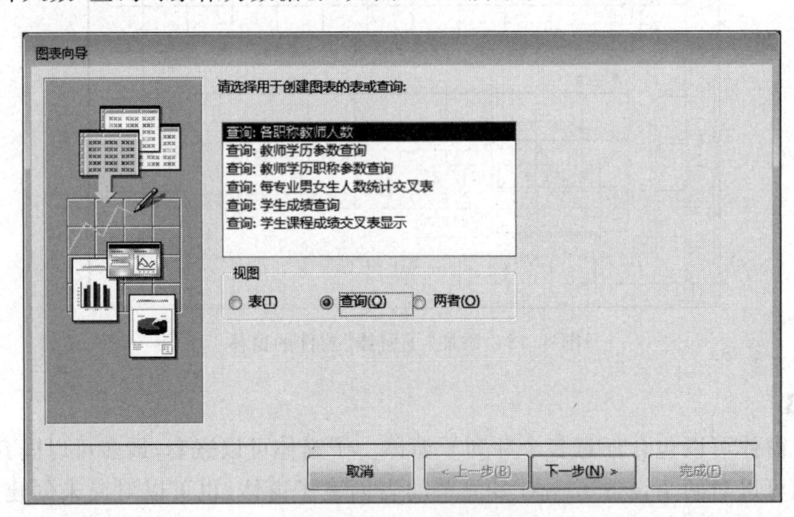

图 4.49 选择数据源

（3）单击“下一步”按钮，弹出如图 4.50 所示对话框，在对话框的“可用字段”列表中双击选择需要的字段，将“职称”和“人数”两个字段添加到“用于图表的字段”列表中。

（4）单击“下一步”按钮，选择图表的类型，此处选择“柱形图”，如图 4.51 所示。

（5）单击“下一步”按钮，设置图表的布局方式，向导自动指定在横坐标上显示“职称”字段，在纵坐标上显示“人数合计”，双击“人数合计”，在弹出的“汇总”对话框中选择“无”

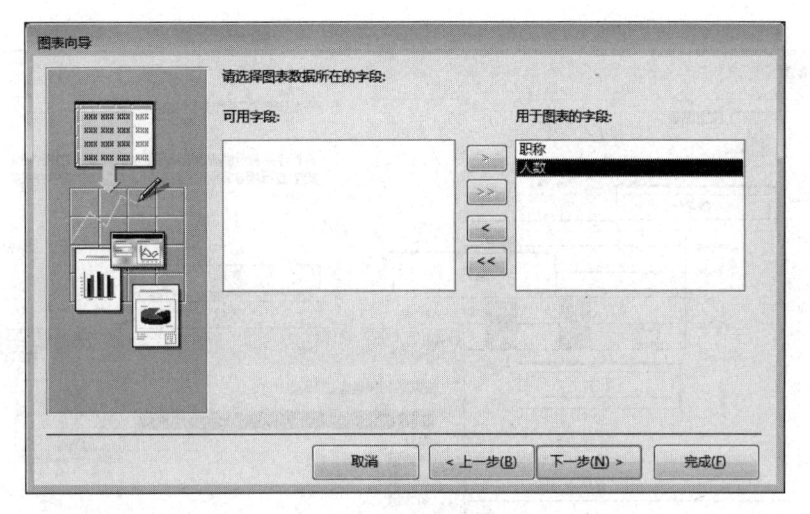

图 4.50 选择字段

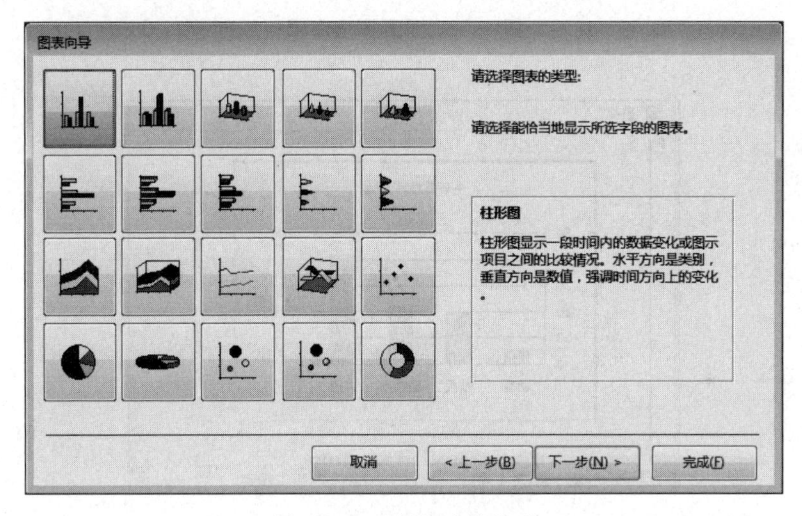

图 4.51 选择图表的类型

选项，单击“确定”按钮完成汇总设置，如图 4.52 所示。

【说明】 在设置图表布局对话框中，可以通过拖放字段操作来安排横坐标、纵坐标的显示，并可双击图表中的字段改变汇总方式，设置完成后可以单击“预览图表”按钮预览图表效果，若不满意再返回上一步进行修改。

(6) 单击“下一步”按钮，输入图表的标题“各职称教师人数”，单击“完成”按钮，完成图表控件的添加，切换到窗体视图运行窗体，显示如图 4.53 所示的图表窗体。

(7) 保存窗体对象为“各职称教师人数”。

在完成图表窗体的创建之后，还可以对图表进行编辑，只需要在窗体视图中双击窗体中的图表，就可以进入图表的编辑界面。单击图表编辑界面的空白区域，返回窗体视图。

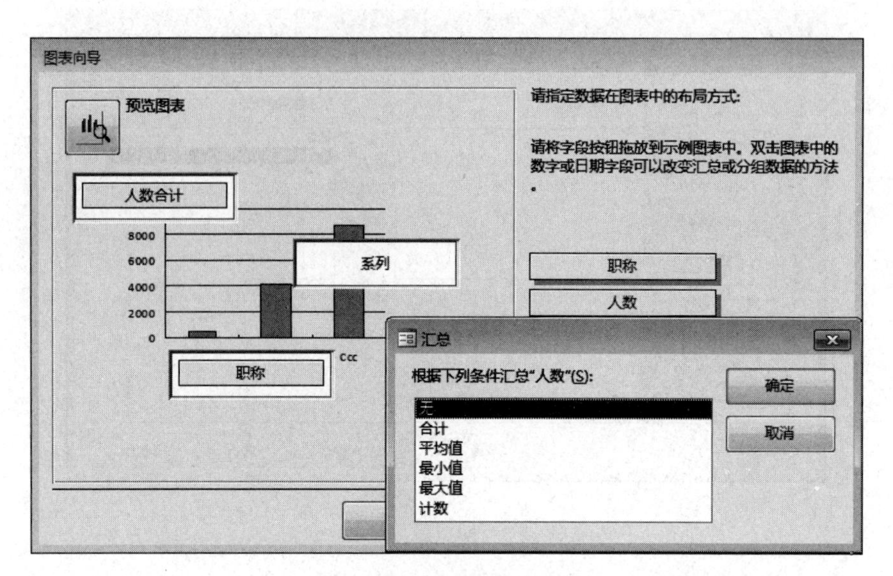

图 4.52 设置图表布局

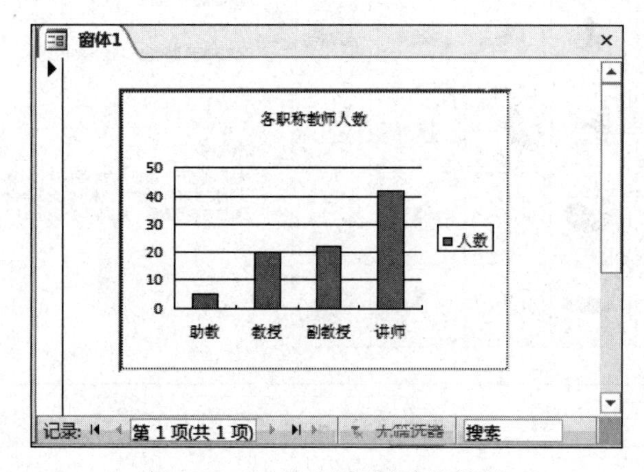

图 4.53 运行后的图表窗体效果

2. 创建导航窗体

导航窗体相当于一个装载各种窗体对象的容器,它将不同的窗体对象整合在一个窗体中,通过标签来实现它们之间的切换。Access 提供了各种不同的组合方式,如图 4.54 所示。

实例 4.11 在"学生信息管理"数据库中为已创建的窗体对象创建一个导航窗体。

操作步骤如下。

(1) 选择导航窗体样式:单击"创建"选项卡"窗体"组中的"导航"按钮,在下拉菜单中选择"水平标签"选项,打开导航窗体的布局视图。

(2) 添加窗体:将 Access 导航窗格中的窗体对象拖动到导航窗体的"新增"标签处,

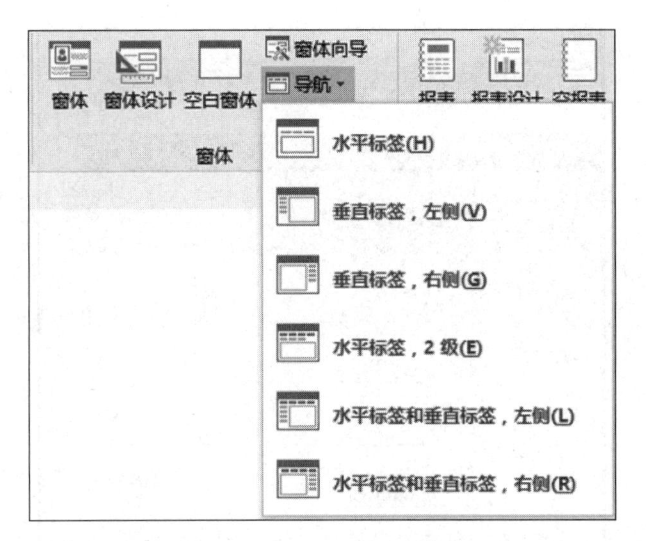

图 4.54 导航窗体可选样式

如图 4.55 所示。这里依次添加“学生成绩查询窗口”“各职称教师人数”和“课程名称-成绩主子窗体”对象到导航窗体中。

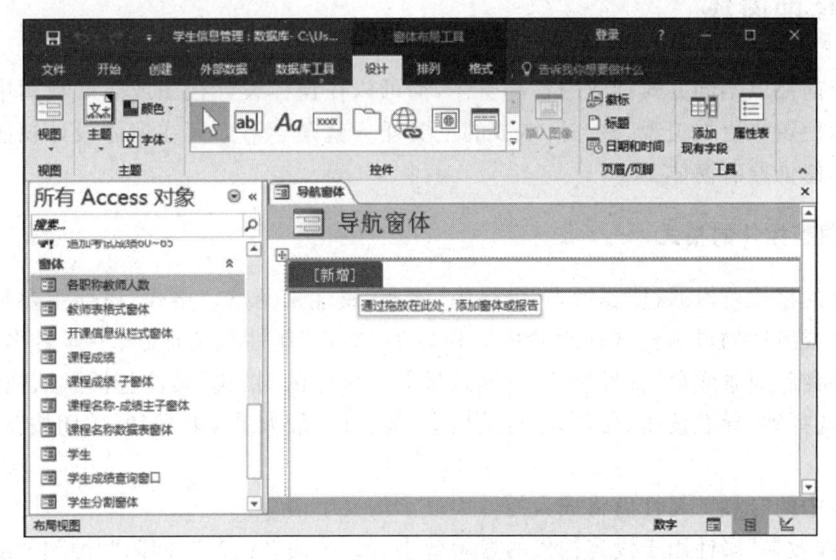

图 4.55 添加窗体到导航窗体中

(3) 修改导航标签：默认情况下，导航标签采用窗体的名称，可以双击该标签修改标签内容。同样的方法也可以修改窗体的顶部标签，将其更改为与窗体内容相符的叙述。

(4) 切换到导航窗体的窗体视图下，可以查看到如图 4.56 所示的设计效果，通过单击导航标签可以在各窗体面板间进行切换。如不满意还可返回到布局视图中进行修改。

(5) 单击快速访问工具栏上的“保存”按钮，保存窗体，窗体名称为“导航窗体”。

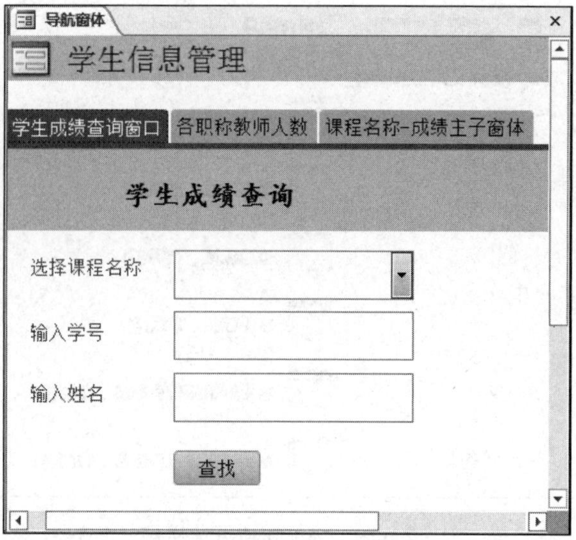

图 4.56　导航窗体效果图

4.5　修饰窗体

对于前面以不同方式创建的各种窗体，都可以在窗体设计视图或布局视图中进行美化、修改，使窗体更加美观、整齐。本节的主要任务就是学习如何在窗体设计视图中通过各种操作修饰原有窗体。

1. 调整控件的格式

控件的格式可以通过“属性表”窗格中“格式”属性来调整，“格式”属性主要是针对控件的外观或窗体的显示格式而设置的。控件的“格式”属性包括标题、字体名称、字体大小、字体粗细、前景颜色、背景颜色、特殊效果等。窗体的“格式”属性包括默认视图、滚动条、记录选择器、导航按钮、分隔线、自动居中、控件框、最大最小化按钮、关闭按钮、边框样式等。

控件中的“标题”属性值将成为控件中显示的文字信息。

“特殊效果”属性用于设定控件的显示效果，如“平面”“凸起”“凹陷”“蚀刻”“阴影”“凿痕”等，用户可以从 Access 提供的这些特殊效果值中选取满意的一种。

“字体名称”“字体大小”“字体粗细”“倾斜字体”等属性，可以根据需要进行设置。

2. 调整控件的位置

创建控件时，常用拖放的方式进行单个控件位置的调整，因此控件所处的位置很容易与其他控件的位置不协调，为了窗体中的控件更加整齐、美观，应当将控件的位置对齐。操作步骤如下。

(1) 在设计视图中打开需要对齐控件的窗体。

(2) 选择要调整的所有控件。

(3) 单击“窗体设计工具|排列”选项卡“调整大小和排序”组的“对齐”命令，在下拉列表中选择“靠左”“靠右”“靠上”“靠下”或“对齐网格”中的一种方式即可。

如果对齐操作使所选的控件发生重叠，则 Access 不会使它们重叠，而是使它们的边框相邻排列，此时可以调整框架的大小，重新使它们对齐。

同样的方法还可以进行控件大小、水平间距、垂直间距的调整。

当窗体中的控件较多时，使用控件对齐工具排列控件十分烦琐，这时候可以使用 Access 提供的堆积和表格两种不同的布局方式来排列控件。其中，堆积布局中控件附带的标签位于控件的左侧，所有控件从上到下堆积排列。而在表格布局中控件附带的标签位于控件的顶端，所有控件从左到右依次排列，类似数据表的形式。

3. 调整控件的 Tab 键次序

在操作窗体时，特别是录入数据到窗体中，需要窗体中的控件按一定的次序响应键盘，便于用户操作，在设计视图中，默认的 Tab 键次序是控件的创建次序。可以使用“窗体设计工具|设计”选项卡“工具”组中的“Tab 键次序”按钮重新设置窗体控件 Tab 键次序。具体操作步骤如下。

(1) 打开要操作的窗体的设计视图。

(2) 单击“窗体设计工具|设计”选项卡“工具”组中的“Tab 键次序”按钮，显示“Tab 键次序”对话框，如图 4.57 所示，在对话框左下角附有操作提示信息。也可以直接在窗体的设计视图中右击，选择“Tab 键次序”命令，弹出该对话框。

图 4.57 “Tab 键次序”对话框

(3) 在“Tab 键次序”对话框的“节”列表框中单击要更改的节,按操作提示手动对该节中的控件的 Tab 键次序进行调整。如果希望 Access 按照窗体中对象的位置创建从左到右,从上到下的 Tab 键次序,只需单击“自动排序”按钮即可。

(4) 单击“确定”按钮,切换到窗体视图以测试所设置的 Tab 键次序。

4. 为窗体添加日期和时间

在窗体中添加系统日期和时间的操作步骤如下。

(1) 打开要操作的窗体的设计视图。

(2) 单击“窗体设计工具|设计”选项卡“页眉/页脚”组中的“日期和时间”按钮,弹出“日期和时间”对话框,如图 4.58 所示。若插入日期和时间,则在对话框中选择“包含日期”和“包含时间”复选框,并选择显示格式。

如果当前窗体中含有页眉,则将当前日期和时间插入到窗体页眉中,否则插入到主体节中。如果要删除日期和时间,可以在窗体设计视图中先选中它们,然后再按 Delete 键。同样的方法还可以在窗体中插入“徽标”和“标题”等内容。

【说明】 窗体上显示的日期/时间实质上是一个计算型的文本框控件,可以通过其“属性表”窗格查看“控件来源”属性中表达式的书写。

5. 设置窗体背景图案

如果希望将一幅图片作为整个窗体的背景来美化窗体,可以在“窗体设计工具|格式”选项卡“背景”组的“背景图像”按钮来加载图片。另外,还可以通过设置“窗体”控件的“属性表”窗格“格式”选项卡中的“图片”属性,单击“浏览”按钮…输入图片来源,如图 4.59 所示,在“属性表”窗格中可以设置背景图片来源和图片的其他属性,使加载的图片的显示效果更加符合用户的设计要求。

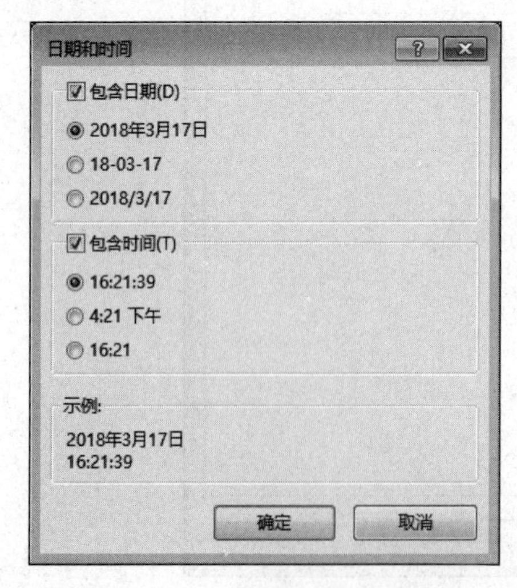

图 4.58 “日期和时间”对话框

图 4.59 窗体背景图片的相关属性

本章小结

窗体作为数据库中的一个重要对象，主要用于向用户提供一个直观、方便的操作数据库的界面，起到美化数据显示的作用。窗体最多可以包含窗体页眉、页面页眉、主体、页面页脚和窗体页脚5部分，每一部分称为一个节。

窗体根据显示数据的方式不同，可以分为纵栏式窗体、表格式窗体、数据表窗体、图表窗体和主/子窗体等类型。

窗体的视图是窗体的外观表现形式，在Access 2016中，窗体有设计视图、窗体视图和布局视图。

Access 2016中有多种创建窗体的方式，如用窗体向导创建窗体、在设计视图中创建窗体、在布局视图中创建窗体、使用"自动创建"功能创建窗体等。

窗体可以看作是一个可以容纳其他对象的容器，窗体中包含的对象也称为控件，常用的控件类型有标签、文本框、选项组、切换按钮、选项按钮、组合框、列表框、命令按钮、图像、分页符、选项卡、主/子窗体、直线、矩形等。

如果一个窗体中还容纳有其他的窗体，则该窗体称为主窗体，其他窗体称为子窗体。创建带有子窗体的窗体有两种方法：一是用向导同时创建带有子窗体的窗体；二是利用控件将已有的窗体添加到另一个窗体中。

思考题

1. 窗体的作用是什么？
2. 窗体结构包括哪几部分？
3. 如何在窗体上创建和使用控件？
4. 举例说明标签、文本框和组合框三者的异同之处。
5. 如何正确创建带子窗体的窗体？主窗体和子窗体的数据来源有何关系？

第5章 报　　表

本章导读

数据库中的表、查询和窗体都可用于打印,通过它们可以打印比较简单的信息。但是,要打印大量的数据或者对打印的格式要求比较高,则必须使用报表。报表不仅可以执行简单的数据浏览和打印功能,还可以对大量原始数据进行比较、汇总和小计。同时,报表可生成清单、订单、标签、名片和其他所需的输出内容。通过报表既可以将数据输出到屏幕上,也可以传送到打印设备。

本章主要介绍报表的一些基本应用操作,如报表的创建、报表数据的计算及报表的打印等内容。

5.1 报表概述

5.1.1 报表的功能

报表是查阅和打印数据的方法,与其他的打印数据方法相比,具有以下两个优点。

(1) 报表不仅可以执行简单的数据浏览和打印功能,而且可以对大量原始数据进行计数、求平均、求和等统计计算。

(2) 报表可生成清单、订单及其他所需的输出内容,从而可以方便、有效地处理商务。

报表作为 Access 2016 数据库的一个重要组成部分,不仅可用于数据分组,单独提供各项数据和执行计算,还提供了以下功能。

(1) 可以制成各种丰富的格式,从而使用户的报表更易于阅读和理解。

(2) 可以使用剪贴画、图片或者扫描图像来美化报表的外观。

(3) 通过页眉和页脚,可以在每页的顶部和底部打印标识信息。

(4) 可以利用图表和图形来帮助说明数据的含义。

5.1.2 报表的类型

Access 2016 系统按照报表的结构,提供了表格式、图表和标签 3 种报表类型。

(1) 表格式报表:表格式报表以整齐的行和列的形式显示记录数据,通常一行显示一条记录,一页显示多行记录。在报表中可以将数据分组进行统计和计算。

(2) 图表报表:是指在报表中使用图表,这种方式可以更直观地表示数据之间的关系,不仅美化了图表,而且可以使结果一目了然。

(3) 标签报表:标签是一种特殊类型的报表,每页上以两列或多列的形式显示记录。

在实际应用中,经常会用到标签,如邮寄学生的录取通知书、物品标签等。

5.1.3 报表的视图方式

打开任意报表,在"开始"选项卡的"视图"组中单击"视图"向下箭头按钮,从弹出的视图中选择视图方式,报表提供了4种视图查看方式。

(1) 设计视图:用于创建和编辑报表的结构。

(2) 布局视图:用于查看及调整报表的版面设置。

(3) 报表视图:用来浏览创建完成的报表。

(4) 打印预览:用于查看报表的页面数据输出形态。

5.2 创建简单报表

5.2.1 使用报表工具创建报表

如果对格式要求不高,只需要看到报表中的数据,则可以快速创建一个简单的报表。在使用报表工具自动创建的报表中会显示表或查询数据源的所有字段。

实例5.1 以"课程名称"作为数据源,使用"报表工具"自动创建报表。

操作步骤如下。

(1) 打开"学生信息管理"数据库,从"所有Access对象"导航窗格中选择"课程名称"表。

(2) 切换到"创建"选项卡,单击"报表"组中的"报表"按钮,这时Access 2016会自动生成报表,如图5.1所示。

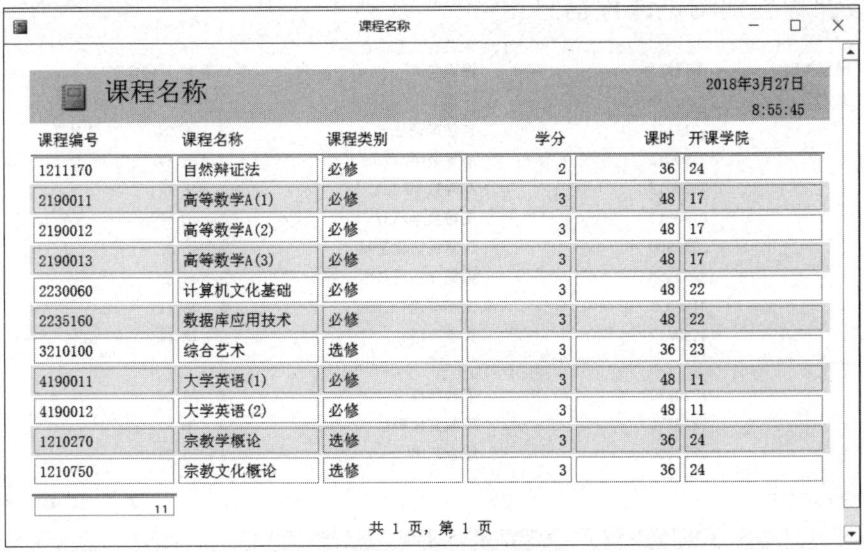

课程名称

课程名称 2018年3月27日 8:55:45

课程编号	课程名称	课程类别	学分	课时	开课学院
1211170	自然辩证法	必修	2	36	24
2190011	高等数学A(1)	必修	3	48	17
2190012	高等数学A(2)	必修	3	48	17
2190013	高等数学A(3)	必修	3	48	17
2230060	计算机文化基础	必修	3	48	22
2235160	数据库应用技术	必修	3	48	22
3210100	综合艺术	选修	3	36	23
4190011	大学英语(1)	必修	3	48	11
4190012	大学英语(2)	必修	3	48	11
1210270	宗教学概论	选修	3	36	24
1210750	宗教文化概论	选修	3	36	24

11

共 1 页, 第 1 页

图5.1 "课程名称"报表

(3) 单击快速访问工具栏的“保存”按钮，在弹出的“另存为”对话框中输入报表的名称“课程名称”，如图 5.2 所示，单击“确定”按钮，完成报表的创建。

图 5.2 “另存为”对话框

【归纳】

(1) 除了上述的创建方式之外，还可以先打开要创建报表的数据源，然后切换到“创建”选项卡，单击“报表”组中的“报表”按钮，快速创建报表。

(2) 使用报表工具创建报表的数据源可以是数据库中的表或查询，但一般都是基于单个数据源，如果要创建基于多个表或查询的数据，那么需要首先创建一个查询，再根据查询来创建报表。

(3) 使用报表工具创建报表的方式简单、快捷，但创建的是一种标准化的报表样式，既不能选择报表的样式，也不能选择出现在报表中的字段，需要使用报表设计视图进一步修改与美化。

5.2.2 使用报表向导创建报表

使用报表向导创建报表不仅可以选择在报表上显示哪些字段，还可以指定数据的分组和排序方式。并且，如果事先创建了数据源之间的关系，还可以使用来自多个表或查询的字段进行创建。

实例 5.2 以“课程名称”数据表作为数据源，使用“报表向导”创建如图 5.3 所示的报表。

按课程类别浏览课程信息

课程类别	课程编号	课程名称	学分	课时	开课学院
必修					
	1211170	自然辩证法	2	36	24
	2190011	高等数学A(1)	3	48	17
	2190012	高等数学A(2)	3	48	17
	2190013	高等数学A(3)	3	48	17
	2230060	计算机文化基础	3	48	22
	2235160	数据库应用技术	3	48	22
	4190011	大学英语(1)	3	48	11
	4190012	大学英语(2)	3	48	11
选修					
	1210270	宗教学概论	3	36	24
	1210750	宗教文化概论	3	36	24
	3210100	综合艺术	3	36	23

2018年3月27日　　共 1 页，第 1 页

图 5.3 按“课程类别”分组“课程名称”报表

操作步骤如下。

(1) 打开"学生信息管理"数据库,切换到"创建"选项卡,单击"报表"组中的"报表向导"按钮,弹出"报表向导"对话框。

(2) 设置报表字段的来源。在"表/查询"下拉列表中选择"表: 课程名称",在"可用字段"列表框中选择合适的字段,单击"下一步"按钮,如图 5.4 所示。

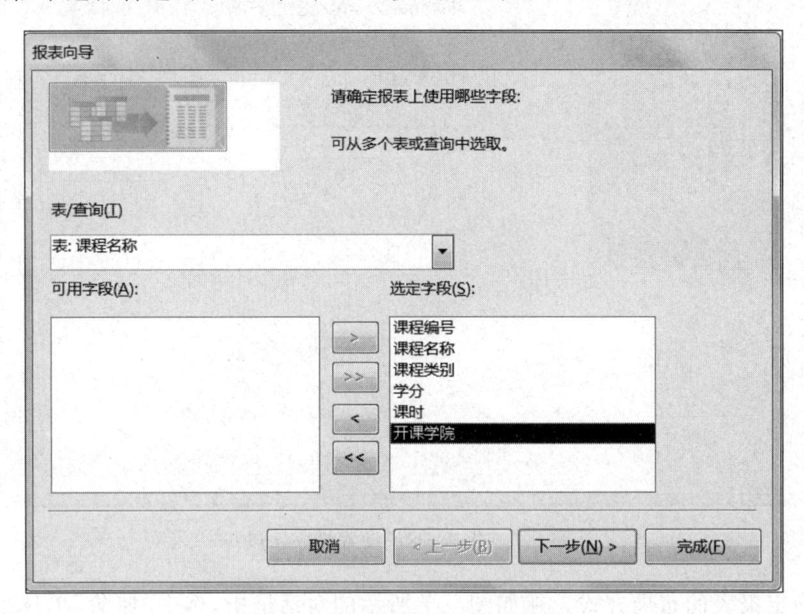

图 5.4　报表向导-选取报表字段

(3) 确定数据的查看方式。在"是否添加分组级别"列表中选择"课程类别",如图 5.5 所示,然后单击"下一步"按钮。

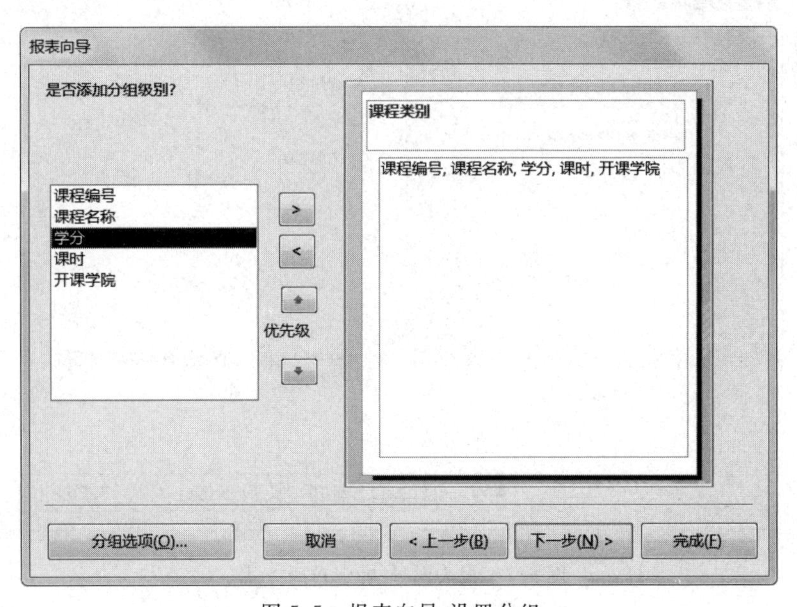

图 5.5　报表向导-设置分组

(4) 确定信息的排序次序,如图 5.6 所示,选择"课程编号"字段,按"升序"排序,然后单击"下一步"按钮。

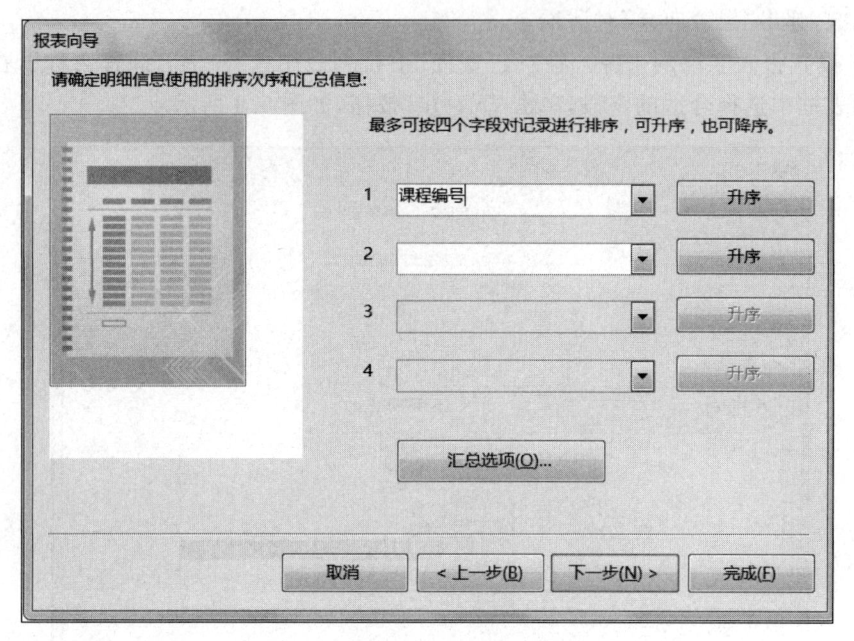

图 5.6　报表向导-设置排序字段

(5) 确定报表的布局方式。在如图 5.7 所示的对话框中,选中"递阶"单选按钮,方向为"纵向",然后单击"下一步"按钮。

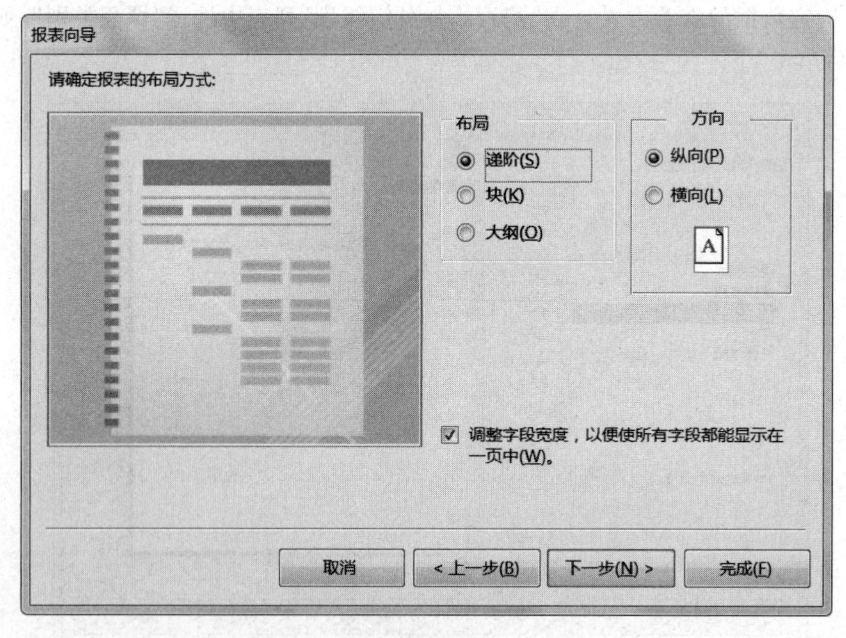

图 5.7　报表向导-确定布局方式

(6) 确定报表的标题。在如图 5.8 所示的对话框中,输入“按课程类别浏览课程信息”作为报表的标题,选中“预览报表”单选按钮,然后单击“完成”按钮,效果如图 5.8 所示。

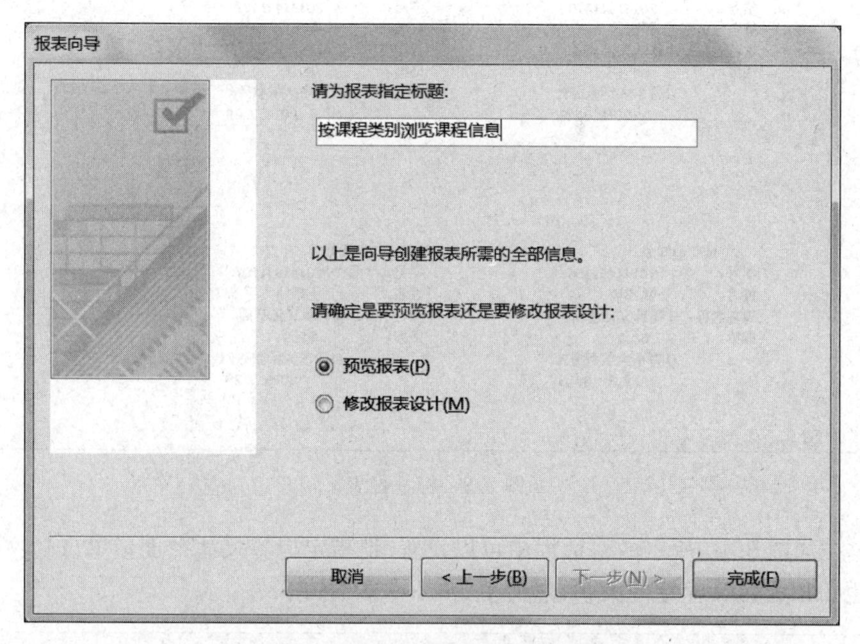

图 5.8 报表向导-确定报表的标题

【归纳】

(1) 使用向导创建报表的方式直观、易操作,适合初学者。

(2) 使用向导创建报表的方式数据源可以是一个或多个表或查询。若数据源是多个表或查询,首先在图 5.4 中“表/查询”列表中选择不同的、相互之间有关系的数据源;然后在“可用字段”列表中选择要用到的字段。

(3) 若对向导创建的报表不满意,可以使用报表设计视图进行修改。

5.2.3 使用标签向导创建报表

标签与报表功能类似,都可以方便地显示或打印、总结数据。标签可以看作是一种特殊的报表,主要用于创建邮件标签、物品标签等。在 Access 2016 中,用户可以使用“标签向导”快速地制作标签报表。

实例 5.3 以查询“计算机文化基础课程成绩单”作为数据源,使用“标签向导”创建如图 5.9 所示的标签报表。

操作步骤如下。

(1) 打开“学生信息管理”数据库,在导航窗格“查询”组中,单击“计算机文化基础课程成绩”选中该查询。切换到“创建”选项卡,单击“报表”组中的“标签”按钮,打开“标签向导”对话框。

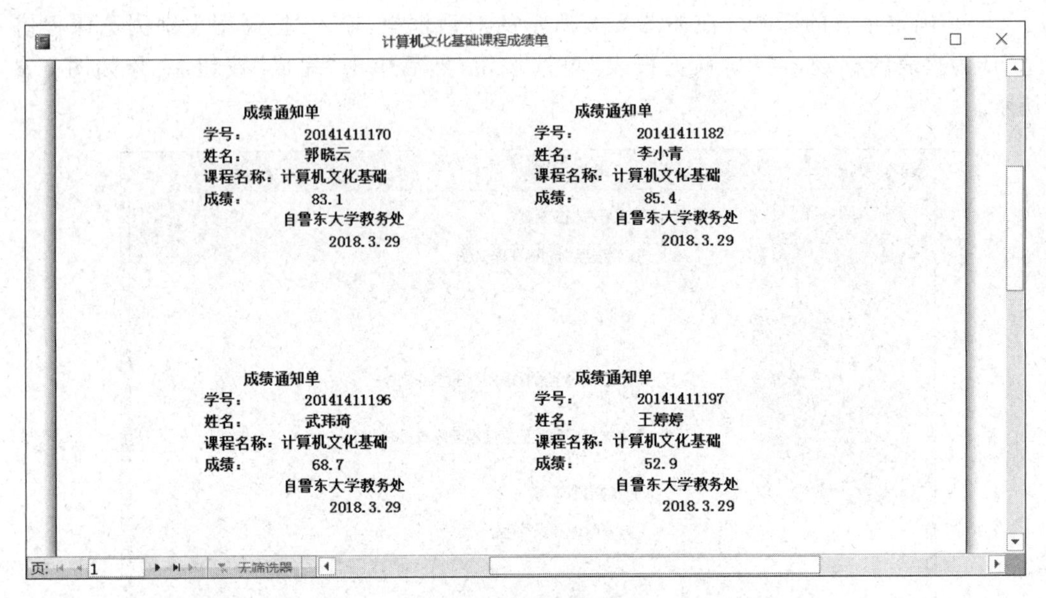

图 5.9　标签报表

(2) 在如图 5.10 所示的对话框中可以设置"请指定标签尺寸""度量单位"及"按厂商筛选",也可以自定义标签的大小,然后单击"下一步"按钮。

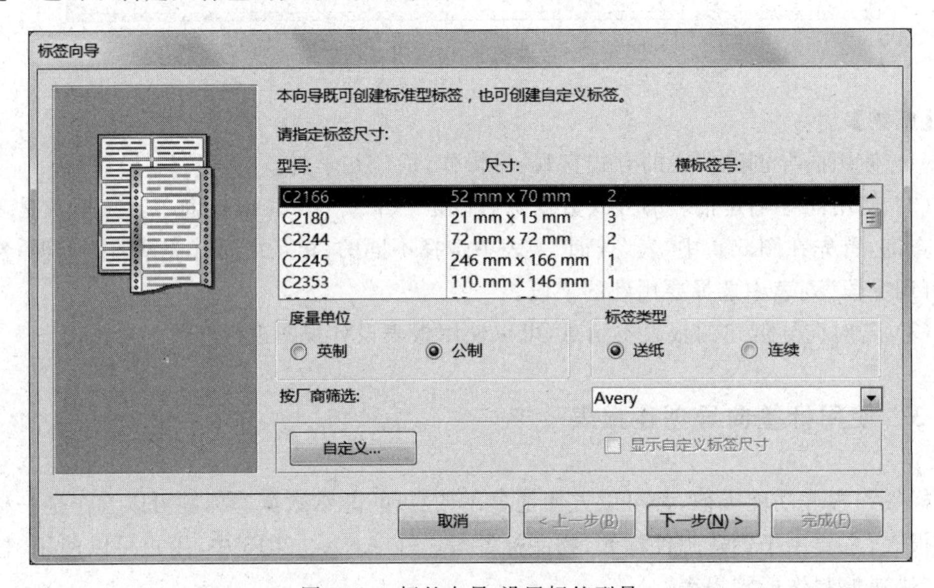

图 5.10　标签向导-设置标签型号

(3) 在图 5.11 所示的对话框中设置文本的字体和颜色。选择"字体"为"宋体","字号"为"10","字体粗细"为"半粗",然后单击"下一步"按钮。

(4) 在图 5.12 所示的对话框中设置标签显示的内容。可以从左侧的"可用字段"中选择用到的字段,如:"学号""姓名"等字段。

(5) 在如图 5.13 所示的对话框中设置标签的排序字段。从"可用字段"中双击"学

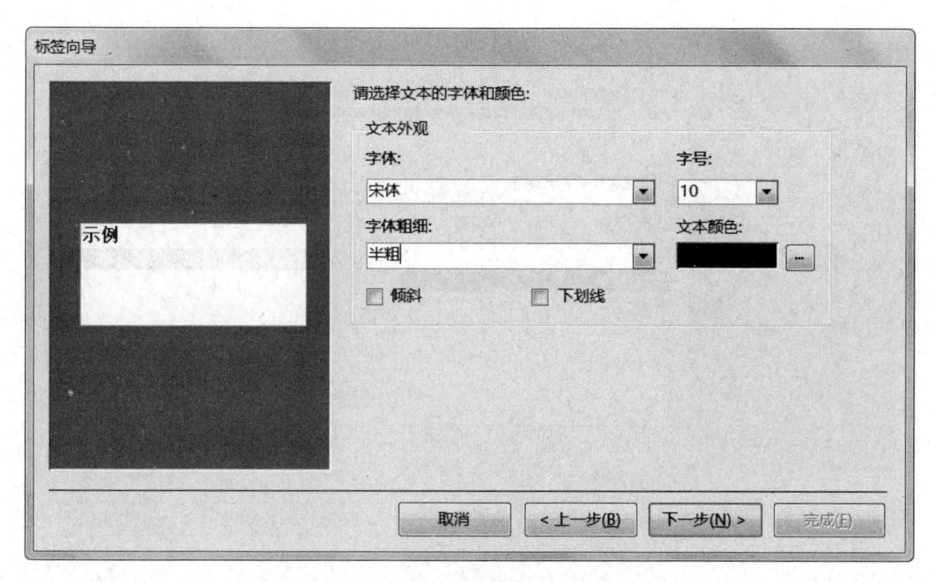

图 5.11　标签向导-设置标签文本的样式

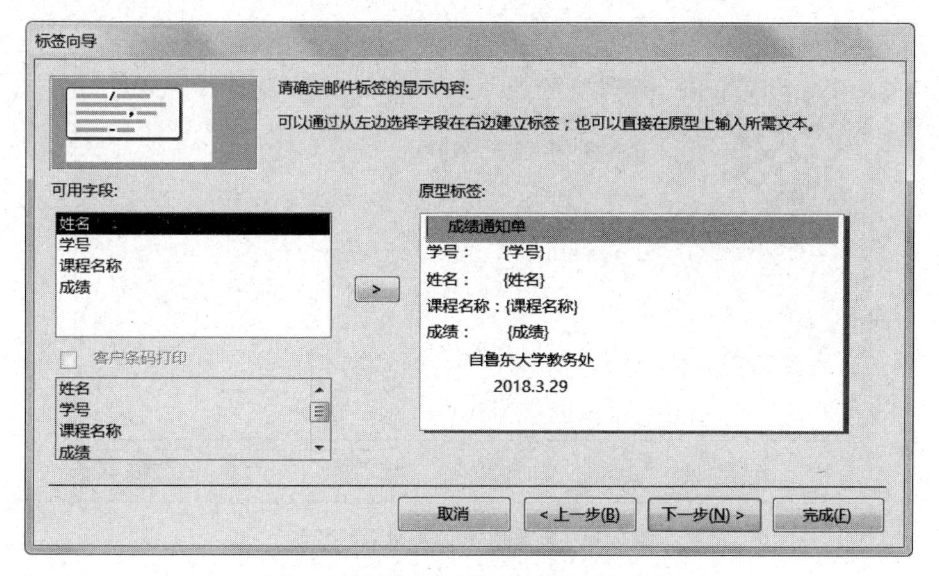

图 5.12　标签向导-设置标签显示的内容

号"作为排序字段,然后单击"下一步"按钮。

(6) 在如图 5.14 所示的对话框中指定"计算机文化基础课程成绩单"作为报表的名称,然后单击"完成"按钮,效果如图 5.9 所示。

【归纳】

(1) 标签显示的内容有两种来源,一是来自表或查询中的字段,可以直接从"可用字段"中通过双击添加;二是"固定的内容",可以直接输入。

(2) 使用标签向导所创建的报表数据源只能是一个表或查询。

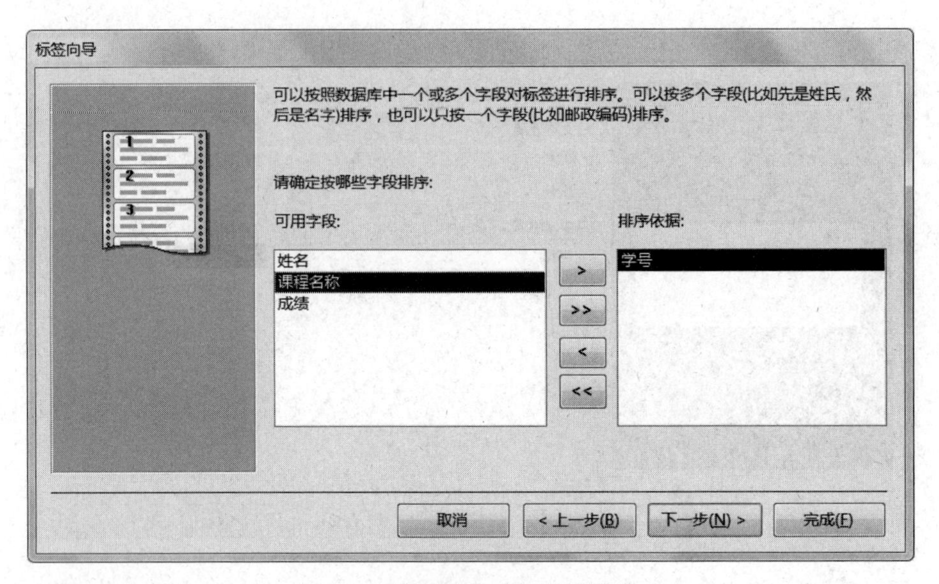

图 5.13　标签向导-设置排序字段

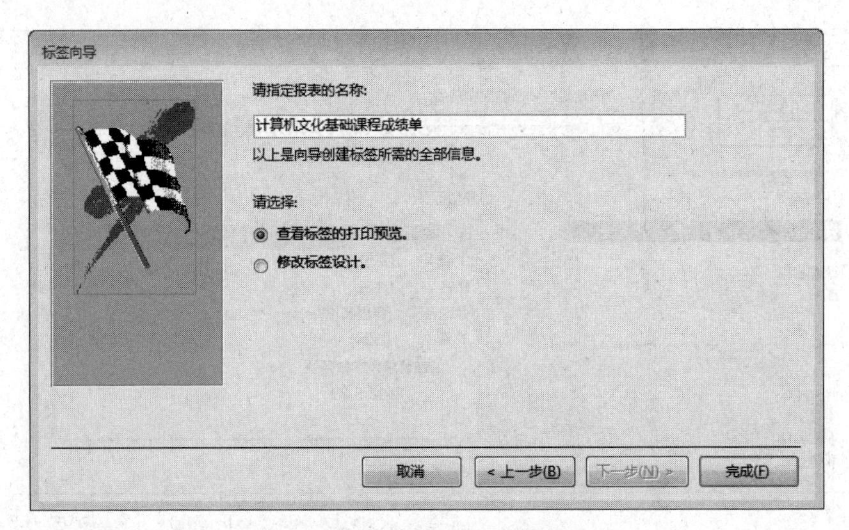

图 5.14　标签向导-指定报表的名称

5.2.4　使用空白报表工具创建报表

如果使用报表工具或报表向导不能满足报表的设计要求，那么可以使用空白报表工具从头生成报表。

实例 5.4　以"教师"表作为数据源，使用空白报表工具创建报表。

操作步骤如下。

(1) 打开"学生信息管理"数据库，切换到"创建"选项卡，单击"报表"组中的"空报表"按钮，打开如图 5.15 所示的空报表及字段列表。

图 5.15　空白报表

(2) 单击“字段列表”中的“显示所有表”链接，此时在“字段列表”中显示当前数据库中的所有数据表，如图 5.16 所示，单击“教师”表左侧的＋号，展开该数据表的所有字段。

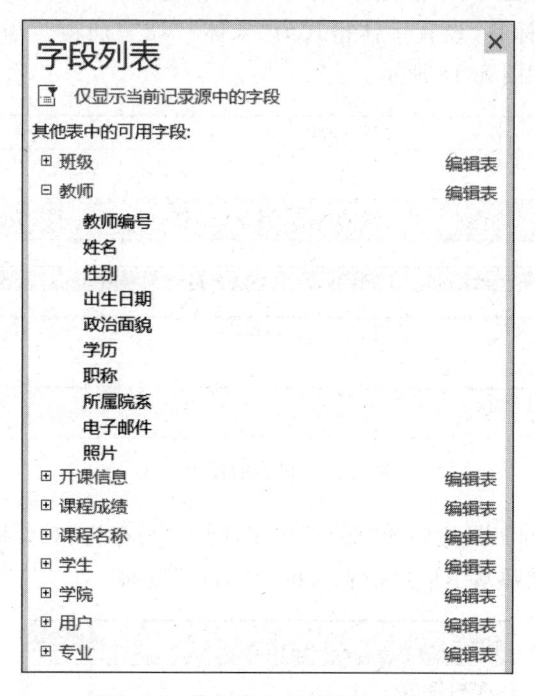

图 5.16　数据库中的所有字段列表

(3) 拖动“教师”表中的“教师编号”“姓名”“性别”“出生日期”“职称”字段到空报表中，在“相关表中的可用字段”列表中，拖动“学院”表的“学院名称”字段到空报表中，如图 5.17 所示。

报表1

教师编号	姓名	性别	出生日期	职称	学院名称
110003	郭建政	男	1957/6/20	副教授	外国语学院
110035	酉志梅	女	1961/8/18	讲师	政治与行政学院
120008	王守海	男	1962/11/27	教授	信息科学与工程学院
120018	李浩	女	1971/1/9	副教授	政治与行政学院
120019	陈海涛	男	1967/5/15	讲师	大学外语教学部
120022	史玉晓	男	1970/1/26	讲师	艺术学院
120026	孙开晖	女	1965/7/28	助教	土木工程学院
130004	李菲菲	女	1974/7/12	讲师	信息科学与工程学院
130005	刘建成	男	1966/8/7	讲师	食品工程学院
140048	刁秀库	男	1977/8/8	教授	政治与行政学院
140062	赵立栋	男	1956/12/19	讲师	食品工程学院
140086	程洁	女	1978/12/2	讲师	历史文化学院

图 5.17 添加字段后的报表

(4) 在“开始”选项卡的“视图”组中单击“视图”向下箭头按钮,从弹出的视图中选择“布局视图”。切换到“报表布局工具|设计”选项卡,单击“页眉页脚”组中的“标题”按钮,此时在最上方添加“标题”文本框,输入“教师基本信息报表”;切换到“格式”选项卡,选中“教师编号”“姓名”等标签,设置字体格式为“宋体”“12”“加粗”“居中”“深蓝,文字 2,淡色,60%”填充,效果如图 5.18 所示。

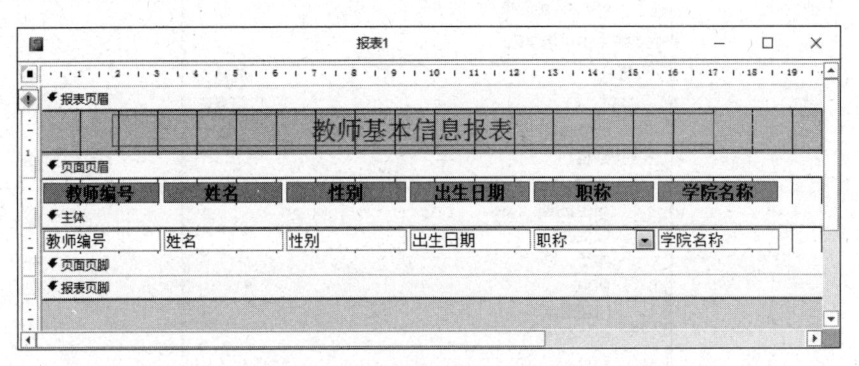

图 5.18 报表的设置效果

(5) 单击快速访问工具栏中的“保存”按钮,弹出“另存为”对话框,如图 5.19 所示,在“报表名称”中输入“教师基本信息报表”,单击“确定”按钮。

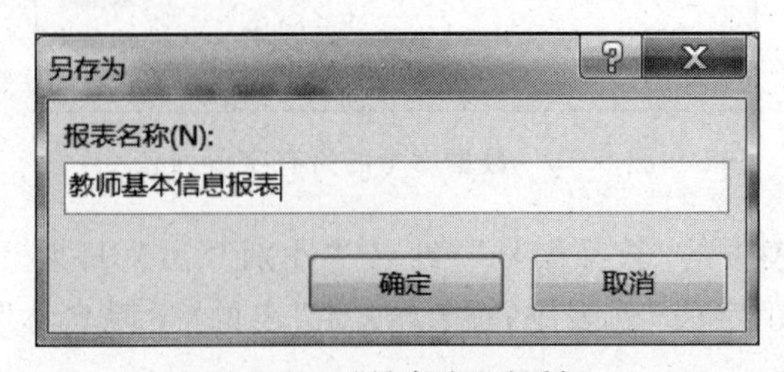

图 5.19 “另存为”对话框

(6) 生成的报表如图 5.20 所示。

教师基本信息报表

教师编号	姓名	性别	出生日期	职称	学院名称
110003	郭建政	男	1957/6/20	副教授	外国语学院
110035	西志梅	女	1961/8/18	讲师	政治与行政学院
120008	王守海	男	1962/11/27	教授	信息科学与工程学院
120018	李浩	女	1971/1/9	副教授	政治与行政学院
120019	陈海涛	男	1967/5/15	讲师	大学外语教学部
120022	史玉晓	男	1970/1/26	讲师	艺术学院
120026	孙开晖	女	1965/7/28	助教	土木工程学院
130004	李菲菲	女	1974/7/12	讲师	信息科学与工程学院
130005	刘建成	男	1966/8/7	讲师	食品工程学院
140048	刁秀库	男	1977/8/8	教授	政治与行政学院
140062	赵立栋	男	1956/12/19	讲师	食品工程学院
140086	程洁	女	1978/12/2	讲师	历史文化学院

图 5.20 教师基本信息报表

【归纳】

(1) 使用空白报表工具创建报表时,只需要拖动字段到空白表中即可添加报表的数据来源。其字段可以是表中的部分字段或相关表中的字段。

(2) 用户可以根据需要自定义报表的格式,操作简单。

5.3 在报表设计视图中创建报表

使用报表工具和向导可以方便地创建报表,但创建的报表布局简单,可以通过设计视图对报表进行修改。

5.3.1 报表的组成

报表和窗体的结构类似,也是由多个节构成。它包括报表页眉、报表页脚、页面页眉、页面页脚、组页眉、组页脚及主体,如图 5.21 所示。

(1) 报表页眉:整个报表的页眉,常用来放置有关整个报表的信息,如公司名称、标识图案,以及制表日期、制表单位等内容,每份报表只有一个报表页眉,在报表的首页头部打印输出。

(2) 页面页眉:页面页眉用来显示报表中的字段名称或对记录的分组名称,报表的每一页有一个页面页眉,报表第一页的页面页眉显示在报表页眉的下方。

(3) 主体:主体是报表打印数据的主体部分。可以将数据源中的字段直接拖到“主体”节中,或者将报表控件放到“主体”节中用来显示数据内容。“主体”节是报表中的关键

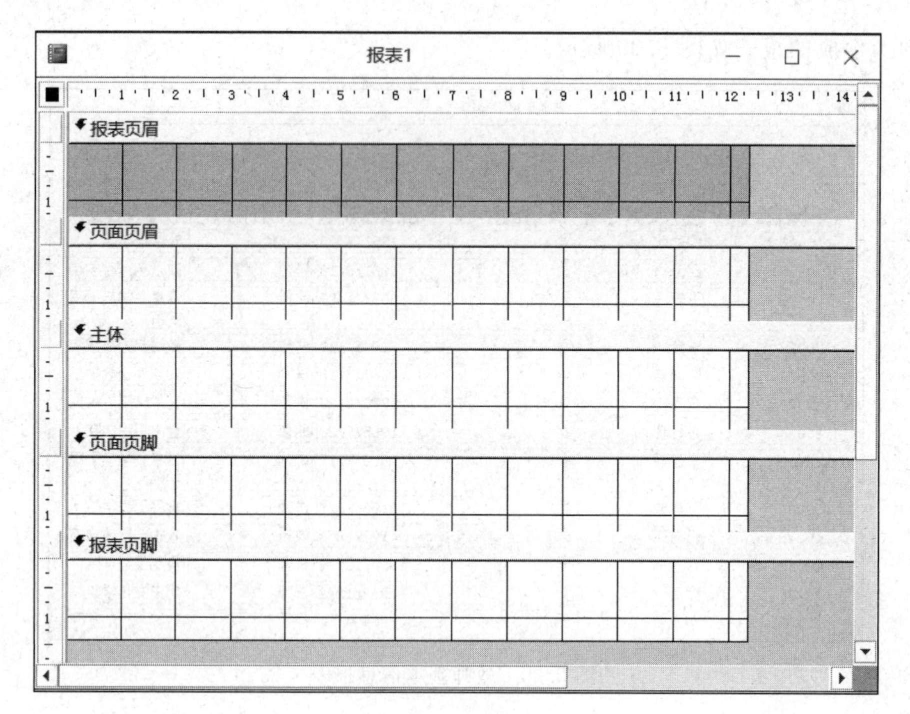

图 5.21　报表的节

部分，因此不能删除。

(4) 页面页脚：打印在每页的底部，主要用来显示页号、制表人员、审核人员等说明信息，报表的每一页有一个页面页脚。

(5) 报表页脚：报表页脚是整个报表的页脚，内容只在报表的最后一页底部打印输出。主要制作报表标题、制作时间、制作单位等，及数据的统计结果信息。报表最后一页中，先在主体数据结束处显示报表页脚，然后在页面最底端显示页面页脚。

(6) 组页眉：在分组报表每一组开始的位置，主要显示报表的分组信息。根据需要，可以使用"排序与分组"属性来设置"组页眉/组页脚"区域，以实现报表的分组输出和分组统计。在实际应用中可以建立多层次的组页眉及组页脚，但不可分出太多的层(一般不超过 6 层)。

(7) 组页脚：组页脚主要使用文本框或其他类型控件显示分组统计数据，显示在每组结束的位置。

【说明】 可以通过拖动各节的下边界来调整节的大小。

5.3.2 使用报表设计视图创建报表

通过报表设计视图不仅可以对报表工具和报表向导等其他方式创建的报表进行修改，还可以根据需要灵活地创建自定义报表。本节主要介绍如何创建自定义报表。

实例 5.5 以"学生成绩查询"作为数据源，利用设计视图创建自定义报表"学生成绩报告"。

操作步骤如下。

(1) 打开"学生信息管理"数据库窗口,切换到"创建"选项卡,单击"报表"组中的"报表设计"按钮,打开如图 5.22 所示的空报表。

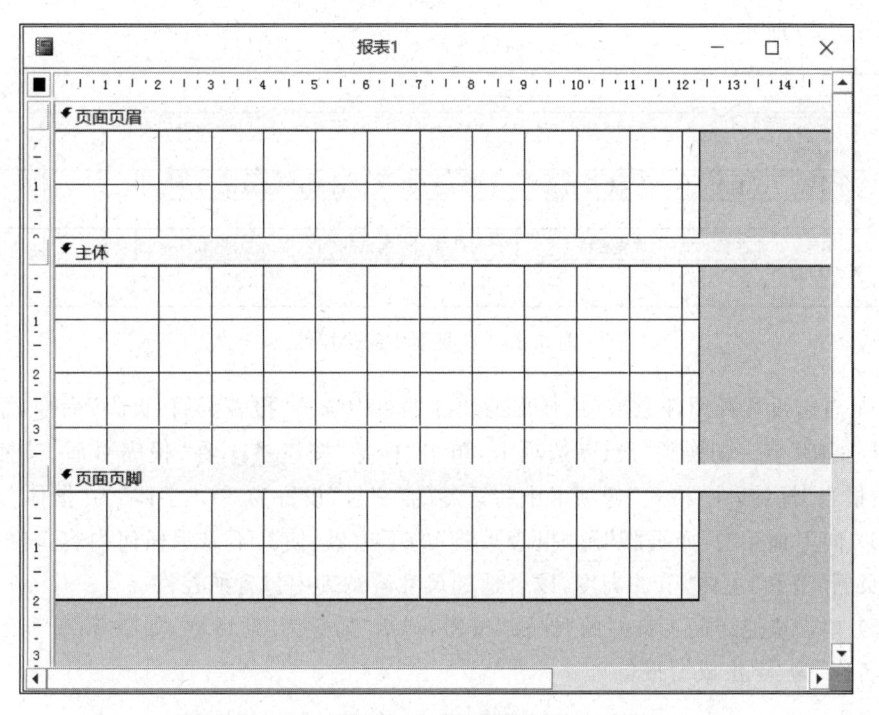

图 5.22 空报表

(2) 在报表设计视图中右击,从弹出的快捷菜单中选择"报表属性",或者单击"报表设计工具|设计"选项卡"工具"组中的"属性表"按钮,打开"属性表"窗格。从属性窗格上方的名称列表中选择"报表"对象,单击"数据"选项卡,在"记录源"下拉列表中选择"学生成绩查询",如图 5.23 所示。

(3) 单击"工具"组中的"添加现有字段"按钮,在"字段列表"窗格中显示"学生成绩查询"的所有字段,如图 5.24 所示。

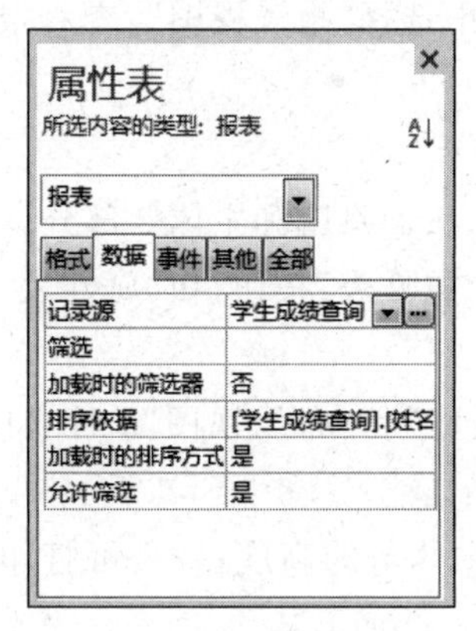

图 5.23 设置报表的数据源

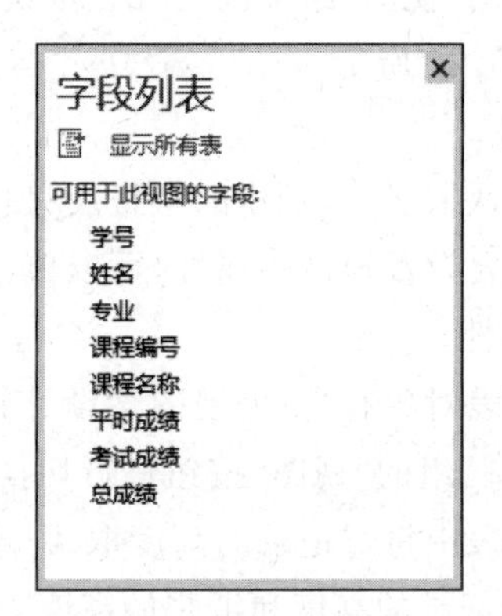

图 5.24 "学生成绩查询"字段列表

(4) 按住鼠标左键从字段列表中拖动“学号”字段到报表主体节中，此时自动出现附加的标签及绑定到数据源的文本框。选中“学号”标签将其剪切到页面页眉中，调整“学号”标签及文本框的位置。同样的方法将其他字段拖动到报表主体中，并设置好对应的标签，如图 5.25 所示。

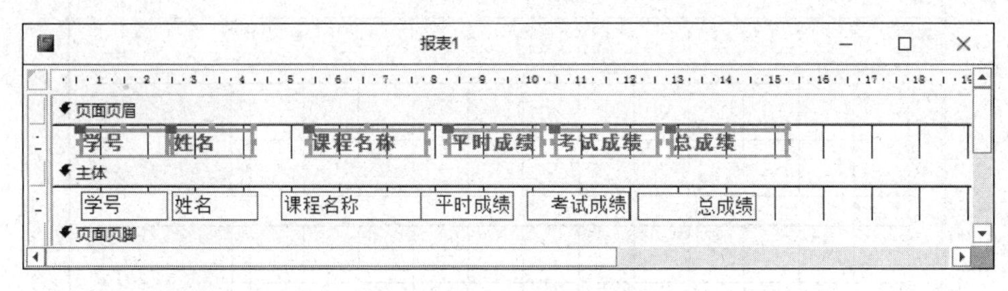

图 5.25　在报表中创建控件

(5) 右击设计视图任意节，从弹出的快捷菜单中选择“报表页眉/页脚”命令，添加“报表页眉/页脚”节。切换到“设计”选项卡，单击“标签”按钮 Aa，在“报表页眉”节插入“学生成绩报告”标签，在“格式”选项卡中将标签的“字号”设置为 20，“字体”为“楷体”。

(6) 向上拖动“页面页脚”及“报表页脚”的下边界，使其不显示任何内容。修正报表“页面页眉”节和“主体”节的高度，以合适的尺寸容纳其中包含的控件。

(7) 单击快速访问工具栏的“保存”按钮，弹出“另存为”对话框，如图 5.26 所示，输入“报表名称”为“学生成绩报告”。

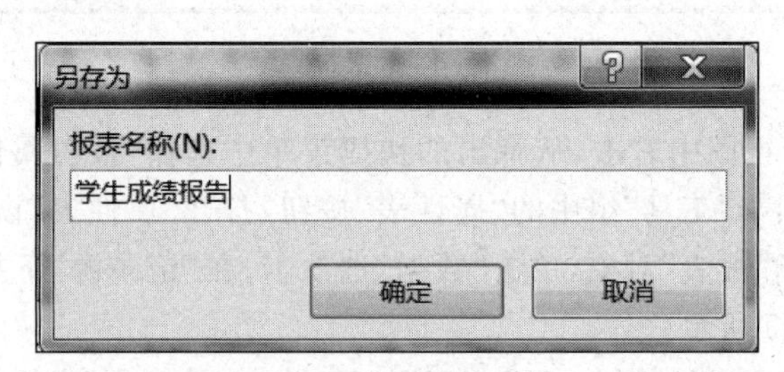

图 5.26　保存报表

(8) 单击“视图”组中的“视图”按钮，从下拉列表中选择“报表视图”，查看报表的设计效果，如图 5.27 所示。

【归纳】

(1) 默认情况下，新建的空报表只包含页面页眉、页面页脚和主体 3 部分。

(2) 若要设置控件的属性，可以单击“工具”组的“属性表”按钮，在“属性表”窗格中设置控件的属性。

(3) 报表对象有“报表视图”“设计视图”“打印预览”和“布局视图”4 种视图样式，可以通过“视图”组的“视图”按钮进行切换。

(4) 报表中每行记录的高度取决于设计视图中主体节的高度，一页可打印的记录数取决于每条记录的高度和纸张的高度。

学生成绩报告

学号	姓名	课程名称	平时成绩	考试成绩	总成绩
20152713	白英光	高等数学A(2)	62	93	84
20152713	白英光	高等数学A(1)	91	56	67
20152713	白英光	自然辩证法	72	55	60
20174215	鲍元丽	大学英语(1)	96	58	69
20174215	鲍元丽	自然辩证法	87	59	67
20152713	常莹莹	自然辩证法	67	66	66
20152713	常莹莹	大学英语(1)	73	86	82
20151613	陈丽虹	数据库应用技术	95	97	96
20151613	陈丽虹	综合艺术	96	78	83
20141311	陈元杰	数据库应用技术	55	69	65
20141311	陈元杰	综合艺术	90	90	90
20162814	丛娇	大学英语(1)	50	92	79
20162814	丛娇	自然辩证法	74	73	73

图 5.27　设计的报表效果

5.3.3　报表数据的排序与分组

数据表中记录的排列顺序是按照输入的先后排列的，即按照记录的物理顺序排列。如果报表的记录非常多且无序，那么查找数据就十分不方便。使用 Access 2016 提供的排序与分组功能，可以使报表中的记录按照一定规则进行显示，提高工作效率。

实例 5.6　对实例 5.5 生成的报表数据，按照"课程名称"分组，每组数据按照学号升序排序显示，并分别计算每组课程的平均成绩。

操作步骤如下。

(1) 以"设计视图"方式打开"学生成绩报告"报表，切换到"报表设计工具|设计"选项卡，单击"分组和汇总"组中的"分组和排序"按钮，此时会在报表设计视图下方出现"分组、排序和汇总"窗格，如图 5.28 所示。

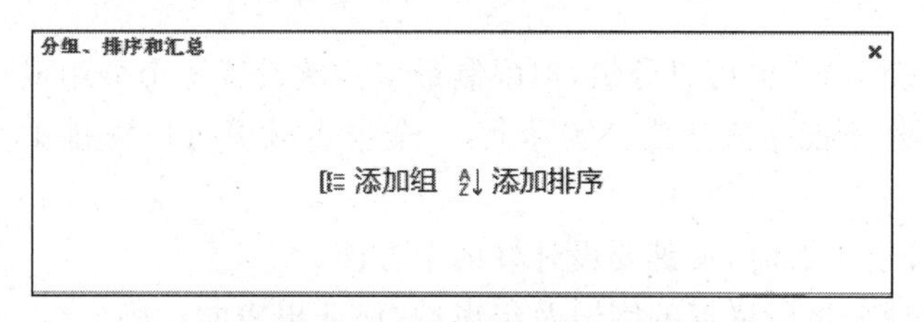

图 5.28　"分组、排序和汇总"窗格

(2) 单击"添加组"按钮，打开字段列表，选择"课程名称"选项；单击"添加排序"按钮，打开字段列表，选择"学号"选项；在排序列表中选择"升序"选项；单击"更多"按钮，选择

“有页脚节”选项；单击“汇总”按钮，从“汇总方式”列表中选择“总成绩”选项，从“类型”中选择“平均值”选项，选中“在组页脚中显示小计”复选框，如图 5.29 所示。Access 自动在组页脚中添加“=Avg([总成绩])”文本框，添加分组和排序后的报表设计视图如图 5.30 所示。

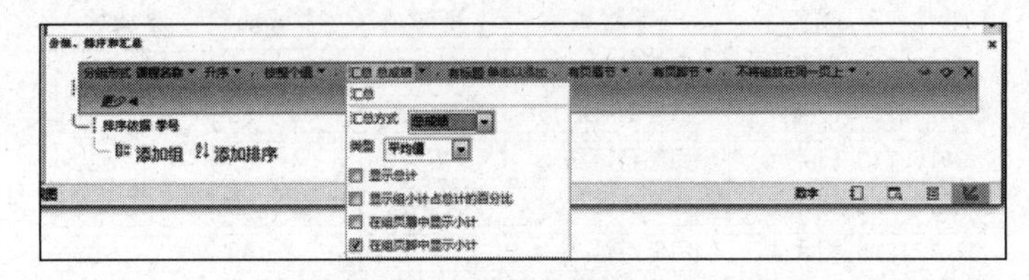

图 5.29　设置分组和排序

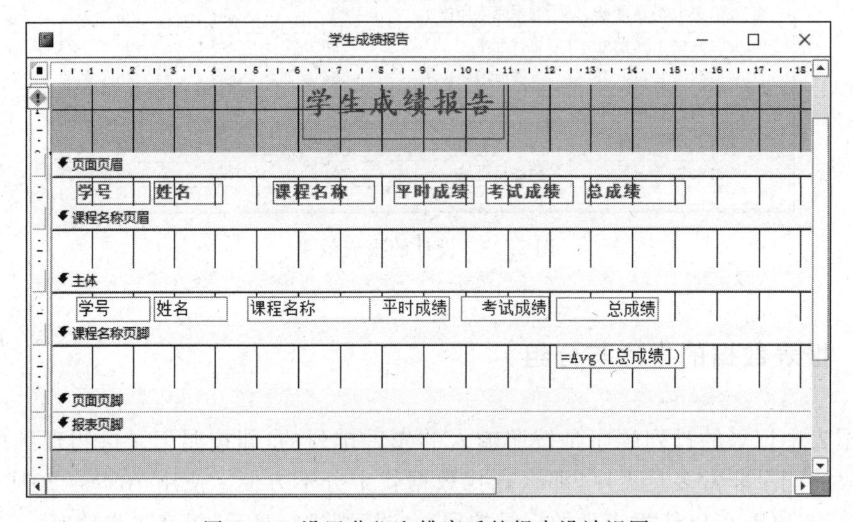

图 5.30　设置分组和排序后的报表设计视图

(3) 调整页面页眉节中“课程名称”标签的位置，将主体节中“课程名称”文本框剪切到课程名称页眉节，在课程名称页脚节中添加“标签”控件，并输入“平均成绩：”，如图 5.31 所示。

(4) 单击“视图”按钮，切换到“报表视图”，如图 5.32 所示。

(5) 将报表另存为“学生成绩报告(分组)”。

【归纳】

(1) 利用“报表向导”也可以分组，但限制最多一次设置 4 个分组或排序字段，并且限制排序只能是字段，不能是表达式。实际上，一个报表最多可以安排 10 个字段或字段表达式进行排序。

(2) 在设计分组报表时，关键要设计好两个方面。

① 要正确设计分组所依据的字段及组属性，保证报表能正确分组。

② 要正确添加“组页眉”和“组页脚”所包含的控件，保证报表美观且实用。

(3) 在设计分组报表时，在“组页眉”节添加组标题，“主体”节显示字段的数据值，“组页脚”用来进行数据汇总，一般通过计算控件来实现。

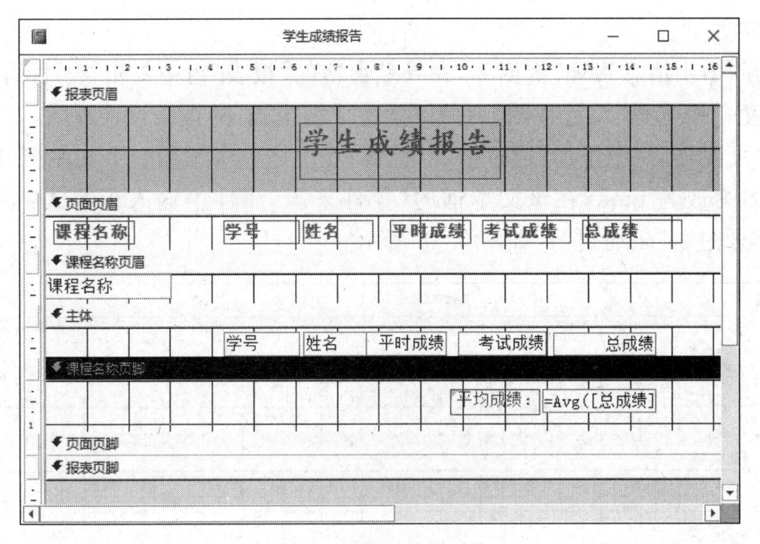

图 5.31 调整后的控件布局

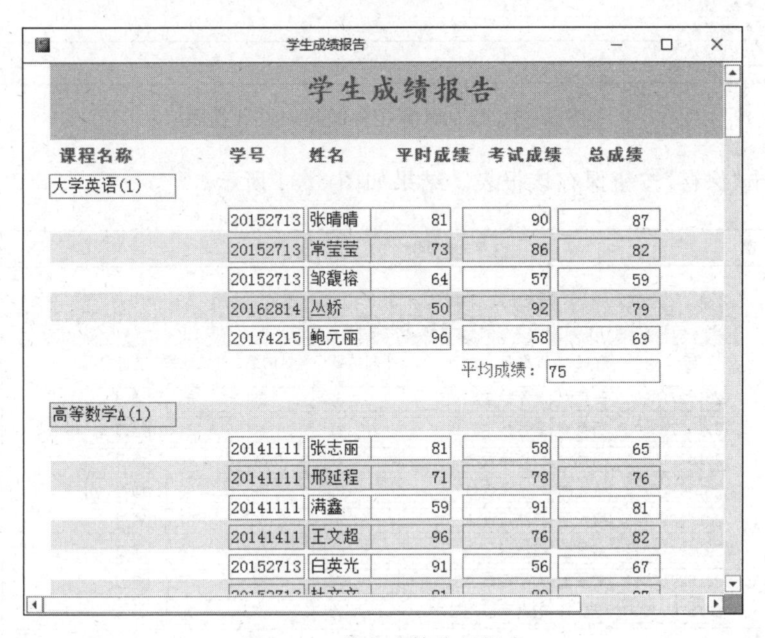

图 5.32 学生成绩分组报表

5.3.4 报表数据的计算

在报表的实际应用中，除了显示和打印原始数据，在组页脚、页面页脚中进行简单的计算外，还需要利用各种计算来进行数据分析得出结论性的结果，例如总计、计数、求平均值等。报表中应用统计运算是通过在报表中添加计算型控件实现的。

实例 5.7 在“学生成绩报告”中增加“通过情况”列，当“总成绩”大于等于 60 显示“通过”，否则“未通过”。

操作步骤如下。

(1) 打开“学生信息管理”数据库,在导航窗格的“报表”组中右击“学生成绩报告”,在弹出的快捷菜单中选择“设计视图”,打开“学生成绩报告”的报表设计视图。

(2) 在“页面页眉”中添加“通过情况”标签;在主体节中添加一个文本框,将该文本框的“名称”属性修改为 tgqk,在该文本框的“控件来源”属性中输入表达式:=IIF([总成绩]>=60,"通过","未通过"),如图 5.33 所示。

图 5.33　添加计算控件的报表设计视图

(3) 单击“保存”按钮保存该报表。结果如图 5.34 所示。

学生成绩报告

学号	姓名	课程名称	平时成绩	考试成绩	考试成绩	通过情况
20152713800	白英光	高等数学A(2)	62	93	84	通过
20152713800	白英光	高等数学A(1)	91	56	67	通过
20152713800	白英光	自然辩证法	72	55	60	通过
20174215769	鲍元丽	大学英语(1)	96	58	69	通过
20174215769	鲍元丽	自然辩证法	87	59	67	通过
20152713844	常莹莹	自然辩证法	67	66	66	通过
20152713844	常莹莹	大学英语(1)	73	86	82	通过
20151613566	陈丽虹	数据库应用技术	95	97	96	通过

图 5.34　添加计算控件的报表视图

【归纳】

(1) 计算控件的控件源是计算表达式,当表达式的值发生变化时,会重新计算结果并输出显示。其中,文本框是最常用的计算控件。

(2) 可以通过“表达式生成器”来设置表达式。其用法如下:右击控件,从快捷菜单中选择“事件生成器”选项,在弹出的“选择生成器”对话框中选择“宏生成器”选项,如图 5.35 所示。单击“确定”按钮,打开“表达式生成器”对话框,如图 5.36 所示,在“表达式生成器”对话框中对表达式进行设置。

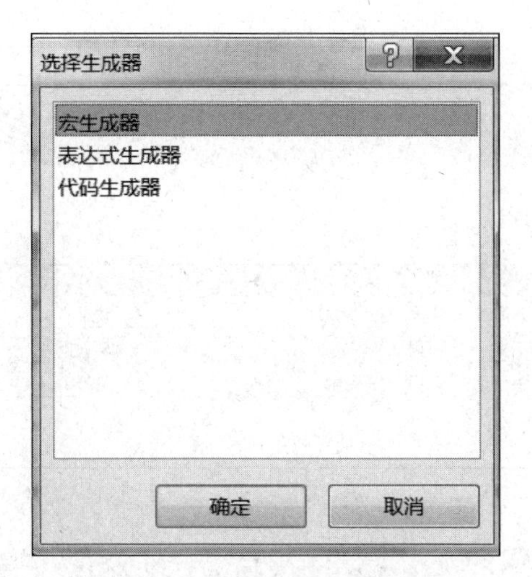

图 5.35 “选择生成器”对话框

图 5.36 “表达式生成器”对话框

5.3.5 创建主/子报表

在合并报表显示数据时可以使用子报表。子报表是指插入到其他报表中的报表，包含子报表的报表称为主报表。主报表对应表间关系中的“一”方，子报表对应“多”方。

实例 5.8 以“学院”表和“教师”表为数据源创建如图 5.37 所示的主/子报表。要求如下。

(1) 主报表的数据：“学院”表的“学院编号”和“学院名称”字段。

(2) 子报表的数据：“教师”表的“教师编号”“姓名”“性别”“学历”和“职称”字段。

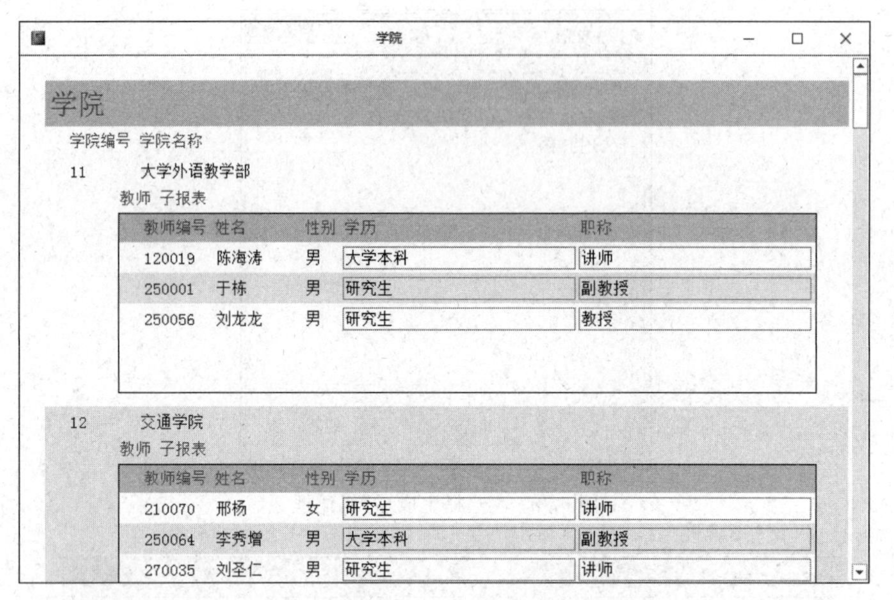

图 5.37 主/子报表

操作步骤如下。

(1) 打开“学生信息管理”数据库,切换到“创建”选项卡,单击“报表”组中的“报表向导”按钮,打开“报表向导”对话框。

(2) 利用报表向导,创建“学院主报表”报表对象,包括“学院编号”和“学院名称”字段。

(3) 在设计视图下打开“学院主报表”,调整主体节区域大小,单击“控件”组中的“子窗体/子报表”控件按钮,在主体节按住鼠标左键并拖动,释放鼠标左键后,弹出“子报表向导”对话框,选择“使用现有的表和查询”单选按钮,如图5.38所示。

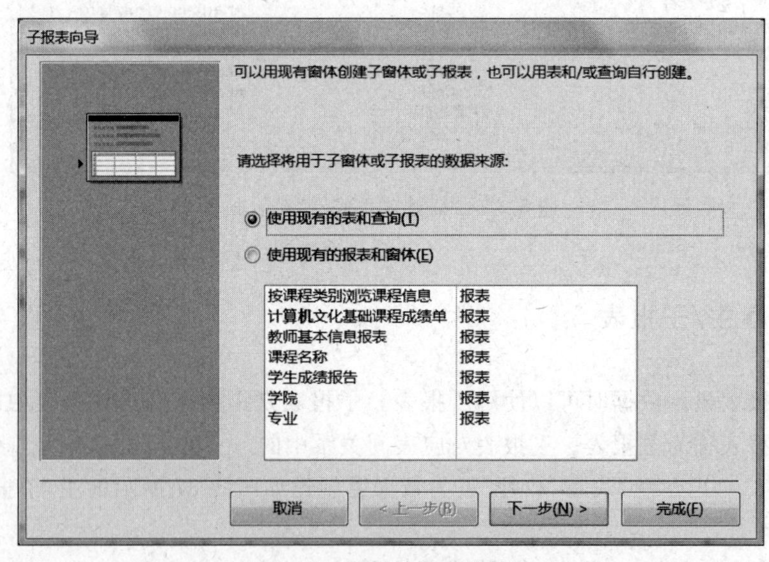

图 5.38 选择子报表数据源

(4) 单击“下一步”按钮，在“表/查询”下拉列表中选择“表：教师”表，添加“教师编号”“姓名”“性别”“学历”和“职称”字段，如图 5.39 所示。

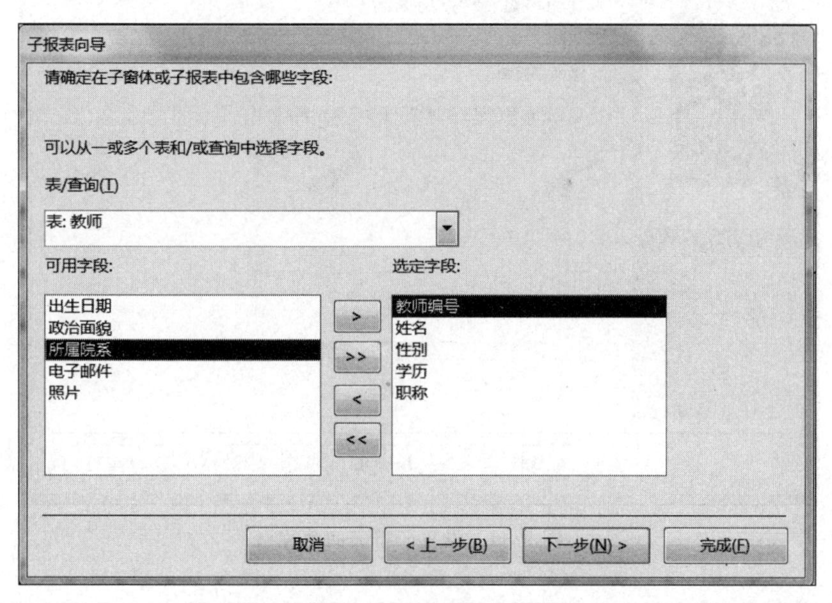

图 5.39　选择表和字段

(5) 单击“下一步”按钮，打开如图 5.40 所示的对话框，使用默认设置。

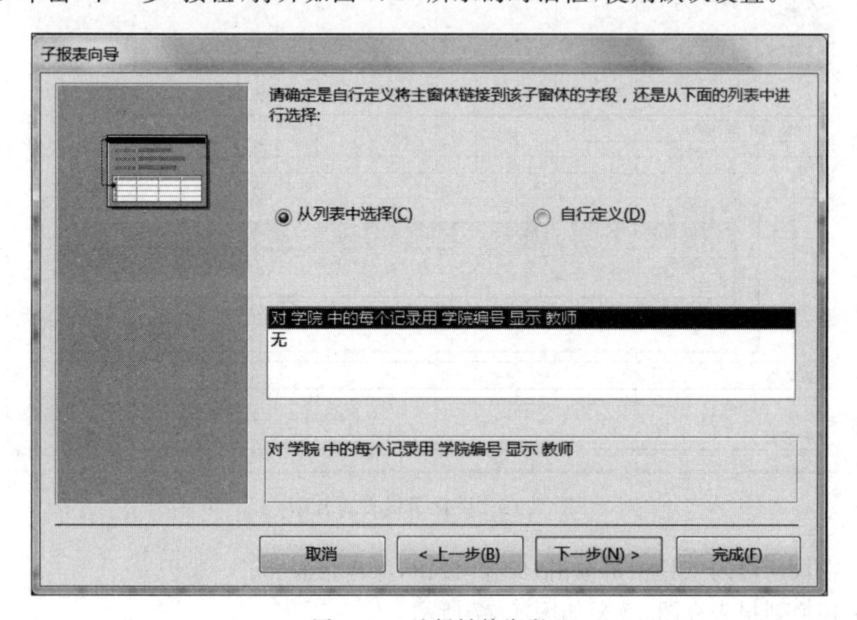

图 5.40　选择链接字段

(6) 单击“下一步”按钮，打开如图 5.41 所示的对话框，在“请指定子窗体或子报表的名称”文本框中输入“教师子报表”。

(7) 单击“完成”按钮，完成主/子报表的创建，报表的设计视图如图 5.42 所示。

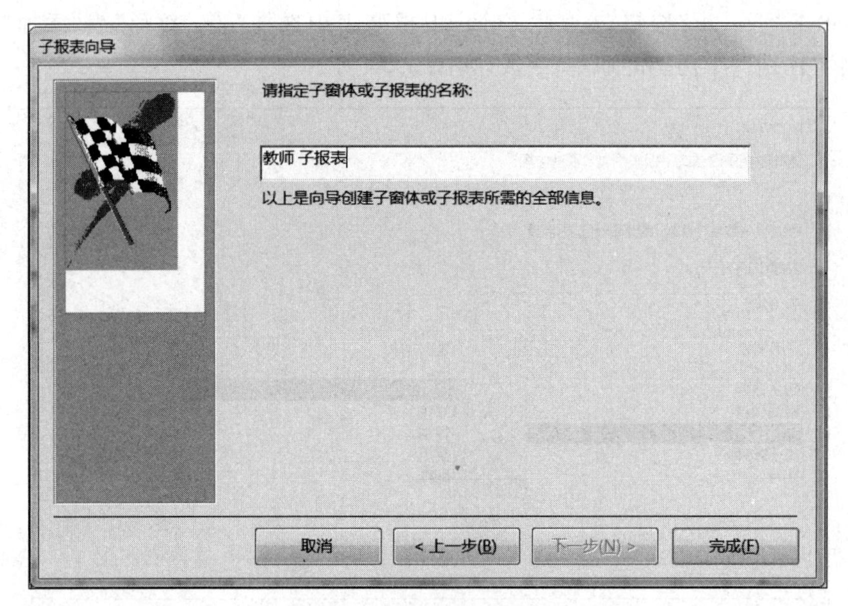

图 5.41 设置子报表的名称

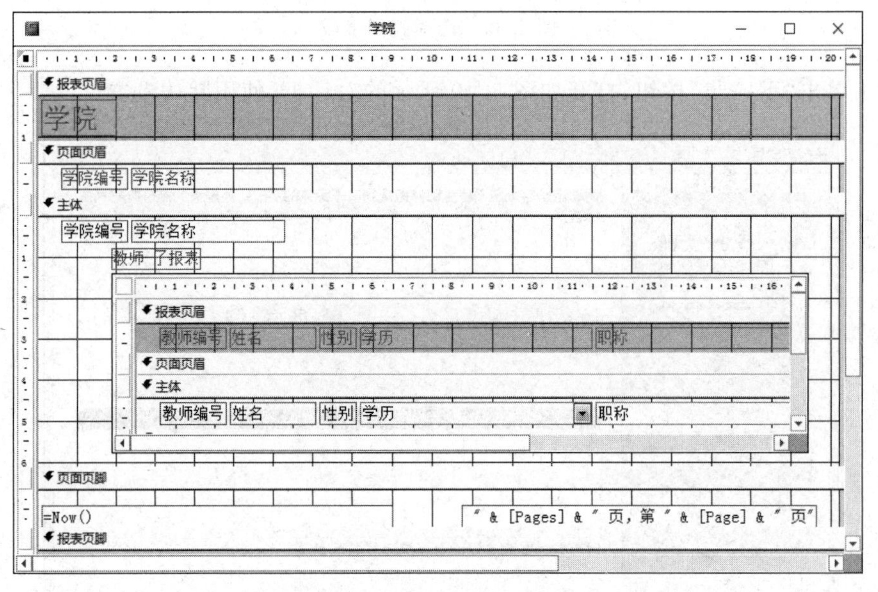

图 5.42 设置子报表的名称

(8) 在快速访问工具栏中单击“保存”按钮，保存报表。

(9) 切换到报表视图，效果如图 5.37 所示。

【归纳】

(1) 一个主报表中也可以包含子窗体。一个主报表最多能够包含两级子窗体和子报表。

(2) 当主报表中多个子报表来自不相关的记录源时，主报表只能作为“容器”使用。

5.4 报表的打印

报表的一个主要作用就是能够将数据库中的数据通过打印机打印出来，所以使用报表另一个基本的技巧就是打印报表。本节将主要介绍报表页面的设置及打印报表的方法。

5.4.1 页面设置

打印的页面设置会影响报表的形式，因此在打印之前要进行页面设置。

实例 5.9 将“教师基本信息”报表对象的“页边距”设置为上、下、左、右都是 10 毫米。

(1) 打开“学生信息管理”数据库，在导航窗格的“报表”组中右击“教师基本信息”，在弹出的快捷菜单中选择“打印预览”，打开“教师基本信息”的打印预览窗口。

(2) 单击“页面布局”组中的“页面设置”按钮，弹出“页面设置”对话框，如图 5.43 所示，在“打印选项”中设置上、下、左、右页边距为 10 毫米，单击“确定”按钮。

图 5.43 “页面设置”对话框的“打印选项”选项卡

(3) 在“页面设置”对话框中，单击“页”选项卡可以设置纸张的大小和来源、打印的方向及使用的打印机，如图 5.44 所示。

(4) 在“页面设置”对话框的“列”选项卡可以进行网格设置，行列之间的距离，列尺寸等，如图 5.45 所示。

(5) Access 2016 将保存窗体或报表页面设置选项的设置值，所以每个窗体或报表的页面设置仅需设置一次。但是对于表、查询等对象必须在每次打印时都设置页面设置选项。

图 5.44 "页面设置"对话框的"页"选项卡

图 5.45 "页面设置"对话框的"列"选项卡

5.4.2 多列打印报表

有时候报表中的信息很短，这时就需要将报表分成多列打印，这就是多列报表，如图 5.46 所示。

学生

学生专业信息

学号	姓名	专业	学号	姓名	专业
20141111101	张志丽	1201	20141111104	邢延程	1201
20141111112	满鑫	1301	20141311165	陈元杰	1301
20141411170	郭晓云	1202	20141411182	李小青	1401
20141411196	武玮琦	1501	20141411197	王婷婷	1701
20141411235	鞠健	1901	20141411236	王文超	2201
20151613566	陈丽虹	2202	20152413962	杨亚青	2301
20152713787	周啸海	2302	20152713788	吕雪玉	2303
20152713798	牟彦霏	2202	20152713800	白英光	2203
20152713812	张晴晴	2204	20152713831	李绪星	1901

页: 1 无筛选器

图 5.46 多列报表

设置多列报表的操作步骤如下。

(1) 创建如图 5.47 所示的报表,并将控件放在一个合理宽度范围内。

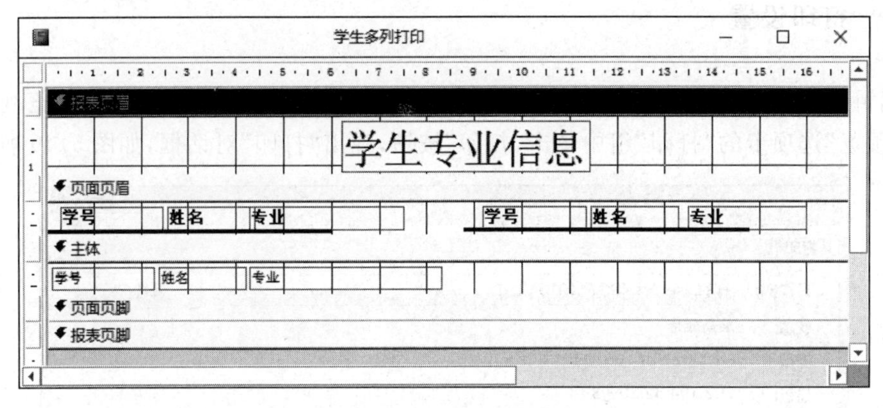

图 5.47 设计视图中的多列报表

(2) 在报表的预览窗口中,单击“页面布局”组中的“页面设置”按钮,弹出“页面设置”对话框,切换到“列”选项卡。

(3) 在“网格设置”选项组中的“列数”文本框中输入每一页所需的列数,设置“列数”为 2。在“行间距”文本框中输入“主体”节中每个标签记录之间的垂直距离。在“列间距”文本框中输入各标签之间的距离,如图 5.48 所示。

(4) 在“列尺寸”选项组中的“宽度”文本框中输入单个标签的列宽;在“高度”文本框中输入单个标签的高度值。也可以用鼠标拖动节的标尺来直接调整“主体”节的高度。

(5) 在“列布局”选项组中选择“先列后行”或“先行后列”单选按钮设置列的输出布局

(6) 切换至“页”选项卡,在“方向”选项组中选择“纵向”或“横向”单选按钮来设置打印方向。

(7) 单击“确定”按钮,完成报表设计。

图 5.48 多列打印设置

5.4.3 打印设置

编辑好报表后，需要将报表打印出来。打印报表时，将报表切换到打印预览视图，在“打印预览”选项卡的“打印”组中单击“打印”按钮，弹出“打印”对话框，如图 5.49 所示。

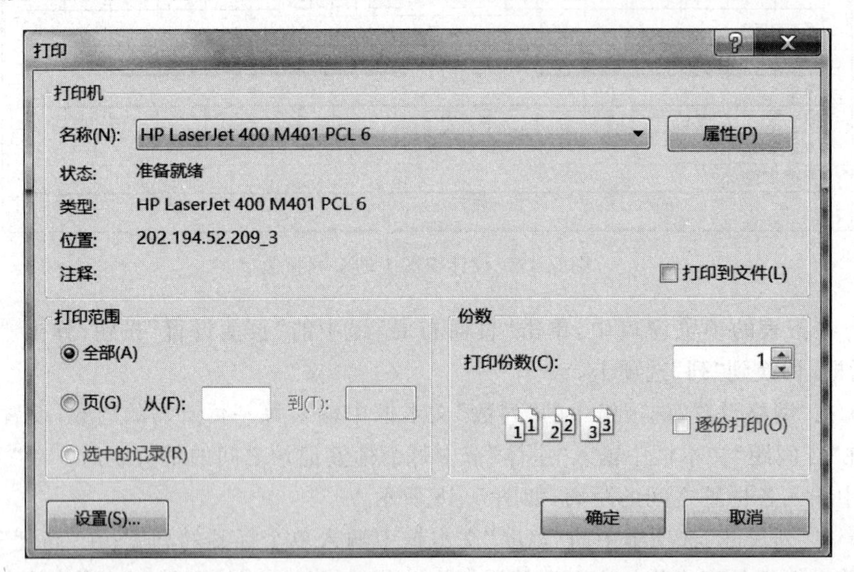

图 5.49 “打印”对话框

在“打印”对话框中，用户可以选择打印机的型号、要打印页的范围、打印的份数；单击“设置”按钮，弹出“页面设置”对话框，对“边距”和“列”进行设置。

完成各选项的设置后，单击“确定”按钮即可打印。

本章小结

报表是专门为打印而设计的特殊窗体，Access 2016 中使用报表对象来实现打印格式数据的功能，将数据库中的表、查询的数据进行组合，形成报表，还可以在报表中添加分组、计算、汇总、图片和图表等。建立一个报表，可以先利用“自动创建报表”或者“报表向导”创建报表，再进入报表设计视图编辑已有的报表。常见的报表类型有纵栏式报表、表格式报表、图表报表及标签报表。

思考题

1. 什么是报表？报表和窗体有何不同？
2. 报表由哪几节构成？每节有什么特点？
3. Access 2016 的报表分为哪几种类型？它们各自的特征是什么？
4. 标签报表有什么作用？如何创建标签报表？
5. 如何设置报表的分组及排序？分组的主要目的是什么？
6. 在报表页脚和组页脚中使用计算控件与在主体节中使用计算型控件有什么不同？

第6章 宏

本章导读

前面介绍了Access数据库中的表、查询、窗体、报表等对象的操作方法,这些内容各自比较独立,宏可以将这些对象有机地组织起来。通过宏,用户不需要记住各种语法,也不需要编程,只需利用几个简单的宏操作就可以将已经创建的数据库对象联系在一起,实现特定的功能。

本章主要介绍宏的基本概念、宏的创建及宏的运行与调试。

6.1 宏概述

6.1.1 宏的概念

宏是一种可以控制其他数据库对象和自动执行某种操作任务的数据库对象。

宏是由宏操作命令组成的。在宏中,可以只包含一个操作命令,也可以包含多个操作命令。一旦创建了宏,此后使用时只需调用这个宏,就能自动执行其中所包含的各条操作命令,从而简化数据库操作的流程,提高数据处理能力。

在Access中,宏的功能非常强大,主要功能如下。

(1) 代替执行重复的任务,从而节省用户的时间和精力。

(2) 窗体和报表中的数据处理。

(3) 为窗体制作菜单,为菜单指定一定的操作。

(4) 进行数据校验,显示各种提示信息框。

(5) 实现数据的导入和导出。

(6) 显示和隐藏工具栏。

6.1.2 宏操作命令

Access的宏操作命令分为“窗口管理”“宏命令”“筛选/查询/搜索”“数据导入/导出”“数据库对象”“数据输入操作”“系统命令”和“用户界面命令”8大类,部分常用宏操作命令的名称、所属类别及功能见表6.1所示。

表 6.1　常用宏操作

宏　操　作	所属类别	功　　能
CloseWindow	窗口管理	关闭指定的表、查询、窗体、报表、宏等窗口或活动窗口，还可以决定关闭时是否保存更改
MaximizeWindow		放大活动窗口，使其充满 Access 主窗口
MinimizeWindow		将活动窗口缩小为 Access 主窗口底部的小标题栏
MoveAndSizeWindow		移动活动窗口或调整其大小
RestoreWindow		将最大化或最小化的窗口恢复为原来大小
CancelEvent	宏命令	取消引起该宏运行的事件
RunCode		调用 Visual Basic Function 过程
RunMacro		执行一个宏
RunMenuCommand		运行一个 Access 菜单命令
StopAllMacros		终止当前所有宏的运行
StopMacro		终止当前正在运行的宏
ApplyFilter	筛选/查询/搜索	对表、窗体或报表应用筛选、查询或 SQL 的 Where 子句，以便限制或排序表的记录以及窗体或报表的基础表，或基础查询中的记录
FindNextRecord		查找符合最近 FindRecord 操作或“查找”对话框中指定条件的下一条记录
FindRecord		在活动的数据表、查询数据表、窗体数据表或窗体中查找符合条件的记录
Requery		通过重新查询控件的数据源，来更新活动对象控件中的数据
ShowAllRecord		删除活动表、查询结果集或窗体中已应用过的筛选
ExportWithFormating	数据导入/导出	将指定的数据库对象中的数据以某种格式导出
GoToControl	数据库对象	将焦点移到激活数据表或窗体上指定字段或控件上
GoToPage		在活动窗体中，将焦点移到指定页的第一个控件上
GoToRecord		在打开的表、窗体或查询结果集中指定当前记录
OpenForm		在窗体视图、窗体设计视图、打印预览或数据表视图中打开窗体
OpenReport		在设计视图或打印预览视图中打开报表或立即打印该报表
OpenTable		在数据表视图、设计视图或打印预览中打开表
PrintObject		打印当前对象
SelectObject		选定数据库对象
SetProperty		设置控件属性

续表

宏 操 作	所属类别	功 能
SaveRecord	数据输入操作	保存当前记录
DeleteRecord		删除当前记录
Beep	系统命令	通过计算机的扬声器发出嘟嘟声
QuitAccess		退出 Access
CloseDatabase		关闭当前数据库
MessageBox	用户界面命令	显示包含警告信息或其他信息的消息框
AddMenu		为窗体或报表将菜单添加到自定义菜单栏

6.1.3 宏的类型

按照宏的执行流程，Access 中将宏分为操作序列宏、条件宏和子宏 3 类，它们各自具有不同的功能和特点。

1. 操作序列宏

操作序列宏是结构最简单的宏，宏中只包含按顺序排列的各种操作命令，使用时会按照从上到下的顺序执行各个操作命令。

2. 条件宏

条件宏就是利用宏的条件表达式来控制宏的流程。在不指定操作条件的情况下，运行宏时，Access 将顺序执行宏中包含的所有操作命令。若某个操作命令的执行是有条件的，则只有当条件为真时才执行该操作命令，若条件为假，则不运行该操作命令，而是转去执行下一行的操作命令。

3. 子宏

一个宏对象可以包含若干个子宏，而一个子宏又是由若干个操作组成。这些子宏各有自己的名称和对应的操作命令，放在一个宏中便于管理和维护。

6.2 创建宏

使用宏之前，需要先建立宏。在 Access 中，宏设计视图是创建宏的唯一环境。

6.2.1 宏设计视图

宏设计视图是创建宏的唯一环境。用户通过单击“创建”选项卡“宏与代码”组中的“宏”按钮，可以打开宏设计视图，同时打开“操作目录”面板，如图 6.1 所示。

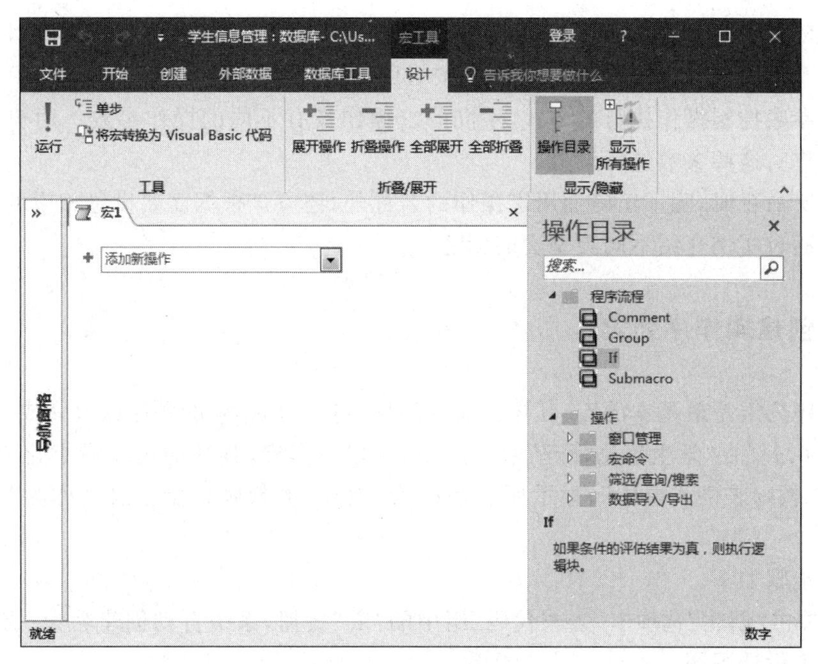

图 6.1　宏设计视图

为了方便用户根据需要选择宏操作，Access 2016 用“操作目录”面板分类列出了所有宏操作命令。选择操作命令后，在该面板下半部分会显示相应的操作说明信息。双击“操作目录”面板中的某个命令，将会在设计视图中添加相应操作。单击“宏工具|设计”选项卡“显示/隐藏”组中的“操作目录”按钮可以显示或隐藏“操作目录”面板。

宏命令通常有宏操作名称和操作参数组成，当选择或直接输入宏操作命令后，系统会自动展开并显示该命令的相关参数。如在“添加新操作”下拉列表中选择 OpenForm 或双击“操作目录”面板中的 OpenForm 命令后，在宏操作名称下方显示的相关参数如图 6.2 所

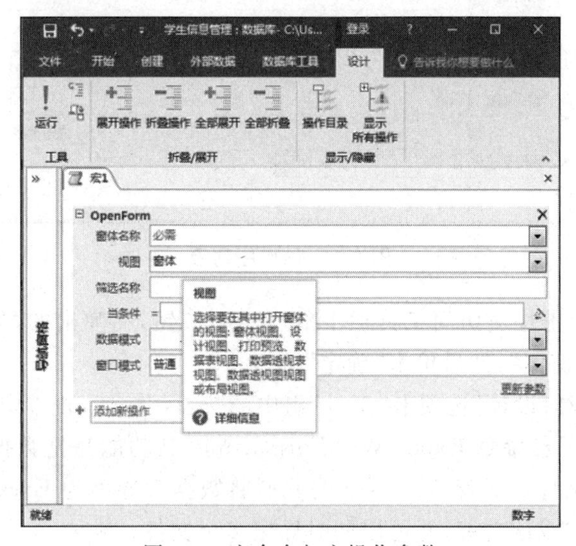

图 6.2　宏命令与宏操作参数

示。将光标指向各个参数时,系统会显示相应的说明信息。在操作名称前的⊟按钮用于折叠或展开参数部分,操作名称右边的☒按钮用于删除该操作。

操作参数控制操作执行的方式,不同的宏操作具有不同的操作参数。用户根据所要执行的操作对这些参数进行设置。

使用宏命令时,除了正确使用宏操作的名称外,还应该根据需要设置相应的参数。

下面通过实例介绍不同类型宏的创建。

6.2.2 创建操作序列宏

操作序列宏是最基本的宏,其操作命令的执行按它们排列的顺序依次完成。

实例 6.1 在"学生信息管理"数据库中,创建一个宏,其功能为先最小化当前窗口,然后打开"教师表格式窗体",显示所有职称为"教授"的教师记录。宏名称为"打开教师窗体"。

操作步骤如下。

(1) 单击"创建"选项卡"宏与代码"组中的"宏"按钮,系统自动创建名为"宏 1"的宏,同时打开宏设计视图。

(2) 在"添加新操作"下拉列表中选择 MinimizeWindow 操作。

(3) 在"添加新操作"下拉列表中选择 OpenForm 操作命令,并将参数设置为如图 6.3 所示。

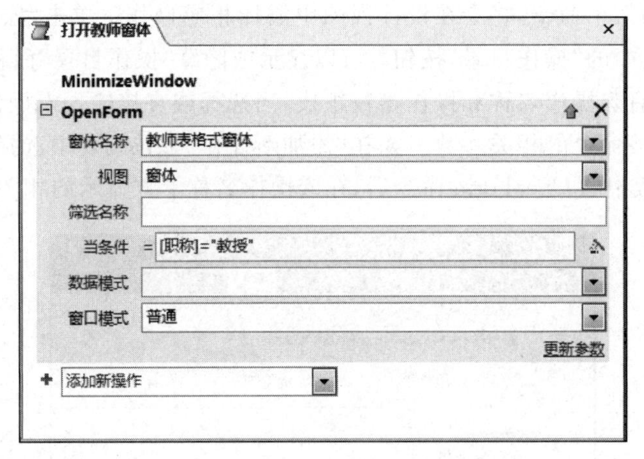

图 6.3 操作序列宏

(4) 保存宏。单击快速访问工具栏上的"保存"按钮,在弹出的"另存为"对话框中输入宏名称"打开教师窗体",然后单击"确定"按钮。

(5) 单击"宏工具|设计"选项卡"工具"组中的"运行"按钮,查看宏运行的结果。

Access 宏提供了宏命令 ExportWithFormatting,其功能是把数据表、查询和报表等导出为各种格式的文件。尽管 Access 本身具有将数据表导出为 Excel 格式的功能,但使用宏可以自动化地完成该功能,并可以同时导出多个文件。

实例 6.2 在“学生信息管理”数据库中，新建一个宏，将“学生”表导出为 Excel 格式文件，导出的文件名为“d:\学生.xls”，宏名称为“导出 Excel 格式文件”。

操作步骤如下。

(1) 单击“创建”选项卡“宏与代码”组中的“宏”按钮，系统自动创建名为“宏 1”的宏，同时打开宏设计视图。

(2) 在“添加新操作”下拉列表中选择 ExportWithFormatting 操作命令，参数设置如图 6.4 所示。

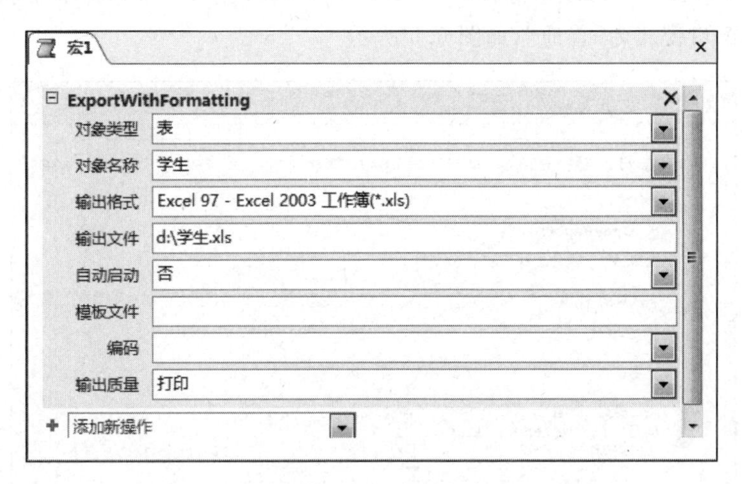

图 6.4 利用宏将“学生”表导出为 Excel 格式

(3) 保存宏。单击快速访问工具栏上的“保存”按钮，在弹出的“另存为”对话框中输入宏名称“导出 Excel 格式文件”，然后单击“确定”按钮。

(4) 运行宏后，在 D 盘下导出了“学生.xls”文件。

【归纳】

与其他数据库对象不同，宏只有一种视图模式，就是设计视图。宏的创建和编辑只能在宏设计视图中进行，宏设计视图亦称为宏设计器。

创建宏的核心任务就是添加宏操作，添加宏操作有以下方法：①在“添加新操作”框中输入宏操作名称；②在“添加新操作”下拉列表中选择宏操作；③从“操作目录”面板选择宏操作拖到宏设计视图中；④双击“操作目录”面板中的宏操作。

6.2.3 创建条件宏

某些情况下，希望仅当特定条件成立时才执行宏中的一个或多个操作，则可以为操作命令加上条件，形成条件宏。条件宏是指在宏中的某些操作带有条件，这些操作只有在条件满足时才能得以执行。

实例 6.3 在“学生信息管理”数据库中，新建一个宏，宏名为“条件宏”。打开“学生成绩报告”报表前计算机先发出嘟嘟声，并提示用户准备好打印机，提示信息为“请放好打印纸，打开打印机！”。

操作步骤如下。

(1) 单击“创建”选项卡“宏与代码”组中的“宏”按钮，打开宏设计视图。

(2) 在“添加新操作”下拉列表中选择 If 操作，并在 If 条件框中输入“MsgBox("请放好打印纸，打开打印机!",1)=1”。

(3) 在 If 与 End If 之间，添加操作 Beep。

(4) 在 Beep 操作后继续添加操作 OpenReport，设置报表名称为“学生成绩报告”，视图为“打印”，窗口模式为“普通”，如图 6.5 所示。

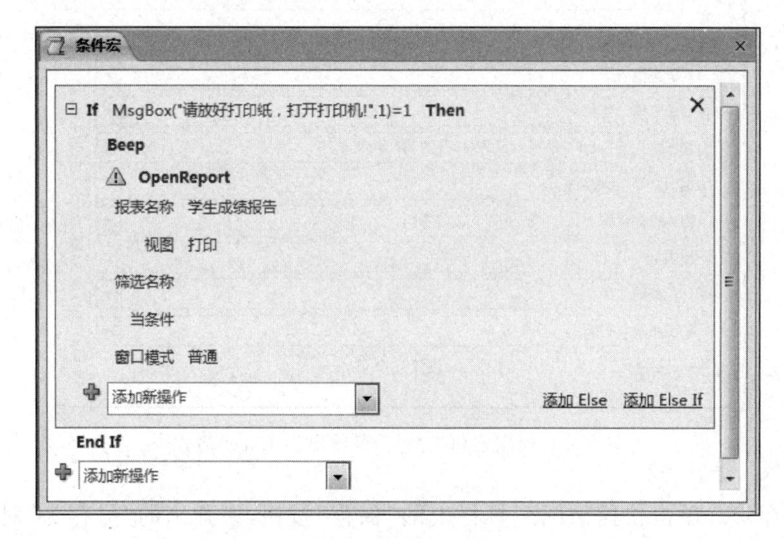

图 6.5 条件宏设置

(5) 保存宏。单击快速访问工具栏上的“保存”按钮，在弹出的“另存为”对话框中输入宏名称“条件宏”，然后单击“确定”按钮。

(6) 单击“宏工具|设计”选项卡“工具”组中的“运行”按钮，查看宏运行的结果。

【归纳】

在数据处理过程中，如果希望只是当满足指定条件时才执行宏的一个或多个操作，可以使用 If 块进行程序流程控制。还可以使用 Else 和 Else If 块来扩展 If 块，类似于 VBA 等其他编程语言中的 If 语句。

创建条件宏的操作步骤如下。

(1) 从“添加新操作”下拉列表框中选择 If，或从“操作目录”面板将其拖动到“添加新操作”列表中。

(2) 在 If 块顶部的条件框中，输入一个决定如何执行该块的条件表达式。如果该条件表达式的结果为 True，则执行此块中的操作；若结果为 False，则忽略此块中的操作。

在输入表达式时，可能会引用窗体、报表或其他相关控件值。引用格式如表 6.2 所示。

表 6.2 条件宏引用窗体、报表时对应表达式格式

引用内容	表达式格式
引用窗体	Forms! [窗体名]
引用窗体属性	Forms! [窗体名]. 属性
引用窗体中的控件	Forms! [窗体名]! [控件名]或[Forms]! [窗体名]! [控件名]
引用窗体中的控件属性	Forms! [窗体名]! [控件名]. 属性
引用报表	Reports! [报表名]
引用报表属性	Reports! [报表名]. 属性
引用报表中的控件	Reports! [报表名]! [控件名]或[Reports]! [报表名]! [控件名]
引用报表中的控件属性	Reports! [报表名]! [控件名]. 属性

因为条件宏一般要和窗体等其他数据库对象结合起来使用，具体操作将在 6.3 节通过实例进行演示。

6.2.4 创建子宏

一个宏对象是 Access 中的一个容器对象，可以包含若干个子宏，而一个子宏又是由若干个操作组成。每个子宏按照子宏名来标识，它们都是独立的，互不相关。这样不仅减少了宏的个数，而且可以方便地对数据库中的宏进行分类管理和维护。

实例 6.4 在“学生信息管理”数据库中，创建一个宏，名称为“打开表”。宏中包含两个子宏：“打开学生表”和“打开教师表”。子宏的功能分别用于打开“学生”表、“教师”表，每打开一个表，就弹出一个消息框，消息内容为“你现在打开的是某某表”。为了提高可读性，添加相应的注释。

操作步骤如下。

(1) 单击“创建”选项卡“宏与代码”组中的“宏”按钮，打开宏设计视图。

(2) 在“操作目录”面板中，将“程序流程”中的子宏命令 SubMacro 拖到“添加新操作”列表中。在子宏名称文本框中，将默认名称 Sub1 改为“打开学生表”。在“添加新操作”列表中选择 OpenTable 操作，在参数“表名称”中选择“学生”选项。在下一个“添加新操作”列表中选择 MessageBox 操作，在参数“消息”文本框中输入“你现在打开的是学生表”，在参数“标题”文本框中输入“打开表”。双击“操作目录”面板中“程序流程”下的 Comment 命令，在弹出的文本框中输入“以上完成的是打开学生表操作”。

(3) 用同样的方法完成子宏“打开教师表”的设置，设置结果如图 6.6 所示。

(4) 保存宏。单击快速访问工具栏上的“保存”按钮，在弹出的“另存为”对话框中输入宏名称“打开表”，然后单击“确定”按钮。

(5) 单击每一个子宏前的折叠符号，实现折叠，效果如图 6.7 所示。

【归纳】

(1) 每个子宏必须定义一个唯一的名称，以方便调用。

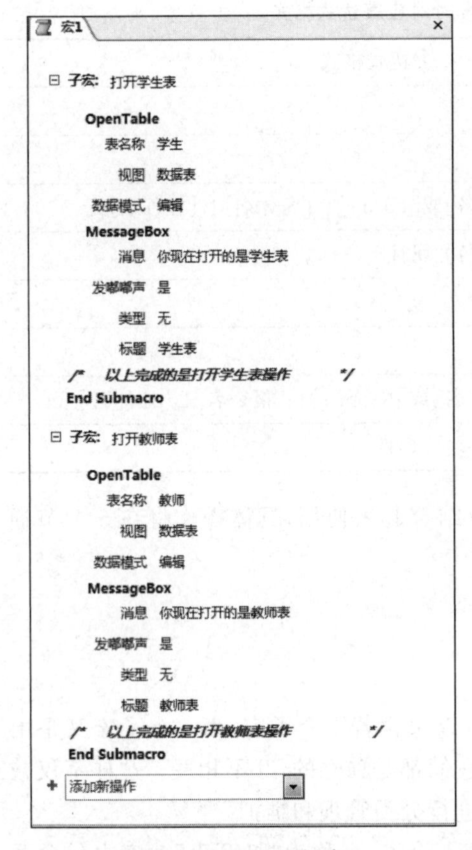

图 6.6　子宏的创建

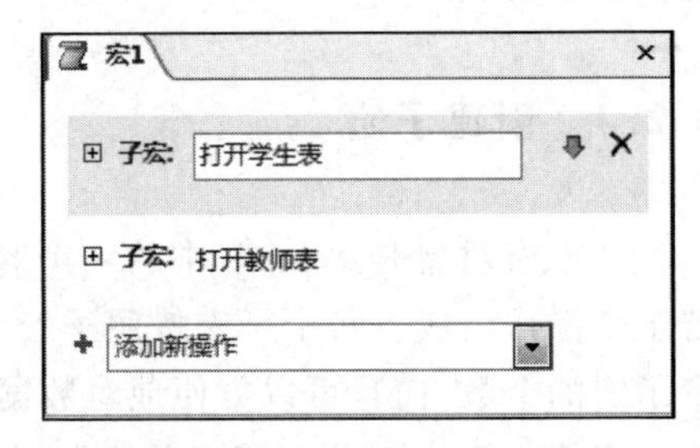

图 6.7　子宏折叠

(2) 如果要引用某个子宏,则应写为"宏名.子宏名",如打开表.打开学生表。宏中的子宏单独运行,互不相关。

6.3　运行宏

当宏创建完成后,只有运行宏,才能执行宏操作。可以直接执行宏,也可以从其他宏或事件过程中运行宏,还可以将运行宏作为对窗体、报表、控件中发生的事件做出的响应。

6.3.1　直接运行宏

直接运行宏这种运行方式,一般只是用于对宏的测试,当测试完成后,还应将宏添加到窗体、菜单或工具栏中运行。直接运行宏的方法如下。

(1) 在宏设计视图中,单击"宏工具|设计"选项卡"工具"组中的"运行"按钮,可以直接运行已设计好的宏。

(2) 在导航窗格中双击宏名运行宏。

(3) 在"数据库工具"选项卡的"宏"组中单击"运行宏"按钮,打开"执行宏"对话框,如

图6.8所示。在“宏名称”组合框中选择要执行的宏的名称或直接输入宏名，单击“确定”按钮。

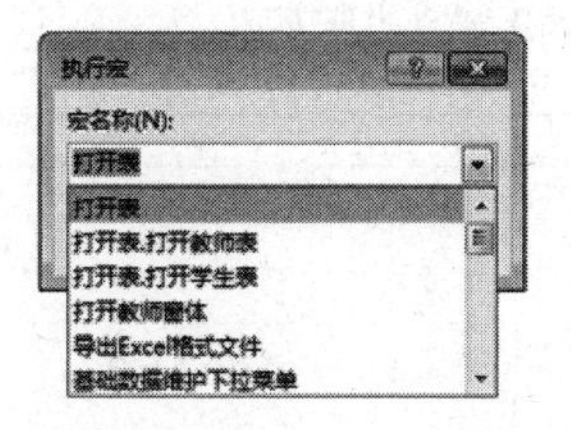

图6.8 “执行宏”对话框

6.3.2 在其他宏中运行

如果需要从另一个宏中调用宏，则需要在宏中添加RunMacro操作。在RunMacro操作的“宏名称”参数框中输入或选择要执行的宏，如图6.9所示。

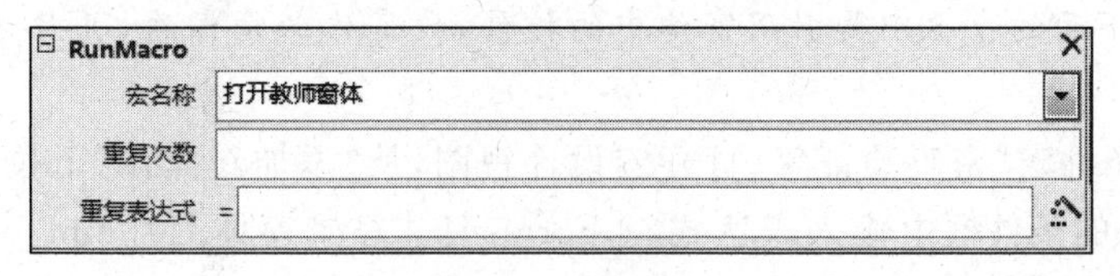

图6.9 调用宏

6.3.3 自动运行宏

Access数据库提供了一个专用的宏AutoExec，称为自动运行宏。如果数据库中有名为AutoExe的宏，则在打开数据库时自动运行该宏。因此如果用户想在打开数据库时自动执行某些操作，可以通过自动运行宏实现。可以把打开一个数据库应用系统的启动界面的操作存放在AutoExec宏中，这样每次打开该数据库时，会自动运行AutoExec宏从而打开数据库应用系统的启动界面。

6.3.4 在窗体、报表中运行宏

在Access中通常不采用单独执行宏的方式，而是通过一个触发事件执行宏，通常由窗体、报表及其控件的各种事件来触发宏操作。

实例6.5 在“学生信息管理”数据库中，创建一个名为“登录窗体”的窗体，如图6.10所示。窗体中包含一个密码格式的文本框，接收用户输入的密码；包含一个“登录”按钮，以调用“密码验证”宏进行密码验证。“密码验证”宏的功能为，当用户输入密码为“123456”时关闭“登录窗体”，然后打开“学生成绩查询窗口”窗体；否则弹出内容为“你输入的密码不正确!”的消息框，然后将密码清空，等待用户重新输入密码。

操作步骤如下。

(1) 创建如图 6.10 所示的名为“登录窗体”的窗体。将密码文本框命名为“mm”,并将 mm 文本框的“输入掩码”属性设置为“密码”。

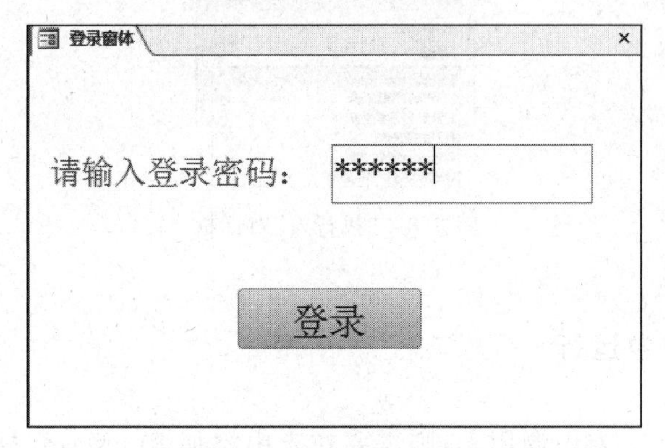

图 6.10 “登录窗体”界面

【说明】 下面的步骤中要引用窗体中的控件,故窗体必须保存,并且名称为“登录窗体”。

(2) 创建条件宏“密码验证”。打开宏设计视图,从“添加新操作”下拉列表中选择 If 操作,在其后面的条件框中输入表达式:[Forms]![登录窗体]![mm]="123456",这个条件表达式的意思是如果“登录窗体”中 mm 文本框的值是“123456”就返回 True。也可以单击条件框右侧的“表达式生成器”按钮生成该表达式。

(3) 在 If 块下添加命令 CloseWindow 用以关闭当前窗体,在下一个“添加新操作”下拉列表中选择命令 OpenForm 用以打开“学生成绩查询窗口”,如图 6.11 所示。

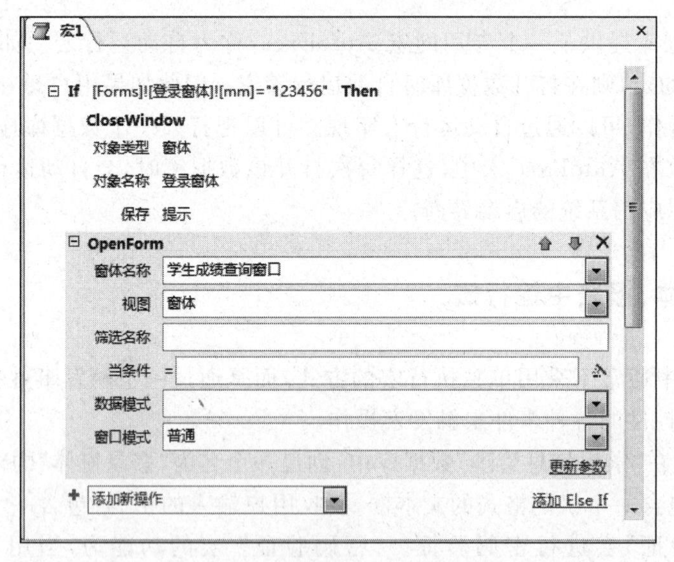

图 6.11 If 条件为 True 时的操作

(4) 在“添加新操作”下拉列表框右侧单击“添加 Else”链接,在 Else 操作下的“添加新操作”下拉列表中选择命令 MessageBox。MessageBox 命令的“消息”参数设置为“你输入的密码不正确!”,“标题”参数设置为“提示”,如图 6.12 所示。

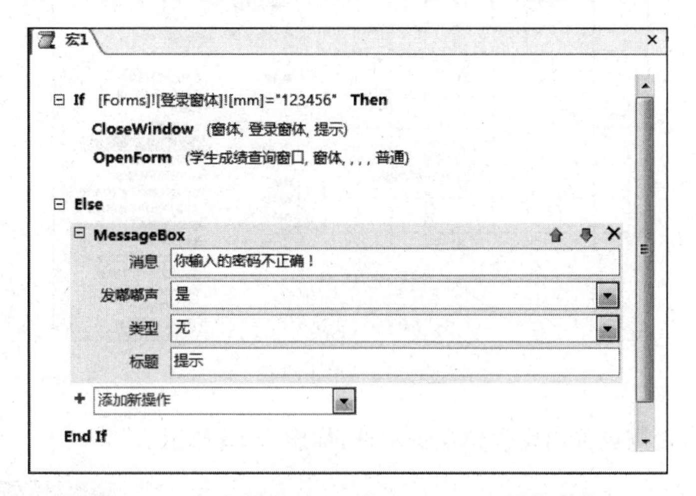

图 6.12 If 条件为 False 时 MessageBox 操作参数

(5) 在 MessageBox 操作后,添加 SetProperty 命令,“控件名称”参数设置为“mm”,“属性设置”参数设置为“值”。“值”参数设置为空白,其作用是将密码文本框中的值设置为空。

(6) 添加 GoToControl 命令,“控件名称”参数设置为“mm”,其作用是将光标置于密码文本框中,如图 6.13 所示。

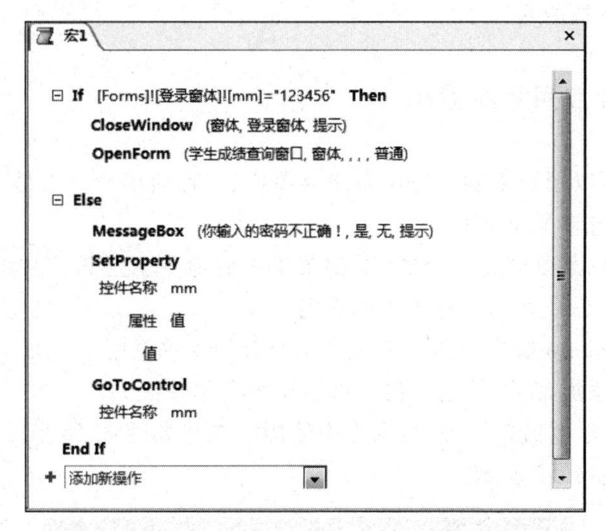

图 6.13 SetProperty 和 GotoControl 操作参数

(7) 保存宏,宏名称为“密码验证”。

(8) 在窗体设计视图中打开“登录窗体”,单击“登录”按钮,在“属性表”窗格“事件”选项卡中的“单击”事件下拉列表中选择“密码验证”,如图 6.14 所示。

(9) 切换到窗体视图,如果在密码框中输入预设的密码“123456”,就可以打开“学生

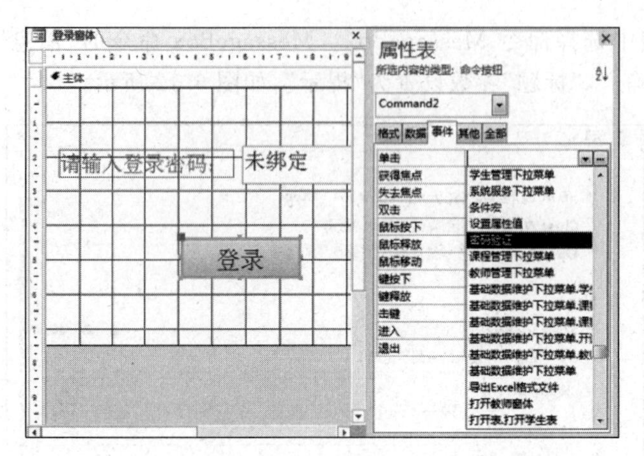

图 6.14　单击事件

成绩查询窗口”,否则就弹出密码错误提示框,如图 6.15 所示。

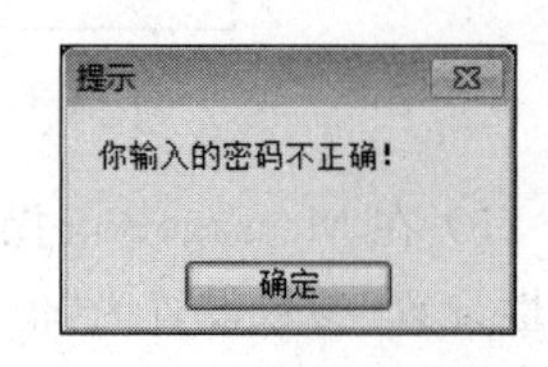

图 6.15　密码错误提示框

【归纳】

宏一般都由控件启动,所以宏设计通常有控件准备、宏编程和触发设置 3 步。Access 可以对窗体、报表或控件中的许多事件做出响应,例如,鼠标单击、双击、数据更改,以及窗体或报表的打开或关闭等。如果要从窗体、报表或控件上执行宏,应该在设计视图中选定控件,在其“属性表”窗格中选择“事件”选项卡的对应事件,然后在下拉列表框中选择当前数据库中的宏。这样,当事件发生时,就会执行所选的宏。

6.3.5　用宏设计应用系统菜单

在 Access 中可以用宏来制作应用系统菜单栏,并且菜单命令也是靠宏来运行的。使用宏创建菜单的操作步骤如下。

(1) 为每个下拉菜单创建一个宏,下拉菜单中的命令对应该宏中的某个子宏所定义的操作集合,菜单中命令名为相应子宏的宏名。

(2) 通过 AddMenu 操作将所有下拉菜单组合到菜单栏中。

(3) 在窗体中添加菜单栏,通过窗体激活运行菜单系统。

实例 6.6　在“学生信息管理”数据库中使用宏创建如图 6.16 所示菜单系统。“学生管理”下拉菜单如图 6.17 所示。

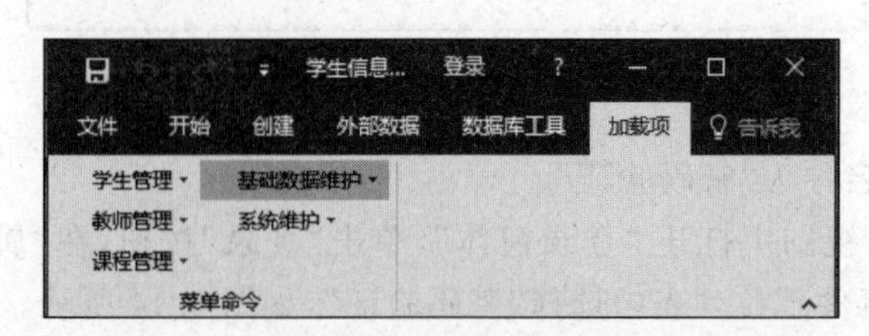

图 6.16　“学生信息管理”数据库的菜单系统

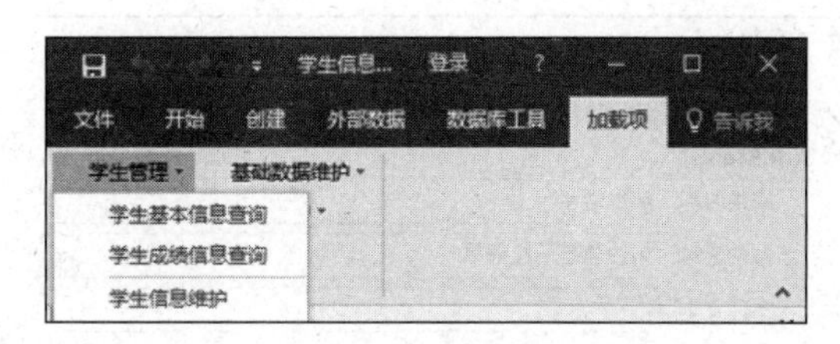

图 6.17 “学生管理”下拉菜单

操作步骤如下。

(1) 创建下拉菜单宏。

① 打开“学生信息管理”数据库。

② 创建宏定义下拉菜单项所对应的宏操作。宏中的每个子宏名对应下拉菜单的一个命令。学生管理下拉菜单中的所有命令及功能如图 6.18 所示。在子宏的“宏名”参数框中,输入“-”符号,就可以使用分隔线为下拉菜单命令分组。保存宏为“学生管理下拉菜单”。

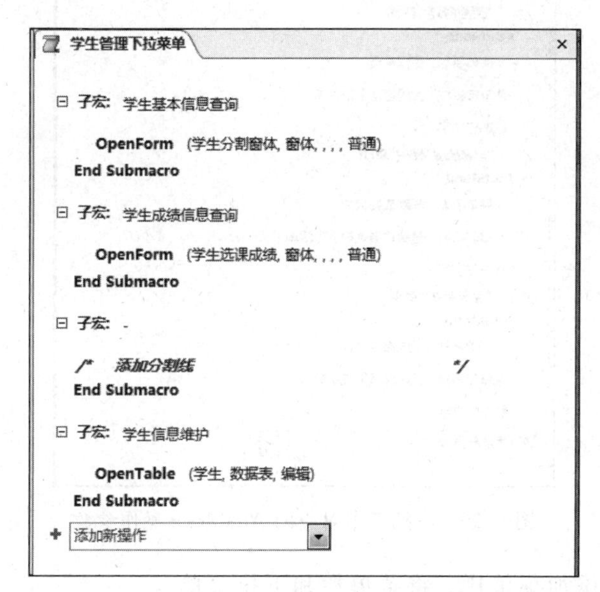

图 6.18 “学生管理下拉菜单”宏

③ 用同样的方法制作其他 4 个下拉菜单宏。

(2) 将下拉菜单组合到菜单栏中。每个下拉菜单宏制作完成后,就可以创建存放下拉菜单的宏,该宏即为窗体使用的菜单栏。

① 创建一空白宏。

② 在“添加新操作”下拉列表中选择 AddMenu 操作,在操作参数“菜单名称”参数框中输入将在菜单栏上显示的菜单名称“学生管理”;在“菜单宏名称”下拉列表框中选择该菜单使用的下拉菜单宏“学生管理下拉菜单”,如图 6.19 所示。

③ 用与上步同样的方法为其他菜单名称指定其下拉菜单宏,如图 6.20 所示。

④ 保存宏为“主菜单”。

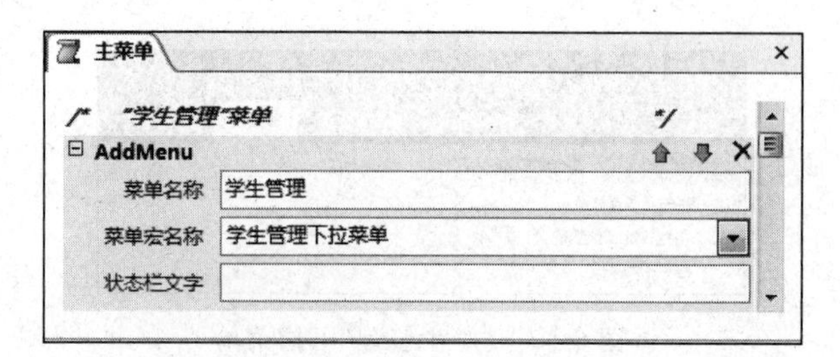

图 6.19 “学生管理”下拉菜单对应的 AddMenu 操作参数

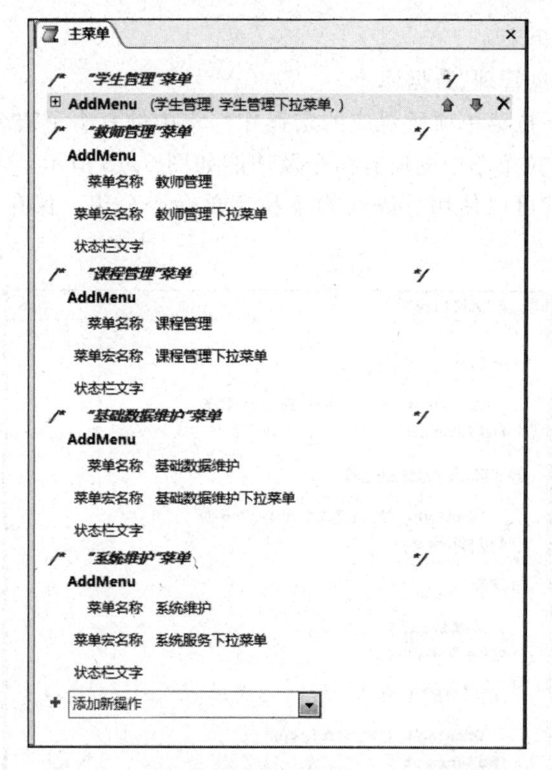

图 6.20 下拉菜单对应的 AddMenu 操作参数

(3) 在窗体中添加菜单栏。将菜单栏和下拉菜单设计与组合好后，下一步就是将菜单栏连接到窗体上，通过窗体激活运行菜单命令。

① 选择要连接菜单系统的窗体“导航窗体”，进入窗体设计视图。

② 打开窗体“属性表”窗格，选择“其他”选项卡，在“菜单栏”属性中设定该菜单的宏名为“主菜单”，如图 6.21 所示。

③ 保存窗体，并切换到窗体视图下，单击“功能区”中的“加载项”选项卡可以看到如图 6.16 所示菜单栏。单击其中的菜单，测试功能是否正常。

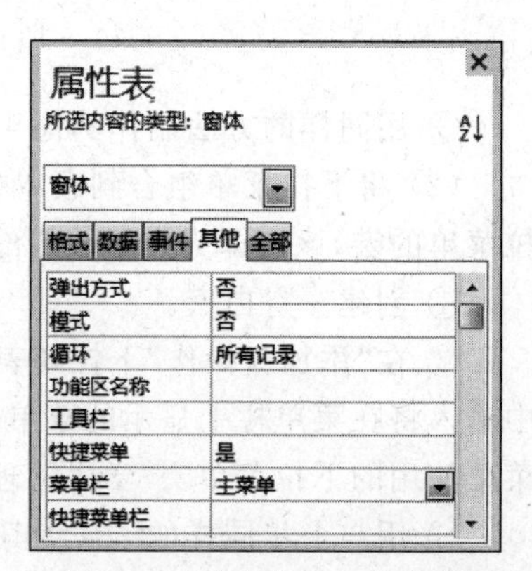

图 6.21 为窗体设置菜单栏

【归纳】

(1) 下拉菜单。通过宏可以创建下拉菜单,宏中的子宏名将作为下拉菜单中的菜单项,操作命令用于指定菜单项执行的操作。单个宏也可作为下拉菜单,即只包含一个菜单项。

(2) 菜单栏。菜单栏是通过操作命令 AddMenu 将下拉菜单连接在一起的。每个窗体都可以添加菜单栏,但要先创建菜单栏,再为窗体添加菜单。

6.4 调试宏

在宏的运行过程中,如果发生了错误,或者无法打开相关的宏,此时就应该检查所设置的宏命令(包括操作参数)是否正确,然后再一步一步地反推,直到找出问题可能存在的位置,像这样循序反推、检查排错的过程,称为单步调试(Debug)。宏的这种调试技术与许多高级程序设计语言中提供的程序单步调试是类似的。

宏的调试是创建宏后必须进行的一项工作,尤其是对于由多个操作组成的复杂宏,更是需要进行反复调试,观察宏的流程和每一个操作的结果,排除导致错误或产生非预期结果的操作。

可以通过 Access 提供的"单步"执行的功能对宏进行调试。"单步"执行一次只运行宏的一个操作,这时可以观察宏的运行流程和运行结果,从而找到宏中的错误,并排除错误。对于独立宏可以直接在宏设计器中进行宏的调式,对于嵌入宏则要在嵌入的窗体或报表对象中进行调试。

一般的,调试宏的具体方法如下。

(1) 打开数据库,在导航窗格中,选择需要调试的宏,打开宏的设计视图。

(2) 在"宏工具|设计"选项卡"工具"组中单击"单步"按钮。

(3) 在"宏工具|设计"选项卡"工具"组中单击"运行"按钮,弹出如图 6.22 所示的"单步执行宏"对话框。在该对话框中,显示了将要执行的宏操作的相关信息,包括"宏名称""条件""操作名称"和"参数"4 部分,同时对话框中的文字显示了将要执行的宏操作的具体情况。

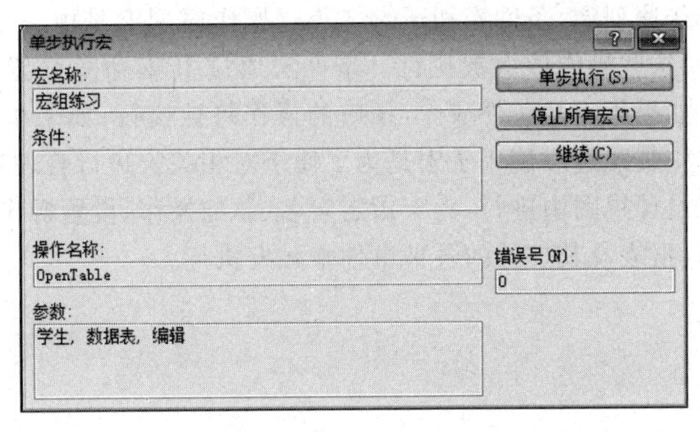

图 6.22 "单步执行宏"对话框

(4) 单击"单步执行宏"对话框中的"单步执行"按钮,将执行当前对话框中所显示的宏操作;单击"停止所有宏"按钮,将终止所有宏的运行,同时自动关闭"单步执行宏"对话框;单击"继续"按钮,将关闭"单步执行宏"对话框并退出单步执行模式,执行宏未完成的操作。

如果宏的操作有误,Access 将弹出"操作失败"对话框,这时可单击"停止所有宏"按钮终止宏的运行,修改完毕再重新运行。

在实例 6.5 中,如果未在窗体中调用"密码验证"宏,而是采用双击该宏的方式直接打开宏,就会弹出如图 6.23 所示的"操作失败"对话框。

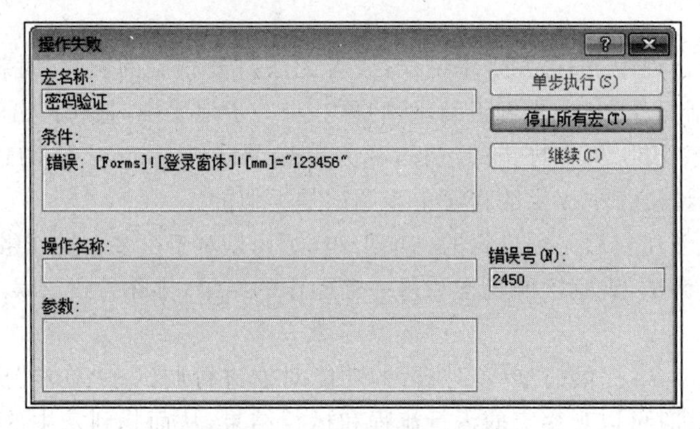

图 6.23 "操作失败"对话框

(5) 根据需要,可以调试宏中的每一个操作,直至完成整个宏的调试为止。

【说明】 一旦单击"单步"按钮,Access 将一直以"单步"方式执行所有的宏,直到"单步"状态被取消或 Access 被关闭,所以应该在完成所有的调试之后取消"单步"状态。

本章小结

宏是数据库的对象之一。宏的功能强大,一条宏命令相当于一段程序,使用宏减少了编程给初学者带来的麻烦,并且有些操作必须使用宏来实现。

宏可以分为操作序列宏、条件宏和子宏 3 类。操作序列宏是由一个或多个宏操作组成的序列,运行宏时这些操作依次被执行。条件宏通过 If 宏命令设置条件,可以有选择地执行某些操作。如果指定的条件成立,相应的操作将被执行;如果指定的条件不成立,该条件对应的操作将被跳过。使用子宏是为了便于对相关宏进行管理和使用。

创建宏要在宏设计视图中进行,为宏指定宏名、添加操作、设置操作参数等。

宏通常由窗体、报表及其控件的各种事件来触发执行。

思考题

1. 什么是宏,它有什么作用?
2. 宏设计视图由哪几部分组成?

3. 什么是子宏，它有什么特点？
4. 什么是条件宏，条件宏是如何运行的？
5. 如何为宏添加条件？
6. 运行宏的方法有哪几种？
7. 如何用宏控制窗体、报表、查询和设计菜单？
8. 简述调试宏的一般过程。

第 7 章　VBA 与模块

本章导读

前面各章的内容主要是通过交互式操作实现数据库管理，使用起来比较方便。但在实际应用中，很多时候要求通过自动操作来实现对数据的管理。尽管利用宏可以实现一部分自动数据管理或者完成事件响应的处理，但宏只能按照系统设定好的操作命令执行，不能自定义一些函数，缺乏灵活性。而采用 VBA 模块编程不仅能完成宏无法完成的操作，而且能开发出功能强大、结构更加复杂的数据库应用系统。

本章主要介绍 VBA 编程基础、模块的创建及数据库对象的访问。

7.1　VBA 与模块概述

在设计数据库应用系统的一些特殊功能时，需要用“模块”对象来实现，这些“模块”都是用 VBA 语言来创建的。

7.1.1　VBA 简介

VBA(Visual Basic for Application)是 Microsoft Office 系列软件的内置编程语言，它使得在 Microsoft Office 系列软件中开发应用程序更加容易，并且可以完成特殊的、复杂的操作。在 Access 中，当某些操作不能用 Access 其他对象完成，或实现起来困难时，就可以利用 VBA 语言编写代码，完成这些复杂任务。

VBA 与 Visual Studio 系列中的 VB(Visual Basic)编程语言很相似，包括各种主要的语法结构、函数命令等，二者都来源于同一种编程语言 BASIC。VBA 与 VB 所包含的对象集是相同的，也就是说，对于 VB 所支持对象的多数属性和方法，VBA 也同样支持。但二者并非完全一致，在许多语法和功能上有所不同，VBA 从 VB 中获得了主要的语法结构，另外又提供了很多 VB 中没有的函数和对象，这些函数和对象都是针对 Office 应用的，以增强 Word、Excel 等软件的自动化能力。

VBA 与 VB 的最大不同之处是，VBA 不能在一个环境中独立运行，也不能使用它创建独立的应用程序，也就是说 VBA 需要宿主应用程序支持它的功能特性。宿主应用程序，诸如 Word、Excel 或 Access，能够为 VBA 编程提供集成开发环境。

在 Access 中，用 VBA 语言编写的代码，将保存在一个模块里，并通过类似在窗体中触发宏那样来启动这个模块，从而实现相应的功能。

模块与宏的使用方法基本相同。在 Access 中，宏也可以存储为模块，宏的每个基本操作在 VBA 中都有相应的等效语句，使用这些语句就可以实现所有单独的宏命令，所以 VBA 的功能是非常强大的。要用 Access 来开发一个实用的数据库应用系统，就应该掌握 VBA。

7.1.2 模块简介

模块是 Access 对象之一，起着存放用户为实现某种操作而编写的 VBA 代码的作用，模块中的代码以过程的形式加以组织。模块是将 VBA 声明和过程作为一个单元进行保存的集合。

在 Access 中，模块有类模块和标准模块两类。

1. 类模块

类模块是可以包含新对象的定义的模块，一个类的每个实例都新建一个对象。在模块中定义的过程为该对象的属性和方法。Access 2016 中的类模块可以独立存在，也可以与窗体和报表同时出现。所以，可以将类模块分为以下 3 类。

① 自定义类模块：用这类模块能创建自定义对象，可以为这些对象定义属性、方法和事件，也可以用 New 关键字创建窗体对象的实例。

② 窗体类模块：该模块中包含在指定的窗体或其控件上事件发生时触发的所有事件过程的代码。这些过程用于响应窗体的事件，实现窗体的行为动作，从而完成用户的操作。

③ 报表类模块：该模块中包含在指定报表或其控件上发生的事件触发的所有事件过程的代码。

窗体和报表模块都各自与某一窗体或报表相关联。在为窗体或报表创建第一个事件过程时，Access 将自动创建与之关联的窗体或报表模块。

2. 标准模块

标准模块一般用于存放公共过程（函数过程和子过程）和公共变量，不与其他 Access 对象相关联。

在标准模块中，通常为整个应用系统设置全局变量或通用过程，供其他窗体或报表等数据库对象在类模块中使用或调用。反过来，在标准模块的子过程中，也可以调用窗体或运行宏等数据库对象。

7.1.3 VBA 编程环境

Access 系统为 VBA 提供了一个编程开发环境 VBE(Visual Basic Editor)。VBE 是以 VB 编程环境的布局为基础的，在 VBE 下，可编写程序、创建模块。

1. 进入 VBE 窗口

Access 模块分为类模块和标准模块两种，它们进入 VBA 编程环境的方式也有所不同。

(1) 类模块。以窗体为例,首先进入窗体设计视图,选定需要对之编写事件代码的控件,例如,选定某个命令按钮,打开该控件的“属性表”窗格,如图 7.1 所示。

选择“事件”选项卡中的某个事件(如“单击”),单击该栏右侧的“选择生成器”按钮 ,打开“选择生成器”对话框,如图 7.2 所示。在“选择生成器”对话框中,选中“宏生成器”选项,然后单击“确定”按钮,即可打开 VBE 窗口,如图 7.3 所示。

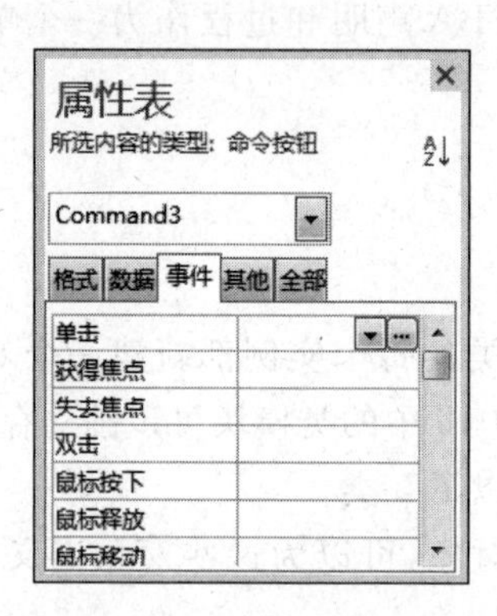

图 7.1 “属性表”窗格

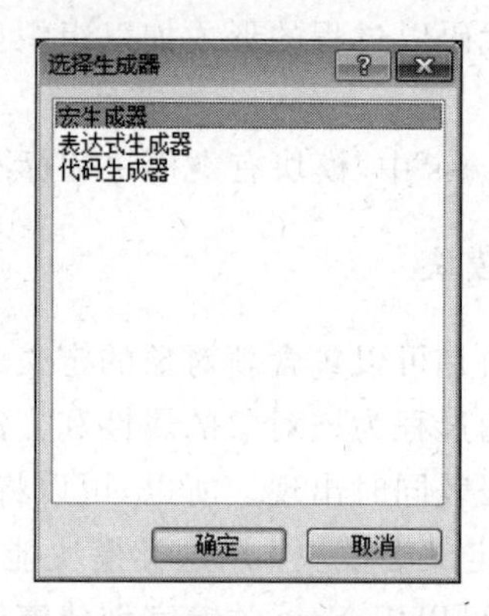

图 7.2 “选择生成器”对话框

单击“创建”选项卡“宏与代码”组的“Visual Basic”按钮 ,也可进入如图 7.3 所示 VBE 窗口。

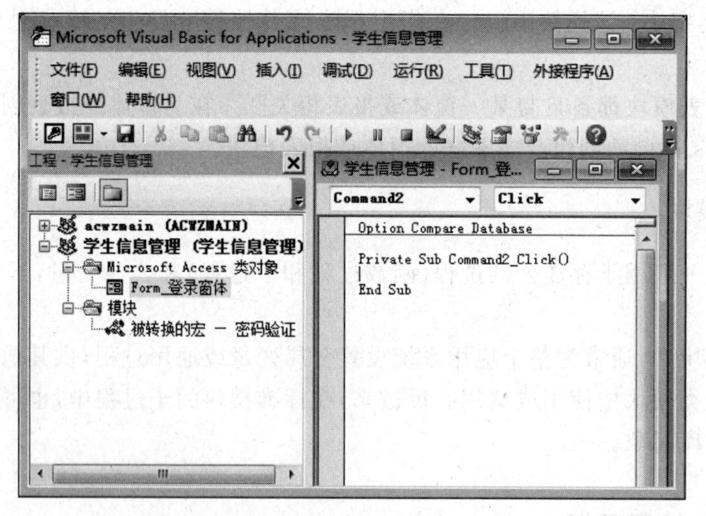

图 7.3 VBE 窗口

(2) 标准模块。对于标准模块,常用的进入 VBE 的方法有如下两种。

① 创建新的标准模块。单击“创建”选项卡“宏与代码”组的“模块”按钮 ,即可启动 VBE 编辑窗口,并创建一个空白模块。

② 编辑已有的标准模块。在导航窗格中右击要编辑的模块对象,在弹出的快捷菜单中选择“设计视图”命令,就可以启动 VBE,并使得 VBE 代码窗口中显示被选中的模块对象包含的程序代码。在导航窗格中,直接双击要编辑的模块对象,也可以启动 VBE。

2. VBE窗口组成

VBE编辑窗口中,主要包含标准工具栏、工程窗口、属性窗口和代码窗口等。

(1) 标准工具栏。标准工具栏如图7.4所示,鼠标指向某按钮,就会显示按钮的名称。主要按钮的功能如下。

图7.4 标准工具栏

① "视图 Microsoft Office Access"按钮:切换到Access窗口,按Alt+F11组合键可在VBE窗口和数据库窗口间切换。

② "插入模块"按钮:用于插入新模块对象。只要单击此按钮,系统将自动新建另一模块对象,并置新模块对象为当前操作目标。

③ "运行宏"按钮:运行模块中的程序。如果光标在过程中,则运行当前过程;如果用户窗体处于激活状态,则运行用户窗体;否则将运行宏。

④ "中断"按钮:中断正在运行的程序。

⑤ "重新设置"按钮:结束正在运行的程序。

⑥"设计模式"按钮:在设计模式与非设计模式之间切换。

⑦"工程资源管理器"按钮:打开工程资源管理器窗口。

⑧"属性窗口"按钮:打开属性窗口。

⑨"对象浏览器"按钮:打开对象浏览器窗口。

VBE使用多种窗口来显示不同对象或是完成不同任务,如代码窗口、属性窗口、工程资源管理器窗口、对象浏览器窗口、立即窗口和监视窗口等。通过VBE窗口的"视图"菜单可以打开各种窗口。

(2) 工程资源管理器窗口。工程资源管理器窗口又称工程窗口,一个数据库应用系统就是一个工程,系统中的所有类模块对象及标准模块对象都在该窗口中显示出来。工程资源管理器窗口的列表框列出了在应用程序中用到的模块,双击其中的某个模块,相应的代码窗口就会显示出来。

工程资源管理器窗口中包含3个工具栏按钮,功能如下:

① "查看代码"按钮:显示代码窗口,用来编辑所选工程目标代码。

② "查看对象"按钮:打开相应对象窗口,可以是文档或是用户窗体的对象窗口。

③ "切换文件夹"按钮:显示或隐藏对象分类文件夹。

(3) 属性窗口。属性窗口列出了选定对象的属性,可以在设计时查看、改变这些属性。当选取了多个控件时,属性窗口会列出所有控件的共同属性。

属性窗口的窗口部件主要有对象下拉列表和属性列表框。如图7.5所示。

对象下拉列表用于列出当前所选的对象,但只能列出当前窗体中的对象。如果选取了多个对象则会以第一个对象为准,列出各对象均具有的共同属性。

图 7.5 属性窗口

属性列表框可以按分类或字母对象属性进行排序。

①“按字母序”选项卡：按字母顺序列出了所选对象的所有属性以及其当前设置，这些属性和设置可以在设计时改变。若要改变属性的设置，可以选定属性名，然后在其右侧文本框中输入新值或直接在其中选取新的设置。

②“按分类序”选项卡：根据性质、类型列出所选对象的所有属性。

(4) 代码窗口。代码窗口用来显示、编写以及修改 VBA 代码。实际操作中，可以打开多个代码窗口，查看不同窗体或模块中的代码，代码窗口之间可以进行复制和粘贴，如图 7.6 所示。

图 7.6 代码窗口

“代码窗口”主要有对象下拉列表、过程下拉列表、代码框等组成。

① 对象下拉列表：显示对象的名称。单击下拉列表中的下拉箭头，可查看或选择其中的对象，对象名称为建立 Access 对象或控件对象时的命名。

② 过程下拉列表：在对象下拉列表中选择了一个对象后，该对象相关的事件会在过程下拉列表显示出来，可以根据应用的需要设置相应的事件过程。

③ 代码框：输入程序代码。

④ 过程视图：只显示所选的一个过程。

⑤ 全模块视图：显示模块中全部过程。

7.1.4 VBA编程方法

VBA提供面向对象的设计功能和可视化编程环境。编写程序的目的就是通过计算机执行程序解决实际问题。下面通过实例说明VBA程序设计的方法及步骤。

实例7.1 新建一个窗体，如图7.7所示。单击“显示”按钮，窗体的标题显示为“welcome to you!”，文本框中显示“欢迎您学习VBA编程”(颜色为红色，字号20磅)；单击“清除”按钮，清空文本框。

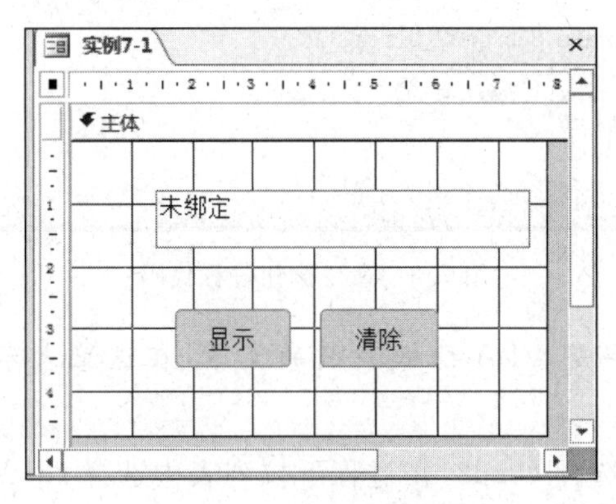

图7.7 实例7.1窗体

操作步骤如下。

(1) 创建用户界面，即创建如图7.7所示的窗体。创建用户界面是面向对象程序设计的第一步，用户界面的基础是窗体及窗体上的控件，同时，要根据需要设置它们的属性。

新建一个窗体，创建一个名称为“Text1”的文本框和两个命令按钮。名称为“Cmd1”的命令按钮的标题为“显示”，名称为“Cmd2”的命令按钮的标题为“清除”。

(2) 选择事件并打开VBE窗口。在窗体设计视图中，右击“显示”按钮，打开相应的“属性表”窗格，选择“事件”选项卡中的“单击”事件，单击该栏右侧的“选择生成器”按钮 ...，打开“选择生成器”对话框，如图7.2所示。在“选择生成器”对话框中，选中“代码生成器”选项，然后单击“确定”按钮，即可打开VBE窗口。

(3) 输入VBA代码。打开VBE后，光标自动停留在所选定的事件过程框架内，在其中输入VBA代码，如图7.8所示。在这段代码中，第一行和最后一行是自动显示出来的事件过程框架，其中第一行中Cmd1_Click为事件过程名，最后一行End Sub为过程的结束标志，它们之间的行是单击“显示”按钮要完成的任务，对应过程代码如下：

```
Private Sub Cmd1_Click()
    Me.Caption="welcome to you!"           '设置窗体的标题
    Text1.ForeColor=vbRed                  '文本框的前景色设置为红色
    Text1.FontSize=20                      '文本框的字号设置为20磅
    Text1.SetFocus                         '调用SetFocus方法,将焦点移动到文本框
```

```
    Text1.Text="欢迎您学习 VBA 编程!"          '文本框显示文字
End Sub
```

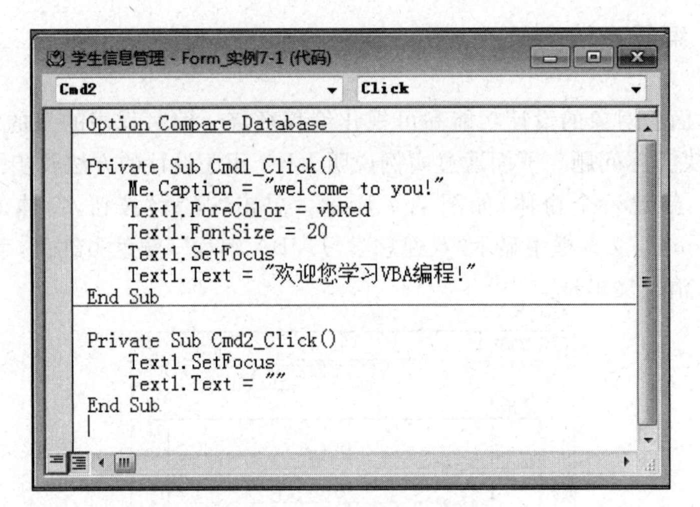

图 7.8　命令按钮过程代码

【说明】 Me 关键字是 VBA 隐式声明的变量，在这里表示执行这个事件过程的窗体。

在对象下拉列表中选择 Cmd2，在过程下拉列表中选择 Click，然后系统自动显示出 Cmd2_Click 事件过程框架，输入如下代码：

```
Private Sub Cmd2_Click()
    Text1.SetFocus                   '文本框得到焦点
    Text1.Text=""                    '文本框的值为空字符串
End Sub
```

输入完所有代码之后，选择“文件”菜单的“保存”命令，或单击“保存”按钮，保存程序。

(4) 运行程序。切换到窗体视图，单击“显示”按钮，则与该事件相关的 Cmd1_Click 过程开始运行，运行结果如图 7.9(a)所示。单击“清除”按钮，运行 Cmd2_Click 事件过程，运行结果如图 7.9(b)所示。保存窗体为“实例 7.1”。

(a) Cmd1_Click事件过程

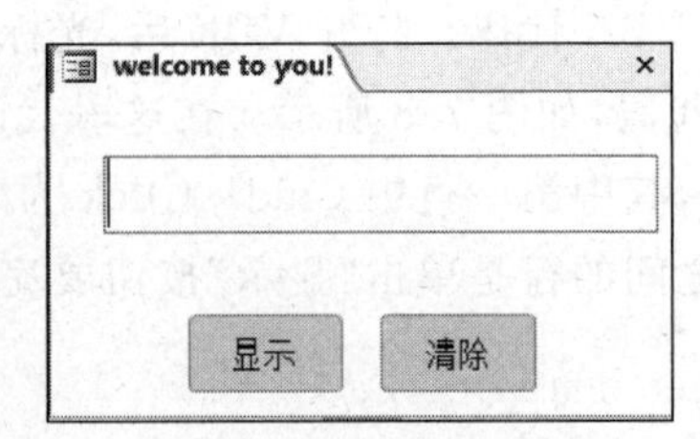

(b) Cmd2_Click事件过程

图 7.9　事件过程运行后的窗口

【归纳】

在设计好窗体或报表之后，就可以编写程序了，大多数情况下，要编写的是窗体或窗体上控件的事件过程。编写程序的一般步骤如下。

(1) 选择事件并打开 VBE。

(2) 输入 VBA 代码。

(3) 运行窗体，即运行程序。

7.2 面向对象程序设计

Access 内嵌的 VBA，不仅功能强大，而且采用目前主流的面向对象程序设计机制和可视化编程环境，其核心由对象及响应各种事件的代码组成。

7.2.1 面向对象程序设计概述

面向对象程序设计(OOP，Object Oriented Programming)，不仅是一种程序设计方法，更多意义上是指一种程序开发方式。它将对象作为程序的基本单元，将数据和对数据的操作封装其中，以提高软件的重用性、灵活性和扩展性。

面向对象是观察世界和编写计算机程序的自然方式。面向对象编程使人们的编程与实际的世界更加接近，所有的对象被赋予属性和方法，从而编程就更加富有人性化，编程的结构更加清晰完整，数据更加独立和易于管理。

7.2.2 对象和类

1. 对象

客观世界的任何实体都可以被看作是对象(object)。对象可以是具体的事物，也可以是某些概念，例如，一辆汽车、一名学生、一个窗体、一个命令按钮都可以作为对象。每个对象都具有描述它的特征的属性，及附属于它的行为。对象把事物的属性和行为封装在一起，是一个动态的概念。

在 Access 中，除表、查询、窗体、报表、宏和模块等对象外，还可以在 VBA 中使用一些范围更广泛的对象，例如，记录集对象、DoCmd 对象等。

2. 类

所谓类(class)，就是一组对象的属性和行为特征的抽象描述。或者，类是具有共同属性、共同操作性质的对象的集合。类就像是一个模板，是对象的抽象。对象都是由类创建的，是类的一个实例。类定义了对象的属性、事件和方法，从而决定了对象的属性和它的行为。例如，汽车是一个类，它有颜色、车轮、车门、发动机等特征，而具体到某辆汽车就是一个对象了，例如，车牌照为鲁 Y123456 的黑色红旗轿车。

7.2.3 对象的组成要素

对象有属性、事件和方法 3 个要素组成。

1. 对象的属性

对象的属性用于描述对象的特征。例如，一个文本框的名称、颜色、字体、是否可见等属性，决定了该对象展现给用户的外观及功能。

对象的属性设置可以通过属性窗口设置，即在设计阶段设置属性，也可以在程序中通过代码来实现，即在运行期间设置属性，其格式如下：

```
对象名.属性=属性值
```

例如，将标签 Label1 的 Caption 属性赋值为字符串“欢迎您”，其在程序代码中的书写形式为：

```
Label1.Caption="欢迎您"
```

【说明】 对象的属性名是固定的，用户无法改变，但对象的属性值可以根据需要进行设置。有些属性只可以在设计时通过属性窗口来设置，而在程序运行时是不能改变的。而有些属性则既可以在设计阶段也可以在运行阶段设置。

2. 对象的事件

VBA 是采用事件驱动编程机制的语言。开发的程序以事件驱动方式运行，整个应用程序是由彼此独立的事件过程构成的。每个对象都能响应多个不同的事件，这些事件可以是用户对鼠标和键盘的操作，也可以由系统内部通过时钟计时产生，甚至由程序运行或窗口操作触发产生，因此，它们产生的次序是无法事先预测的。

(1) 事件。事件是指发生在某一对象上的事情。例如，在命令按钮这一对象上可能发生鼠标单击(Click)、鼠标移动(Mouse Move)、鼠标按下(Mouse Down)等鼠标事件，也可能发生键盘按下(Key Down)等键盘事件。

(2) 事件过程。当在对象上发生了事件后，应用程序就要处理这个事件，而处理的步骤就是事件过程。VBA 的主要工作就是为对象编写事件过程中的程序代码。一个事件过程的代码结构一般如下：

```
Sub 对象名_事件名称( )
    事件过程代码
End Sub
```

一个对象的事件过程将对象的实际名字(在 Name 属性中规定的)、下画线(_)和事件名组合起来。例如，如果希望单击名为 Cmd1 的命令按钮，会执行一些操作，则要使用 Cmd1_Click 事件过程。

【说明】 在开始为对象编写事件过程之前先设置对象的 Name 属性，这样可以避免在编译时产生一定的错误隐患。如果在对象添加事件过程之后又更改对象的名字，那么也必须更改事件过程的名字，以符合对象的新名字。

3. 对象的方法

对象的方法是指对象的行为方式，即对象能执行的操作，对象方法的调用格式如下：

```
对象.方法[参数列表]
```

其中，要调用的方法不具有参数时，参数列表可以省略。

例如，将光标置于文本框 Text1 中：

```
Text1.Setfocus
```

7.3 VBA 编程基础

VBA 应用程序包括两个主要部分，即用户界面和程序代码。其中，用户界面由窗体和控件组成，而程序代码则由基本的程序元素组成，包括数据类型、常量、变量、函数、运算符和表达式等。

7.3.1 数据类型

在数据库中创建表对象时，已经使用过了字段类型。Access 表中的字段使用的数据类型(OLE 对象、附件等除外)在 VBA 中都有对应的类型。由 VBA 系统定义的基本数据类型共有 11 种，每一种数据类型所使用的关键字、占用的存储空间和数值范围是各不相同的，如表 7.1 所示。

表 7.1 VBA 基本数据类型

数据类型	关键字	说明符	存储空间	取值范围
字节型	Byte	无	1	0～255
整型	Integer	%	2	－32 768～32 767
长整型	Long	&	4	－2 147 483 648～2 147 483 647
单精度型	Single	!	4	正值范围：1.401298E-45～3.402823E38 负值范围：－3.402823E38～－1.401298E-45
双精度型	Double	#	8	正值范围：4.94065645841247E-324～1.79769313486232E308 负值范围：－1.79769313486232E308～－4.94065645841247E-324
货币型	Currency	@	8	－922 337 203 685 477.580 8～922 337 203 685 477.580 7
字符型	String	$	与字符串长度有关	0～65 535 个字符

续表

数据类型	关键字	说明符	存储空间	取值范围
逻辑型	Boolean	无	2	True 与 False
日期型	Date	无	8	100 年 1 月 1 日～9999 年 12 月 31 日
对象型	Object	无	4	任何引用对象
变体型	Variant	无	根据定义	

除了上述系统提供的基本数据类型外，VBA 还支持用户自定义的数据类型。自定义数据类型实质上是由基本数据类型构造而成的一种数据类型，可以根据需要来定义一个或多个自定义数据类型。

7.3.2 常量

常量是指在程序运行的过程中，其值不能被改变的量。在 Access 中，VBA 的常量包括直接常量、符号常量、固有常量和系统定义常量 4 种。

1. 直接常量

直接常量通常指的是数值或字符串常量。数值常量由数字组成，表示具体的数值，如 23876。字符串常量由定界符(引号)将字符括起来，如"abc"。

2. 符号常量

对于一个具有特定意义的数字或字符串，或在程序中需要反复使用的相同值，可以用符号常量来代表。一般用 Const 语句来说明符号常量。

例如：

```
Const cPI=3.14159
```

定义符号常量 cPI，其值为 3.14159，在以后的程序中，可以使用 cPI 来代替常用的 π 值参加运算。

【说明】 符号常量在程序运行过程中只能作读取操作，而不允许修改或为其重新赋值，也不允许有与固有常量同名。

3. 固有常量

固有常量是 Access 或 VBA 的一部分，是在 Access 或 VBA 的类库中定义的。Access 或 VBA 包含了许多预定义的固有常量。固有常量使用两个字母的前缀，表示该常量所在的对象库。来自 Access 库的常量以 ac 开头，来自 ADO 库的常量以 ad 开头，来自 Visual Basic 库的常量则以 vb 开头，如：acForm 、adAddNew、vbCurrency。

所有的固有常量都包含在类库中，只有在模块中引用了常量，被引用的常量才能装到内存中。要查看这些常量可以使用 Access 中的对象浏览器。

4. 系统定义常量

系统定义常量有3个：True、False和Null，系统定义常量可以在所有应用程序中使用。

7.3.3 变量

计算机在处理数据时，必须将其存储在内存中。在高级语言如VBA中，可将存放数据的内存单元命名，通过内存单元的标识名来访问其中的数据，一个有名称的内存单元就是变量。与常量不同，变量的值在程序运行过程中是可以改变的。

每个变量都有一个名称和相应的数据类型，通过名称来引用一个变量，数据类型决定了该变量的存储方式。

1. 变量的命名规则

变量代表在程序执行过程中其值可以改变的存储单元，这个存储单元的名称称为变量名。VBA变量名的命名规则如下。

(1) 以字母或汉字开头，后可跟字母、数字或下画线，长度不能超过255个字符。

(2) 不能使用VBA中的关键字，不能包含空格、@、$、&、*、! 等字符。

(3) VBA语言中不区分变量名的大小写，如abc、aBC、ABC等指的是同一个变量名。

为了增加程序的可读性，可在变量名前加一个数据类型缩写的前缀来表明该变量的数据类型。如strAbc(字符型变量)、iCount(整型变量)、dblx(双精度型变量)等。

2. 变量的声明

任何变量都属于一定的数据类型，包括基本数据类型和用户自定义的数据类型。声明变量就是用一个语句来定义变量的类型。声明变量的语句并不把值分配给变量，而是告知变量将存放什么类型的数据，以便系统为它分配存储单元。在VBA中，声明变量分为隐式声明和显式声明两种。

(1) 隐式声明。隐式声明变量是指不经过特别声明就直接使用变量，这时变量类型被默认为Variant型(变体型)。隐式声明虽然方便，但它可能会在程序代码中导致严重的错误，而且Variant型比其他数据类型所占的内存要多。

(2) 显式声明。显式声明变量是指使用变量前先进行声明。可以使用Dim语句声明变量，其格式如下：

```
Dim变量名 [As 数据类型]
```

如果不使用“As 数据类型”可选项，默认定义的变量为Variant型。也可在变量名后加类型符来代替“As 数据类型”，此时变量名与类型符之间不能有空格。如下面的两个声明语句是等价的：

```
Dim x As Integer
```

```
Dim x%
```

一条 Dim 语句可以同时定义多个变量，但每个变量必须有自己的类型声明，类型声明不能共用。例如：

```
Dim y1 As Integer, y2 As Integer, y3 As Single
Dim y1 ,y2 As Integer,
```

前一条语句分别创建了整型变量 y1、y2 和单精度型变量 y3，而后一条语句则创建了 Variant 型变量 y1 和整型变量 y2。

对于字符串类型变量，根据其存放的字符串长度是否固定，可定义为定长型或变长型。若定义定长型字符串变量，存放的最多字符数有 * 号后面的数据决定，多余部分截去。例如：

```
Dim s1 As String
Dim s2 As String * 50
```

前一条语句声明变长型字符串变量 *s*1，后一条语句声明可存放 50 个字符的定长型字符串变量 *s*2。

如果要求在使用变量前必须先声明该变量，则应在模块的通用声明位置包含语句：

```
Option Explicit
```

7.3.4　运算符与表达式

程序中对数据的操作，其本质是指对数据的各种运算。描述各种不同运算的符号称为运算符。被运算的对象，如常量、变量、函数等称为操作数。VBA 中的运算符可分为算术运算符、字符串运算符、关系运算符和逻辑运算符。用运算符将常量、变量或函数连接起来的有意义的式子称为表达式，表达式按其所含运算符和运算对象的不同，可分为算术表达式、字符串表达式、关系表达式和逻辑表达式等。

1. 算术运算符

算术运算符用来对数值型数据进行算术运算。VBA 提供的算术运算符如表 7.2 所示。除"—"外都是双目运算符。"—"在单目运算符中是负号的意思，在双目运算符中表示减法运算。在表 7.2 中均假设变量 $y=3$。

表 7.2　算术运算符

运算符	含义	优先级	表达式举例	运算结果	说　明
^	乘方	1	y^3	27	y^3 是 y * y * y
—	负号	2	—y	—3	
*	乘	3	y * y * 2	18	
/	除	3	10/y	3.333333	标准除法运算，其结果为浮点数

续表

运算符	含义	优先级	表达式举例	运算结果	说　明
\	整除	4	10\y	3	结果取商的整数部分
Mod	取模	5	10 mod y	1	结果是两个数相除得到的余数
＋	加	6	10＋y	13	
－	减	6	10－3	7	

【说明】

(1) 算术运算符两边的操作数要求是数值型，若是数字字符或逻辑型，则自动转换成数值型后再做相应的运算。例如：

```
10-True                    '运算结果为11,逻辑值True转换为数值-1,False转换为0
False+10+"2"               '运算结果为12
```

(2) 整除运算符"\"和取模运算符 Mod 一般要求操作数为整数，当操作数中带有小数时，Visual Basic 会自动将操作数四舍五入为整数后再进行运算。例如：

```
5^2 Mod 5^2\6.45           '运算结果为1
```

2. 字符串运算符

字符串运算符有两个：& 和＋，它们的作用是将两个字符串连接起来。两者的主要区别如下。

＋：运算符两边的操作数都是字符型时，则进行字符串连接运算；同为数值型时，则进行算术加法运算；如果有一个为非数字字符而另一个为数值型，则计算结果出错。

&：运算符两边的操作数无论是什么类型都要先转换为字符型，然后进行连接运算。

表 7.3 列出了 & 和＋运算符的表达式举例，当操作数数据类型不同时，表达式的结果也不相同。

表 7.3　字符串运算符应用举例

操作数 a	操作数 b	a＋b 的结果	a&b 的结果
"100"	"200"	"100200"	"100200"
100	200	300	"100200"
"100"	200	300	"100200"
"abc"	"200"	"abc200"	"abc200"
"abc"	200	出错	"abc200"

3. 关系运算符

关系运算符都是双目运算，是用来比较两个操作数的大小的。关系表达式的运算结果为逻辑值。若关系成立，结果为 True；若关系不成立，结果为 False。表 7.4 列出了 VBA 中的关系运算符。

表 7.4　关系运算符

运算符	含　义	表达式举例	运算结果
＝	等于	"abc"＝"abd"	False
＞	大于	"abc"＞"abd"	False
＞＝	大于等于	"abc"＞＝"计算机"	False
＜	小于	6＜(3＋4)	False
＜＝	小于等于	"123"＜＝"abc"	True
＜＞	不等于	"abc"＜＞"abd"	True
Like	字符串匹配	"abc" Like "＊abc＊"	True

关系运算符在比较时遵循如下规则。

(1) 如果两个操作数都是数值型，则按数值大小进行比较。

(2) 如果两个操作数都是字符型，则按字符的 ASCII 码值从左到右逐个进行比较，直到出现不同的字符为止，ASCII 码值大的那个操作数大。例如，"ABCDE"＞"ABRA"，结果为 False。

(3) 汉字字符大于西文字符。

(4) Like 关系运算符可以与通配符结合使用，用于实现模糊查询。

(5) 所有关系运算符的优先级相同。

4. 逻辑运算符

逻辑运算符的作用是对操作数进行逻辑运算，操作数可以是逻辑值 True 或 False，也可以是关系表达式，运算结果是 True 或 False。逻辑运算符除 Not 是单目运算符外，其余都是双目运算符。VBA 中的逻辑运算符有 6 种，如表 7.5 所示。

表 7.5　逻辑运算符

运算符	含义	优先级	表达式举例	运算结果	说　明
Not	取反	1	Not("a"＞"b")	True	当操作数为假时，结果为真；当操作数为真时，结果为假
And	与	2	(5＞＝3) And (9＞5)	True	两个操作数都为真时，结果才为真
Or	或	3	(4＝5) Or (4＜＞5)	True	两个操作数中有一个为真时，结果为真。两个操作数都为假时，结果才为假
Xor	异或	4	(8＝7) Xor (10＞7)	True	两个操作数一真一假时，结果才为真，否则为假
Eqv	等价	5	(12＞8) Eqv ("c"＞"d")	False	两个操作数的值相同，结果才为真
Imp	蕴涵	6	(10＝10) Imp (12＞22)	False	第 1 个操作数为真，第 2 个操作数为假时，结果才为假，否则为真

5. 表达式

表达式是指由常量、变量、函数、运算符及圆括号按一定的规则组成的式子。表达式通过运算后返回一个结果，运算结果的类型由操作数和运算符共同决定。

书写表达式必须遵循一定的规则，否则系统将无法识别。

(1) 表达式的书写规则如下。

① 运算符不能相邻。例如，$a+*b$ 是错误的。

② 在一个表达式中出现的括号应全部是圆括号，且必须配对使用。

③ 表达式从左到右在同一基准并排书写，不能出现上、下标。如 x^2 应写为 x^2。

(2) 运算符优先级。当一个表达式中出现了多种不同类型的运算符时，到底先做哪个后做哪个，这在 VBA 中是有规定的。在一个表达式中，运算的先后顺序取决于运算符的优先级，即优先级高的先做，优先级低的后做，如果两个运算符的优先级一样，则按照从左到右的顺序进行。各种运算符的优先级在 VBA 中规定如下。

① 优先级由高到低的顺序：算术运算符＞字符串运算符＞关系运算符＞逻辑运算符。

② 圆括号的优先级最高，因此允许用添加圆括号的方法来改变运算符的执行顺序，且能使优先级和表达式更清晰。

7.3.5 常用的内置函数

在程序设计语言中，函数是具有特定运算、能完成特定功能的模块。例如，求一个数的平方根、正弦值等。在程序中要使用一个函数时，只要给出函数名及参数，就能得到它的函数值。VBA 提供了大量的内置函数(也称标准函数)供用户在编程时调用。内置函数按其功能可分为数学函数、转换函数、字符串函数、日期函数和输入输出函数等。

1. 数学函数

数学函数与数学中的定义一样，用于完成一些基本的数学运算，包括三角函数、求平方根、绝对值及对数、指数函数等。其中一些函数的名称与数学中的相应函数的名称相同。表 7.6 列出了常用的数学函数，其中参数 N、$N1$ 和 $N2$ 为有效的数值表达式。

表 7.6 常用的数学函数

函数名	含义	实例	结果
Abs(N)	取绝对值	Abs(−3.5)	3.5
Sin(N)	正弦函数	Sin(0)	0
Cos(N)	余弦函数	Cos(0)	1
Tan(N)	正切函数	Tan(0)	0
Atn(N)	返回用弧度表示的反正切值	Atn(1)	0.785 398 163 397 448

续表

函数名	含义	实例	结果
Exp(*N*)	以 e 为底的指数函数，即 e^N	Exp(3)	20.085 536 923 187 7
Log(*N*)	以 e 为底 *N* 的自然对数	Log(10)	2.302 585 092 994 05
Rnd[(*N*)]	产生大于等于 0 小于 1 的随机数	Rnd	0～1 之间的随机数
Sgn(*N*)	符号函数	Sgn(−3.5)	−1
Sqr(*N*)	平方根	Sqr(9)	3
Fix(*N*)	取整	Fix(−3.5)	−3
Int(*N*)	取小于或等于 *N* 的最大整数	Int(−3.5) Int(3.5)	−4 3
Round(*N*1[,*N*2])	四舍五入(若省略 N2 则取整)	Round(88.48,1) Round(88.43)	88.5 88

【说明】

(1) 在三角函数中，参数均以弧度值为单位，而不是以度为单位，因此在已知度数求某个三角函数值的时候，需要首先将度数转换为弧度然后再计算。

(2) Rnd(*N*)函数用于产生一个位于区间[0,1]内的随机双精度数，这里的参数 *N* 称为随机数种子，它的值决定了 Rnd 生成随机数的方式。在 Rnd 函数中如果省略参数 *N*，默认参数是大于 0 的。

① $N<0$：每次都以 *N* 作为随机数的种子，得到相同的结果。

② $N>0$：每次产生一个新的随机数。

③ $N=0$：产生与最近随机数相同的数，且生成的随机数序列相同。

假设 *A* 和 *B* 是两个正整数，同时 $A<=B$，要产生[*A*,*B*]之间的随机整数，可以使用以下公式：

$$\text{Int}(\text{Rnd}*(B-A+1))+A$$

例如，产生位于[100,300]之间的随机整数的表达式如下：

```
Int(Rnd*201)+100
```

(3) 在使用随机数生成函数 Rnd 之前，需要对随机数发生器进行初始化，以便产生不同的随机数，在 VBA 中使用 Randomize 语句来初始化，该语句的使用格式如下：

```
Randomize [数值表达式]
```

例如：

```
Randomize Timer          '通过 Timer 函数返回的秒数来充当随机数种子
```

2. 字符串函数

字符串函数用来完成对字符串的一些基本操作和处理，如，求字符串的长度、截取字符串的子串、去掉字符串中的空格等。VBA 提供了大量的字符串函数，具有很强的字符处理能力，表7.7列出了常用的字符串函数。其中参数 *N*、*N*1 和 *N*2 为有效的数值表达式，*C*、*C*1 和 *C*2 为字符表达式。

表 7.7 常用的字符串函数

函数名	含义	实例	结果
Ltrim(*C*)	去掉字符串左边的空格	LTrim(" ABCD")	"ABCD"
Rtrim(*C*)	去掉字符串右边的空格	RTrim("ABCD ")	"ABCD"
Trim(*C*)	去掉字符串两边的空格	Trim(" ABCD ")	"ABCD"
Left(*C*,*N*)	取字符串左边 *N* 个字符	Left("Visual Basic",6)	"Visual"
Right(*C*,*N*)	取字符串右边 *N* 个字符	Right("Visual Basic",5)	"Basic"
Mid(*C*,*N*1[,*N*2])	返回从起始位置 *N*1 开始的 *N*2 个字符	Mid("ABCD",2,3)	"BCD"
Len(*C*)	返回字符串的长度	Len("水电出版社")	5
LenB(*C*)	返回字符串所占的字节数	Len("水电出版社")	10
Space(*N*)	返回 *N* 个空格的字符串	Space(5)	" "
InStr(*C*1,*C*2)	返回字符串 *C*2 在 *C*1 中首次出现的位置，不存在则为0	InStr("ABCDEFG","EF")	5
String (*N*,*C*)	返回由 *C* 中 *N* 个首字符组成的字符串	String(5,"abc")	"aaaaa"
Lcase(*C*)	大写字母转换为小写字母	Lcase("Abc")	"abc"
Ucase(*C*)	小写字母转换为大写字母	Ucase("abc")	"ABC"

3. 转换函数

在VBA编程中，经常要进行数据类型的转换，如将十进制转换成十六进制、将字符型转换成对应的ASCII码等。常用的转换函数如表7.8所示。其中参数 *N* 为数值表达式，*C* 为字符表达式。

表 7.8 常用的转换函数

函数名	含义	实例	结果
Asc(*C*)	返回第一个字符的ASCII值	Asc("ab")	97
Chr(*N*)	ASCII值转换为字符	Chr(65)	“A”
Val(*C*)	数字字符串转换为数值	Val("23.56")	23.56
Str(*N*)	数值转换为字符串	Str(34.56)	"34.56"
Hex(*N*)	十进制转换成十六进制	Hex(100)	64
Oct(*N*)	十进制转换成八进制	Oct(100)	144

4. 日期函数

日期函数可以显示日期和时间，如求当前的系统时间、某一天是星期几等。常用的日期函数如表 7.9 所示。其中参数 *D*、*D*1、*D*2 均为日期表达式。

表 7.9　日期函数

函数名	含义	实例	结果
Date( )	返回系统日期	Date( )	2017-02-09
Now( )	返回系统日期和时间	Now( )	2017-02-09 06:59:00 AM
Time( )	返回系统时间	Time( )	07:10:40AM
Day(*D*)	返回日期表达式的日期	Day(#2017/3/15#)	15
Month(*D*)	返回日期表达式的月份	Month(#2017/3/15#)	3
Year(*D*)	返回日期表达式的年份	Year(#2017/3/15#)	2017
Weekday(*D*)	返回星期代号(1～7)，星期日为1,星期一为2	Weekday(#2017/3/15#)	4
Hour(*D*)	返回日期表达式的小时数	Hour(#4:35:17PM#)	16
Minute(*D*)	返回日期表达式的分钟数	Minute(#4:35:17PM#)	35
Second(*D*)	返回日期表达式的秒数	Second(#4:35:17PM#)	17
DateAdd(间隔目标,间隔值,*D*)	对日期表达式按间隔目标加上指定的时间间隔数	DateAdd("yyyy",5,#2017/01/01#)	2022-01-01
DateDiff(间隔目标,*D*1,*D*2)	按间隔目标计算 *D*1 与 *D*2 之间的时间间隔	DateDiff("d",#2016/12/30#,#2017/01/01#)	2

【说明】 函数 DateAdd( )和 DateDiff( )中的参数“间隔目标”有好多设定值，常用的有：yyyy 为年、q 为季度、m 为月、d 为日、ww 为周、h 为小时、n 为分、s 为秒。

5. 输入输出函数

在 VBA 中，除使用上述函数处理数据外，还可以使用用户交互函数显示信息及接收用户输入。用于显示输出信息的函数是 MsgBox，接收用户输入数据的函数是 InputBox。

1) MsgBox 函数

格式：

```
MsgBox(提示[,按钮样式][,标题])
```

功能：在消息对话框内显示用户定义的提示信息。

【说明】

(1) “提示”是必需的字符串表达式，其内容作为提示信息显示在对话框中。

(2) “按钮样式”是可选整型表达式，用于指定显示按钮的数目和类型，及出现在消息框上的图标，如果省略，则默认值为0。

(3)“标题”指定消息框标题栏中要显示的字符串，如果省略，则为应用程序名。

(4) MsgBox可以作为一个语句使用，但要去掉函数名后面的括号。

例如：

```
MsgBox "欢迎您的光临!"
```

当程序执行该语句时，在屏幕上会弹出一个如图7.10所示的消息框。

图7.10 MsgBox函数消息框

2) InputBox函数

格式：

```
InputBox (提示[,标题][,默认值][,x坐标位置][,y坐标位置])
```

功能：弹出对话框，等待用户输入数据。如果用户单击“确定”按钮或按Enter键，则文本框中的字符串是函数的返回值；如果用户单击“取消”按钮，则函数的返回值是空串。

【说明】

(1)“提示”是必需的字符串表达式，其内容作为提示信息显示在对话框中。如果需要分多行显示，可以将回车符(Chr(13))或换行符(Ch(10))连接到提示字符串中。

(2)“标题”是可选字符串表达式，其内容显示在对话框的标题处，省略时显示应用程序名。

(3)“默认值”是可选字符串表达式。弹出对话框后，如果用户未输入而直接单击“确定”按钮或按Enter键，则函数返回指定的默认值。省略默认值时，返回空串。

(4)“x坐标位置，y坐标位置”是成对出现的，是可选的数值表达式。“x坐标位置”指定了对话框左边距屏幕左边的水平距离；“y坐标位置”指定了对话框上边距屏幕上边的距离。

例如：

```
Private Sub Form_Click()
    Dim strZh As String
    strZh=InputBox("请输入你的账号：", "InputBox示例", "Adminstrator")
End Sub
```

单击窗体时，首先弹出如图7.11所示的对话框，然后在对话框中输入数据，单击“确定”按钮即可。

图7.11 InputBox函数输入框

7.4 程序语句

程序是由语句组成的，语句是执行具体操作的指令，语句的组合决定了程序结构。VBA 与其他计算机语言一样，也具有结构化程序设计的 3 种基本控制结构，即顺序结构、选择结构和循环结构。

7.4.1 程序语句的书写格式

程序语句是能够完成某项操作的一条完整命令，是构成程序的基本单元。程序是由大量的程序语句构成的，程序语句可以包含关键字、常量、变量、函数、运算符以及表达式。

同任何程序设计语言一样，VBA 程序语句也有一定的书写规则，规定如下。

1. 不区分字母的大小写

在 VBA 程序语句中，不区分字母的大小写，但要求标点符号和括号等要用西文字符格式。语句中关键字的首字母均转换成大写，其余字母转换成小写。对用户自定义的变量和过程名，VBA 以第一次定义的格式为准，以后引用输入时自动向首次定义的格式转换。

2. 语句书写规定

通常将一条语句写在一行，若语句较长，一行写不下时，可在要续行的行尾加上续行符(空格＋下画线“_”)，在下一行续写语句代码。在同一行上可以书写多条语句，语句间用冒号“:”分隔。一行允许多达 255 个字符，输入一行语句并按 Enter 键，VBA 会自动进行语法检查，如果语句存在错误，该行代码以红色提示(或伴有错误信息提示)。

3. 使用注释语句

通常，一个好的程序一般都有注释语句，这对程序的维护以及代码的共享都有重要意义。在 VBA 程序中，注释可以通过使用 Rem 语句或用单引号“'”实现，其中注释语句在程序执行过程中不执行。

(1) 使用 Rem 语句。Rem 语句在程序中单独作为一行语句，Rem 语句多用于注释其后的一段程序。

格式：

```
Rem 注释内容
```

(2) 使用西文单引号“'”。可使用单引号“'”引导注释内容，用单引号引导的注释可以直接出现在一行语句的后面。

格式：

```
'注释内容
```

例如，定义变量并赋值：

```
Rem 定义 2 个变量
Dim Str1,Str2 As String
Str1="学生管理系统"        'Str1 变量存放"学生管理系统"字符串
Str2="Access 数据库基础教程"
Rem Str2 变量存放"Access 数据库基础教程"字符串
```

【说明】 添加到程序中的注释语句或内容，系统默认以绿色文本显示。

7.4.2 顺序结构

1. 顺序结构

顺序结构是一种线性结构，也是程序设计中最简单、最常用的基本结构，主要用来实现赋值、计算和输入输出。其执行特征为：按照语句出现的先后顺序，依次执行。顺序结构的执行流程如图 7.12 所示。

2. 赋值语句

赋值语句是程序设计中最基本、最常用的语句，它的格式及功能如下。

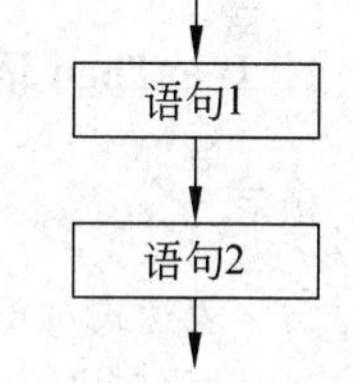

图 7.12 顺序结构

格式一：

```
[Let] 变量名=表达式
```

格式二：

```
[对象名.]属性名=表达式
```

功能：先计算赋值号"＝"右边表达式的值，然后将计算出来的值赋给赋值号左边的变量或属性。

【说明】

(1) 在赋值语句中，"＝"是赋值号，在 VBA 中系统会根据"＝"所处的位置自动地判断是赋值号还是等号。

(2) 赋值号左边只能是变量名或对象的属性名，不能是常量、符号常量或表达式。若对象名省略，则默认对象为当前窗体或报表。

(3) 变量名或对象属性名的类型应与表达式的类型相容，所谓相容是指赋值号左右两边数据类型一致，或者右边表达式的值能够自动转换为左边变量或对象属性的类型。如当表达式是数字字符串，变量为数值型，系统自动转换成数值类型再赋值，若表达式含有非数字或空串时，赋值出错。

(4) 变量未赋值时，数值型变量的值默认为 0，字符串变量的值默认为空串""。

(5) 不能在一个赋值语句中，同时给多个变量赋值。

(6) 为了给一个对象的多个属性赋值，可以使用 With 语句，其格式如下。

```
With 对象名
    语句块
End With
```

例如，Command1 对象的标题为“确定”、字号为 14 磅、控件可用：

```
With Command1
    .Caption="确定"
    .FontSize=14
    .Enabled=True
End With
```

7.4.3 选择结构

程序中往往需要判断某个表达式，通过判断的结果转向执行不同的语句。选择结构就是根据对给定条件的判断，选择不同执行路径的程序结构。通常根据执行路径的分支数分为单分支选择结构、双分支选择结构和多分支选择结构。

1. If…Then 语句（单分支结构）

格式一：

```
If <表达式>Then
    <语句块>
End If
```

格式二：

```
If <表达式>Then <语句>
```

功能：首先计算“表达式”的值，如果表达式的值为 True，则执行“语句块”或“语句”。如果表达式的值为 False，则不执行“语句块”或“语句”，而是直接执行 End If 后面的语句（即 If 语句后的语句）。语句的执行流程如图 7.13 所示。

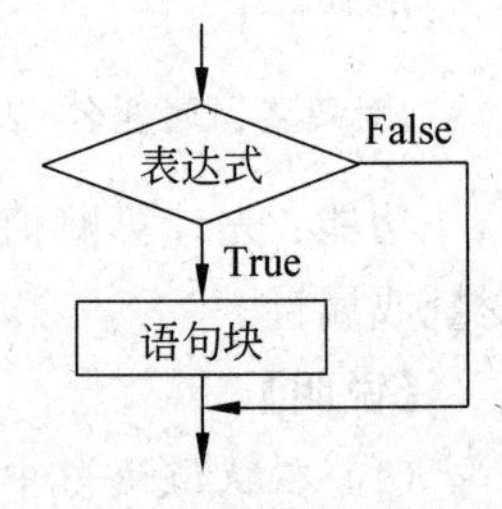

图 7.13　单分支结构

【说明】

(1) 语句中的表达式通常用来表示条件，一般是关系表达式或逻辑表达式。

(2) 语句块可以是一条或多条语句。若采用格式二的形式，Then 后面为一条语句，当有多条语句要执行时，语句之间用冒号分隔，并且所有语句必须位于同一行。

2. If…Then…Else 语句（双分支结构）

格式：

```
If <表达式>Then
    <语句块 1>
Else
```

```
    <语句块 2>
End If
```

功能：首先计算“表达式”的值，如果表达式的值为True，则执行“语句块1”。如果表达式的值为False，则执行“语句块2”。语句的执行流程如图7.14所示。

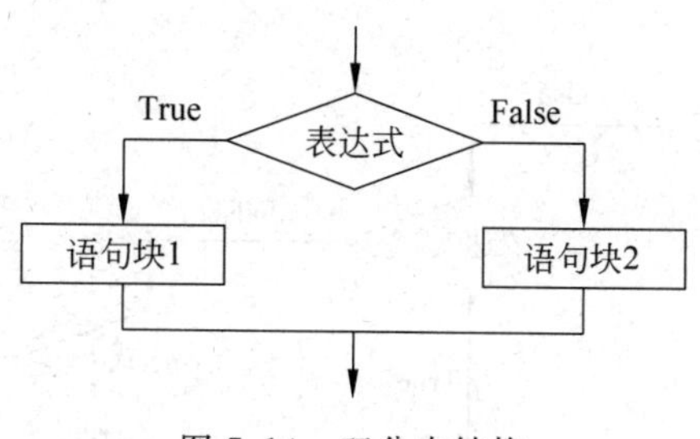

图7.14 双分支结构

【说明】 IIf( )函数也可以实现双分支结构，函数格式为如下：

```
IIf(<条件表达式>,<条件表达式为True时的函数返回值>,<条件表达式为False时的函数返回值>)
```

例如，“判断整数变量x的奇偶性”对应的If语句如下：

```
If(x Mod 2=0) Then
    str="该数是偶数"
Else
    str="该数是奇数"
End If
```

“判断整型变量x的奇偶性”可以用IIf函数写成：

```
Str=IIf(x Mod 2=0, "该数是偶数", "该数是奇数")
```

3. If…Then…ElseIf 语句(多分支结构)

格式：

```
If <表达式 1>Then
    <语句块 1>
ElseIf <表达式 2>Then
    <语句块 2>
…
ElseIf <表达式 n>Then
    <语句块 n>
[Else
    <语句块 n+1>]
End If
```

功能：首先计算“表达式1”的值，如果其值为True就执行“语句块1”，否则继续计算

"表达式 2"的值。如果"表达式 2"的值为 True,就执行"语句块 2",否则继续判断"表达式 3"的值……依此类推,直到找到值为 True 的表达式,并执行后面的语句。如果所有表达式的值都为 False,有 Else 子句,则执行 Else 后面的"语句块 n+1",否则不执行任何语句块。该语句的执行流程如图 7.15 所示。

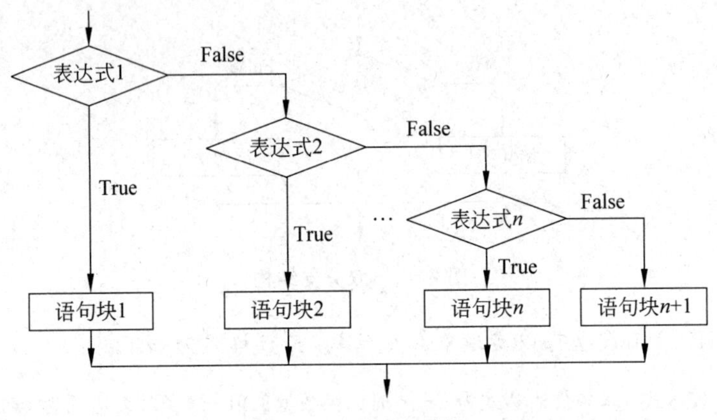

图 7.15　多分支结构

【说明】

(1) 关键字 ElseIf 中不能有空格。

(2) 当有多个表达式同时为真时,只执行第一个与之匹配的语句块。因此,应注意多分支结构中表达式的次序。

例如,"判断某字符是大写字母、小写字母、数字还是其他符号"的代码如下:

```
Rem ch 存放被判断的字符,chtype 存放判断的结果
If Asc(ch) >=Asc("A") And Asc(ch) <=Asc("Z") Then
    chtype="大写字母"
ElseIf Asc(ch) >=Asc("a") And Asc(ch) <=Asc("z") Then
    chtype="小写字母"
ElseIf ch >="0" And ch <="9" Then
    chtype="数字"
Else
    chtype="其他符号"
End If
```

4. If 语句的嵌套

If 语句的嵌套是指在一个 If 语句的语句块中又完整地包含另一个 If 语句,If 语句的嵌套形式可以有多种,其中最典型的嵌套形式如下。

格式:

```
If <表达式 1>Then
    <语句块 1>
    If <表达式 11>Then
```

```
        <语句块 11>
    End If
…
End If
```

【说明】

(1) 嵌套If语句应注意书写格式,为提高程序的可读性,多采用锯齿型。

(2) 多个If语句嵌套,End If从里往外与它最近的If配对。

例如,“将三个整数x,y,z按从小到大顺序排列”的嵌套If语句如下:

```
If x<y Then
    t=x: x=y: y=t
End If
If y<z Then
    t=y: y=z: z=t
    If x<y Then
    t=x: x=y: y=t
    End If
End If
```

5. Select Case语句

在VBA语言中要实现多分支,还可以通过专门的多分支语句——Select Case语句来实现。Select Case语句的格式与功能如下。

格式:

```
Select Case  <表达式>
    Case <表达式列表 1>
        <语句块 1>
    Case <表达式列表 2>
        <语句块 2>
    Case <表达式列表 n>
        <语句块 n>
    [Case Else
        <语句块 n+1>]
End Select
```

功能:首先计算“表达式”的值,然后用表达式的值逐个与Case语句的“表达式列表”项进行匹配,如果表达式的值与某个“表达式列表”匹配成功,就执行该Case语句下的“语句块”,然后结束Select语句的执行。如果匹配不成功,就执行Case Else语句下的“语句块”,此时若省略了Case Else,则不执行任何语句块,而执行End Select后面的语句。如果有多个表达式匹配,则只执行第一个匹配的Case语句有关的语句块。Select语句的执行流程如图7.16所示。

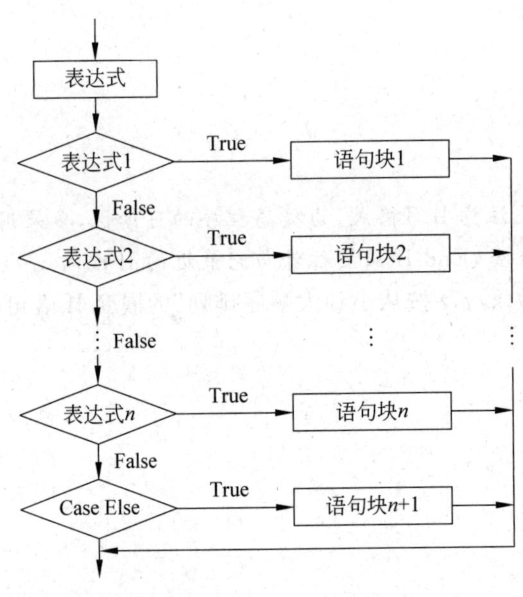

图 7.16　Select Case 语句

【说明】

(1) Select Case 后面的表达式可以是算术表达式或字符表达式。

(2) “表达式列表”与“表达式”类型必须相同,通常情况下是一个具体值,但也可以是下列三种形式之一。

① 用逗号隔开的枚举数据。例如,Case 2,4,6,8。

② <表达式 1> to <表达式 2>。例如,Case 10 to 100。

③ Is 关系运算符表达式。例如,Case Is>=30。

例如,“判断某字符是大写字母、小写字母、数字还是其他符号”的 Select Case 语句如下:

```
Select Case Asc(ch)
    Case Asc("A") To Asc("Z")
        chtype="大写字母"
    Case Asc("a") To Asc("z")
        chtype="小写字母"
    Case Asc("0") To Asc("9")
        chtype="数字"
    Case Else
        chtype="其他符号"
End Select
```

7.4.4 循环结构

顺序结构和选择结构中的每条语句,一般只执行一次,而在实际应用中,经常遇到一些操作并不复杂，但需要反复多次处理的问题，即重复执行某一段程序。例如，计算 k=n!，如果用顺序结构来处理将十分麻烦，而使用循环结构则可以轻松实现。这种重复执行一组语句的结构称为循环结构。VBA 支持两种类型的循环结构：For 循环和 Do…Loop 循环。

1. For 循环语句

For 循环语句是计数型循环，用于控制循环次数已知的循环结构。

格式：

```
For <循环变量>=<初值>To <终值>[Step<步长>]
    <循环体>
Next <循环变量>
```

功能：首先把"初值"赋值"循环变量"，再用"循环变量"的值与"终值"比较，如果"循环变量"没有超过"终值"，则执行一次"循环体"，执行完循环体后，将"循环变量+步长"的值赋给"循环变量"，再判断"循环变量"的值是否超过"终值"，如果没有超过"终值"，继续执行循环体……重复上述过程，直到"循环变量"的值超过"终值"才结束循环，然后接着执行 Next 后面的语句。该语句的执行流程如图 7.17 所示。

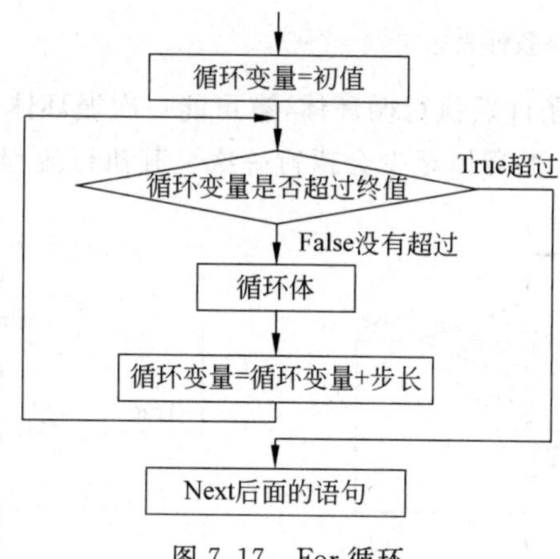

图 7.17 For 循环

【说明】

(1) "循环变量""初值""终值"和"步长"必须是数值型。如果步长为 1，Step 1 可以省略。

(2) "循环体"可以是一条或多条语句。

(3) 终止循环的条件是循环变量的值"超过"终值，而不是等于。所谓"超过"是指在变化方向上越过。若"步长"是正值，则"超过"的含义是大于；若"步长"是负值，则"超过"的含义是小于。

(4) 循环次数 $=\text{Int}\left(\dfrac{\text{终值}-\text{初值}}{\text{步长}}+1\right)$。

例如，"求 1～100 奇数的和"的 For 循环语句如下：

```
Dim S As Integer, i As Integer
S=0
For i=1 To 100 Step 2
    S=S+i
Next i
```

2. Do…Loop 循环语句

Do…Loop 循环语句是条件型循环,用于控制循环次数事先无法确定的循环结构,即可以实现当型循环,也可以实现直到型循环,是最通用、最灵活的循环结构。Do…Loop 循环语句有以下两种语句格式。

格式一:

```
Do [{While|Until} <条件表达式>]
    <循环体>
Loop
```

格式二:

```
DO
    <循环体>
Loop [{While|Until} <条件表达式>]
```

功能:格式一先判断条件后执行循环体,有可能一次循环体也不执行;格式二为先执行循环体后判断条件,因此循环体至少会执行一次。其执行流程如图 7.18 所示。

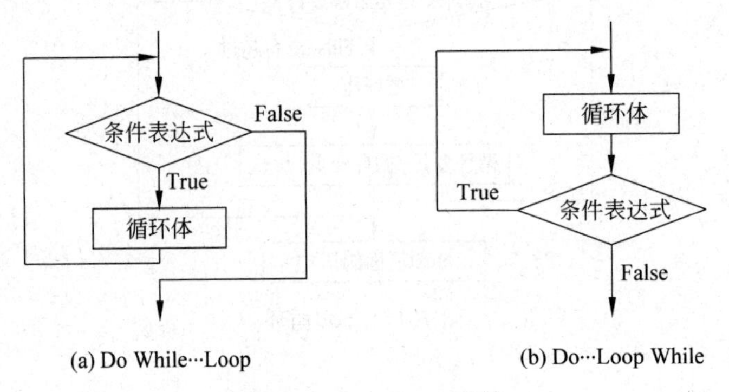

图 7.18 Do…Loop 循环

【说明】

(1) 选用关键字 While 时,为当型循环,当条件为 True 时就执行循环体,为 False 时退出循环体;选用关键字 Until 时,为直到型循环,当条件为 False 时就执行循环体,为 True 时退出循环体。

(2) 当省略 While 或 Until 条件子句时,循环结构为 Do…Loop,表示无条件循环,此时,在循环体中应加入退出循环的 Exit Do 语句,否则将成为死循环。

例如,"求 1~100 奇数的和"的两种 Do…Loop 循环语句如下。

Do While…Loop 循环:

```
S=0: i=1
Do While i<=100
    S=S+i
    i=i+2
Loop
```

Do…Loop While 循环：

```
S=0: i=1
Do
    S=S+i
    i=i+2
Loop While i<=100
```

在循环体中应有使循环趋向于结束的语句，如 i=i+2。否则，循环条件始终不发生改变，循环永远不会结束，成为死循环。

7.5 数组

在数据库应用中，经常需要处理同一类型的成批数据。如要统计一个班数学成绩的平均分、将随机生成的100个数从大到小排序等，这种处理成批数据的问题就需要通过数组来解决。

7.5.1 数组的定义

数组并不是一种数据类型，而是一组具有相同类型的有序变量的集合。这些变量按照一定的规则排列，在内存中占据了一块连续的存储区域，数组名就是这块空间的名称。使用数组就是通过数组名来引用这一组变量中的数据。这些变量称为数组元素。数组必须先声明后使用。在 VBA 中不允许隐式声明数组，要用 Dim 语句来声明数组。数组定义格式如下：

```
Dim 数组名(下标1[,下标2…]) [As 数据类型]
```

【说明】

(1) 下标。下标的形式为“[下界 To 上界]”，即每个下标都有上界和下界，其中下标下界可以省略，下界省略时则默认下标下界为0，也可以通过在模块的通用声明部分使用 Option Base 语句来改变下界的默认值，例如，Option Base 1 指定数组的默认下标下界为1。下标必须是常量，不可以为表达式或变量。

(2) 数组的维数。根据数组的下标个数可分为一维数组、二维数组和多维数组等。

(3) 数据类型。与其他变量的声明一样，除非指定一个数据类型给数组，否则声明数组中元素的数据类型为 Variant 型。为了尽可能使书写的代码简洁明了，应明确声明数组为某一种数据类型而非 Variant 型。

综上看出,Dim 语句声明的数组,实际上为系统提供了几种信息:数组名、数组类型、数组的维数和各维的大小。例如:

```
Dim a(8) as Single          '定义有 9 个元素的一维数组,默认下标下界为 0
Dim d(2,3) as Integer       '定义有 12 个元素的二维数组
```

首先声明了一个一维数组 a 有 9 个单精度型数组元素,下标的范围为 0~8,元素分别为:a(0)、a(1)…a(8);若在程序中使用 a(9),则系统会提示"下标越界"。接着又声明了二维数组 d,第一个下标的范围为 0~2,第二个下标的范围为 0~3,共有 12 个整型数组元素,元素分别为:d(0,0)、d(0,1)、d(0,2)、d(0,3)、d(1,0)、d(1,1)、d(1,2)、d(1,3)、d(2,0)、d(2,1)、d(2,2)、d(2,3)。

7.5.2 动态数组

上面提到的数组在定义时都给出了维数大小,此类数组为静态数组,即在程序运行过程中数组元素的个数不能发生变化。但在实际应用中,很多情况下,所需要的数组到底应该定义多大才合适是事先无法确定的,因此希望在运行程序时,根据具体情况改变数组的大小,动态数组就能有效地解决这样的问题。

动态数组是指在程序执行过程中数组元素的个数可以改变的数组。动态数组也称可变大小的数组。使用动态数组更加灵活、方便、并有助于高效管理内存。

动态数组的定义方法是:先使用 Dim 语句声明数组,但不指定数组下标,即数组元素的个数;以后使用时,再用 ReDim 语句指定数组元素个数。格式如下:

```
ReDim [Preserve]数组名(下标 1[,下标 2…]) [AS 数据类型]
```

【说明】

(1) 在静态数组声明中的下标只能是常量,在动态数组声明 ReDim 语句中的下标可以是常量,也可以是有确定值的变量。"As 类型"可以省略,若不省略,必须与 Dim 声明语句保持一致。

(2) Redim 语句只能出现在过程中,是一个可执行语句,在程序运行时执行,可以进行内存动态分配。

(3) 在过程中可以多次使用 ReDim 语句来改变数组的大小,也可以改变数组的维数。

(4) 每执行一次 Redim 语句,当前数组中的值会全部丢失,VBA 将重新初始化数组元素,即将 Variant 型数组元素值置为 Empty,将数值型数组元素值置为 0,将字符串型数组元素值置为""(空字符串)。

(5) 可以使用关键字 Preserve 保留数组元素原有的值。使用 Preserve 时,只能改变最后一维的上界,前面几维上界不能改变,也不能改变维数。

例如:

```
Dim A ()As Integer          '声明一个动态数组 a
```

```
…
ReDim A(1 to 5)              '第 1 次声明一维数组 a
…
ReDim Preserve A(1 to 10) '第 2 次声明一维数组 a,增加 5 个元素,保留原来 5 个元素的值
```

7.5.3 自定义数据类型

数组能够存放一组性质相同的数据,但要存放"学生"表这样性质不同的数据,就需要用到自定义数据类型。自定义数据类型又称为记录数据类型,它是在基本数据类型不能满足实际需求时,由用户以基本的数据类型为基础,按照一定的语法规则自定义而成的数据类型。

自定义数据类型是一组不同类型变量的集合,需要先用 Type 语句定义,再用 Dim 语句进行变量声明,然后才能使用。

Type 语句的格式如下:

```
Type <自定义数据类型名>
    <元素名 1>As <数据类型>
    <元素名 2>As <数据类型>
    …
End Type
```

其中,"自定义数据类型名"是自定义数据类型的名称,不是变量名。"元素名"是自定义数据类型中的一个成员,既可以是普通变量,也可以是数组。"数据类型"可以是任何基本数据类型,但若为字符串,则必须是定长字符串。

例如,以下语句定义了一个有关学生成绩信息的自定义数据类型:

```
Type Students                    'Students 为自定义数据类型名
    num As Long                  '学号
    name As String * 10          '姓名
    score(1 to 6) as Single      '6 门课成绩,用数组存放
    total As Single              '总分
End Type
```

自定义数据类型定义好后,就可在变量声明时使用该类型。如定义一个类型为 Students 的变量 stu:

```
Dim stu as Students
```

声明了自定义数据类型变量后,就可以引用该变量中的元素。引用形式如下:

```
变量名.元素名
```

例如,stu.num 表示 stu 变量中的学号,stu.name 表示 stu 变量中的姓名,stu.score(2) 表示 stu 变量中第 2 门课程的成绩。用赋值语句给它们赋值如下:

```
stu.num=2010001
```

```
stu.name="李松"
stu.score[2]=88
```

当成员元素太多时，这样写太烦琐，可以使用 With 语句进行简化，例如：

```
With stu
    .num=2010001
    .name="李松"
    .score[2]=88
End With
```

可见，自定义数据类型变量与数组的相同之处是它们都由若干个元素组成。不同之处是自定义数据类型的元素代表不同性质、不同类型的数据，以元素名表示不同的元素；而数组存放的是同种性质、同种类型的数据，以下标表示不同的元素。

7.6 创建模块

模块是数据库的对象之一，它是用 VBA 语言编写的程序代码的集合，利用模块可以创建函数过程(Function 过程)和子过程(Sub 过程)。所谓编写与运行程序，实际上就是编写与运行模块中代码的过程。

单击"创建"选项卡"宏与代码"组的"模块"按钮，即可启动 VBE 编辑窗口，并创建一个空白模块。在打开的代码窗口中编写过程代码即可，如图 7.19 所示。

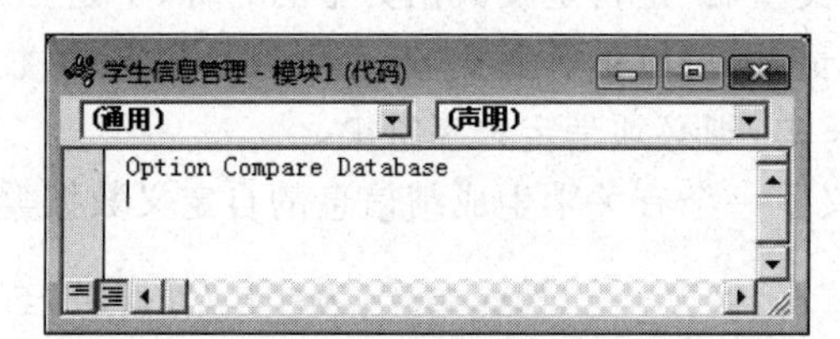

图 7.19 代码窗口

7.6.1 Function 过程的定义及调用

Function 过程又称函数过程，调用 Function 过程会得到一个返回值。

1. Function 过程的定义

Function 过程的定义格式如下：

```
[Public|Private] [Static] Function 过程名([参数列表]) [As 数据类型]
    <语句块>
End Function
```

【说明】

(1) Private 表示 Function 过程为私有过程，只能被本模块的其他过程调用。Public

表示 Function 过程为公有过程，可以在任何模块中调用它。Static 表示 Function 过程中的局部变量在程序运行过程中其值保持不变。“As 数据类型”表示函数返回值的类型。

(2)“语句块”中应包含一个赋值语句“过程名=表达式”，该语句的作用是把表达式的值作为函数的返回值。

(3)“参数列表”指定参数的个数及类型，即使没有参数，函数名后面的括号也不能省略。每个参数的格式如下：

```
[ByVal] 变量名 As 数据类型
```

其中，选择 ByVal 时表示参数传递为值传递，否则为地址传递。

2. Function 过程的调用

由于 Function 过程能返回一个值，因此可以像使用 VBA 内置函数一样来调用 Function 过程，调用格式如下：

```
函数名([参数列表])
```

在调用一个函数过程时，一般都有参数传递，即把主调函数的实际参数传递给被调用函数的形式参数，具体应用在 7.6.3 节中介绍。

实例 7.2 创建一个求圆面积的 Function 过程，过程名为 area，单击“计算”按钮调用该函数过程，并在文本框中显示结果。程序界面如图 7.20 所示。

操作步骤如下。

(1) 创建用户界面，即创建如图 7.20 所示的窗体。新建一个名为“求圆面积”的窗体，创建两个文本框和一个命令按钮。名称为 bj 的文本框用于存放从键盘输入的圆的半径，相应标签标题为“输入半径”；名称为 ymj 的文本框用于显示圆的面积，相应标签标题为“圆面积”；命令按钮的标题为“计算”，名字为 cmd。

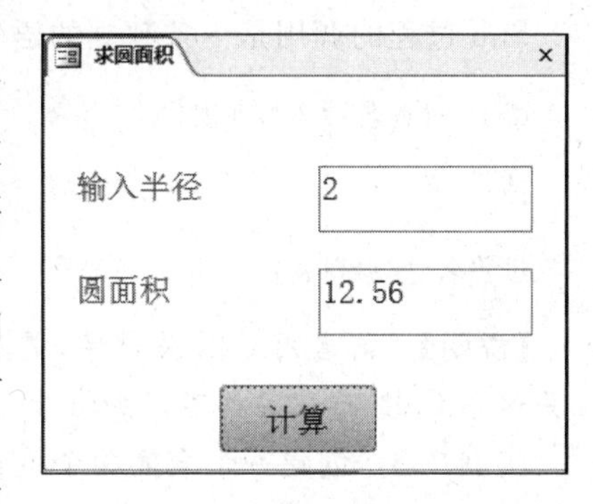

图 7.20 求圆面积的窗体

(2) 编写 Function 函数过程 area。新建一模块，在其如图 7.19 所示的代码窗口中输入 area 函数过程，代码如下：

```
Public Function area(r As Single) As Single
    area=3.14 * r * r
End Function
```

(3) 编写 cmd_Click 事件过程代码，以调用 area 函数过程。“计算”按钮的 Click 事件过程代码如下：

```
Private Sub cmd_Click()
    ymj=area(bj)
End Sub
```

(4) 运行程序。切换到窗体视图，文本框 bj 中输入半径值，如输入 2。单击“计算”按钮，则与该事件相关的“cmd_Click”过程开始运行，运行结果如图 7.20 所示。

7.6.2 Sub 过程的定义及调用

Sub 过程又称为子过程，调用 Sub 过程，无返回值。Sub 过程可以分为通用过程和事件过程。通用过程可以实现各种应用程序的执行；而事件过程是基于某个事件的执行，如命令按钮的 Click 事件的执行，实例 7.1 中的代码就是事件过程。

1. Sub 通用过程的定义

Sub 通用过程的定义格式如下：

```
[Public| Private] [Static] Sub 过程名([参数列表])
    <语句块>
End Sub
```

【说明】 Sub 过程是包含在 Sub 和 End Sub 之间的一系列语句块，即 Sub 过程要执行的操作，但没有返回值。

2. Sub 过程的调用

Sub 过程的调用是一条独立的语句，有两种方式，格式如下：

```
Call 过程名[(实参列表)]
```

或

```
过程名[实参列表]
```

【说明】 前者用 Call 关键字，若有实参，则实参必须加括号，无实参括号省略；后者无关键字 Call，而且实参不用加括号。

实例 7.3 创建一个交换两个变量值的 Sub 过程，过程名为 swap，单击“交换”按钮调用该 Sub 过程，两个文本框的值互换。程序界面如图 7.21 所示。

操作步骤如下。

(1) 创建用户界面，即创建如图 7.21 所示的窗体。新建一个名为“两数交换界面”的窗体，创建两个文本框和一个命令按钮。名称为 Text1 的文本框用于存放从键盘输入的一个数，相应标签标题为“第一个数”；名称为 Text2 的文本框用于存放从键盘输入的另一个数，相应标签标题为“第二个数”；命令按钮的标题为“交换”，名字为 Cmd。

(2) 编写 Sub 通用过程 swap。新建一个模块，或打开某一模块，在其代码窗口中，输入 swap 通用过程，代码如下：

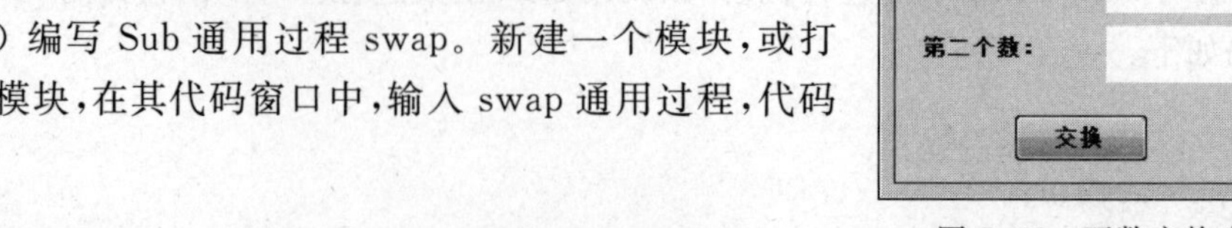

图 7.21　两数交换窗体

```
Public Sub swap(x As Integer, y As Integer)
```

```
    Dim z As Integer
    z=x
    x=y
    y=z
End Sub
```

(3) 编写 cmd_Click 事件过程代码,以调用 swap 通用过程。“交换”按钮的 Click 事件过程中代码如下:

```
Private Sub Cmd_Click()
    Dim a As Integer, b As Integer
    a=Text1.Value
    b=Text2.Value
    swap a, b
    Text1.Value=a
    Text2.Value=b
End Sub
```

(4) 运行程序。切换到窗体视图,两个文本框中分为输入两个整数,如 45、89,单击“交换”按钮,则与该事件相关的 Cmd_Click 过程开始运行,运行结果如图 7.22 所示。

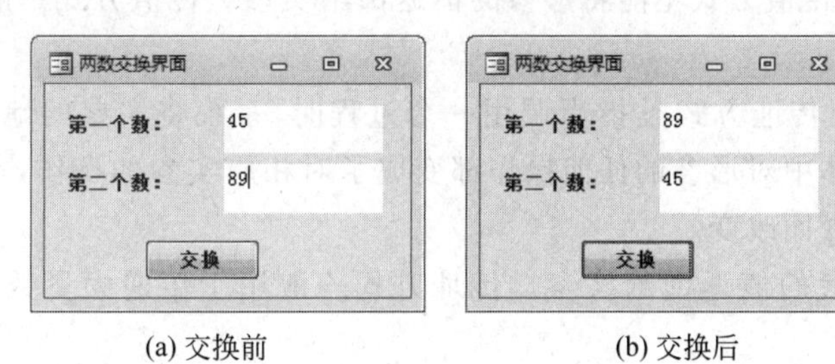

(a) 交换前 (b) 交换后

图 7.22 两数交换运行窗体

7.6.3 过程参数

1. 形参与实参

过程参数分为形式参数(简称形参)和实际参数(简称实参)两种。

(1) 形参。形参是指在 Sub 或 Funciton 过程定义中出现在参数列表中的参数,在定义的过程未被调用之前,并未给形参分配内存,只是说明其类型及作用。

(2) 实参。实参是指在调用过程时出现在参数列表中常量、变量或者表达式等。

形参列表与实参列表中对应的变量名可以不同,但其参数个数、数据类型以及顺序必须一致。若在定义过程时,未指明形参的数据类型,系统默认为 Object 型。

实例 7.3 中定义过程 Public Sub swap(x As Integer, y As Integer)参数列表中的 x 和 y 属于形参;调用过程 swap a, b 参数列表中的 a 和 b 属于实参。

2. 传值与传址

在 VBA 中,实参传递给形参的方式有两种,即传值和传址,在形参前使用关键字 ByVal 为传值方式,使用关键字 ByRef 为传址方式,默认方式为传址。

(1) 传值方式。传值方式是指当调用一个过程时,系统将实参的值复制给形参,而后实参与形参断开联系。被调用过程的操作是在形参自己的存储单元中进行的,当过程调用结束时,这些形参所占用的存储单元也同时被释放。因此在过程体内对形参的任何操作都不会影响到实参。

例如,在实例 7.3 的 swap 过程中,默认的方式是传址,如果将 swap 过程改为传值,即代码改成:

```
Public Sub swap(ByVal x As Integer, ByVal y As Integer)
    …
End Sub
```

其他代码不变,当实参 a 和 b 分别是 45 和 89 时,调用函数 swap(a,b)后,变量 a 和 b 的值并不会互换,a 和 b 分别还是 45 和 89。

综上可以看出,传值方式不能将形参的值返回给实参。传值方式一般用于传递有限个数的数据。

(2) 传址方式。传址方式是指当调用一个过程时,系统将实参的地址传递给形参。因此在被调用过程体中对形参的任何操作都变成了对相应实参的操作,实参的值就会随过程体内形参的改变而改变。

传址方式将形参的值返回给实参。传址方式一般用于传递大量数据,特别是传递数组。

7.6.4 保存模块

在 Access 数据库中,程序和数据保存在同一个文件(.accdb)中。窗体的程序代码直接保存在窗体中,不论是更改了窗体界面,还是修改了窗体上各控件对象的程序代码,都应重新保存窗体。而标准模块代码,保存在某个模块对象中,它可以在数据库模块对象列表中显示出来。

7.6.5 宏转换为模块

宏的运行速度没有模块快,但创建宏对象简单,不用编写代码。宏转换为模块后,与原来的宏具有相同的功能,但运行速度更快。

实例 7.4 将“密码验证”宏转换为模块。

操作步骤如下。

(1) 打开“密码验证”宏的宏设计视图,单击“宏工具|设计”选项卡“工具”组中的“将

宏转换为 Visual Basic 代码”按钮，弹出“转换宏：密码验证”对话框，如图 7.23 所示。单击“转换”按钮，即可进行转换。

图 7.23 “转换宏：密码验证”对话框

或者单击导航窗格中的“宏”对象栏，选择“密码验证”宏，选择“文件”选项卡中的“另存为|对象另存为”选项，单击窗口右侧的“另存为”按钮，弹出“另存为”对话框，如图 7.24 所示。在对话框的“保存类型”下拉列表框中选择“模块”，然后单击“确定”按钮，弹出如图 7.23 所示“转换宏：密码验证”对话框。单击“转换”按钮，即可进行转换。

(2) 转化成功后，可看到如图 7.25 所示的消息框，单击“确定”按钮，结束转换任务。同时打开 VBE 窗口，可看到转换过来的模块名称及模块代码，如图 7.26 所示。

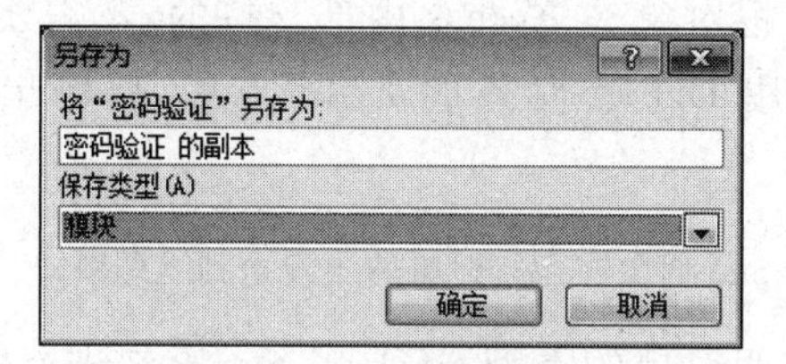

图 7.24 “另存为”对话框

图 7.25 转换成功消息框

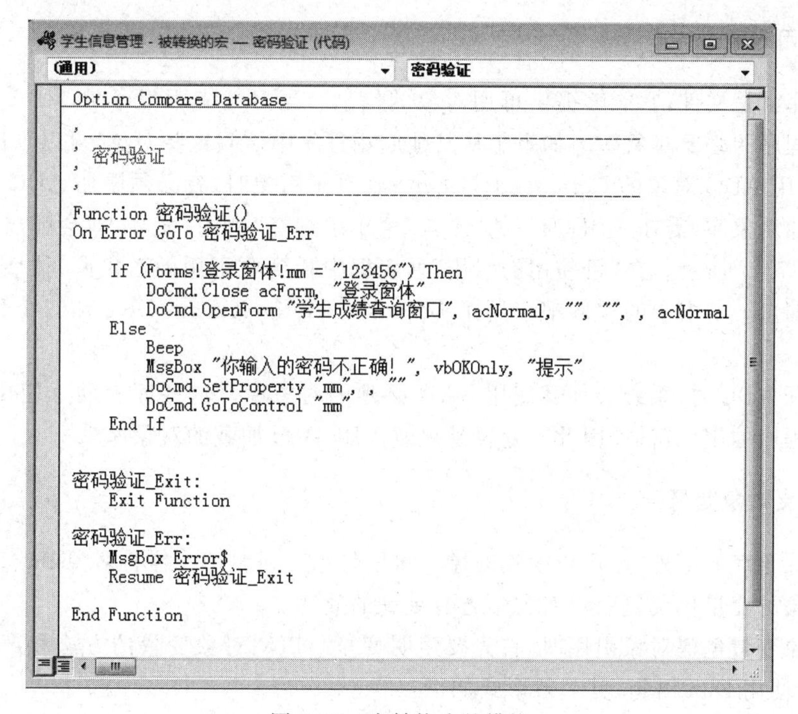

图 7.26 宏转换为的模块

宏转换为的模块可以直接使用,例如在命令按钮的"单击"事件过程中通过代码"密码验证()"调用模块。通过转换的模块可以学习 VBA 语句、语法及规范的编程格式。

7.7 数据库对象与 ADO 的使用

对象可视为环境提供的资源,环境不同提供的资源也不同。在 Access 数据库中,除 Access Object 对象外,还有 DAO、ADO 等多种对象。每一种对象代表的内容不同,其使用方法与功能也不相同,正确理解与掌握对象的功能和使用方法是设计数据库应用系统的必要条件。

7.7.1 引用数据库对象

Access 中的对象大多数都有父子关系,根据有无父对象的标准,可分为根对象和子对象。在利用对象对数据进行管理和操作时,根对象是 Access 内部支持的,不需要声明就可以使用。例如,可直接在过程代码中使用 Debug 对象的 Print 方法,以输出指定信息:

```
Debug.Print "welcome to you"          'Debug 对象在运行时将输出发送到立即窗口
```

但对于大多数的子对象来说,不仅需要声明对象的类型,还要用 Set 语句进行赋值,甚至声明对象之前还需要引用相应的对象库。

1. 引用对象库

对象库就是文件,它能够提供可用对象的信息。当启动应用程序时,VBA 会自动加载该应用程序的必要对象库。如果想从其他应用程序中访问这些对象,可以添加对象库。例如,在引用 ADO 对象的 Command、Recordset 等子对象时,就必须添加 ADO 对象库。

要添加对象库,需在 VBE 窗口的"工具"菜单中选择"引用"命令,即会弹出"引用"对话框,如图 7.27 所示。在"可使用的引用"列表框中找到要引用的对象库,然后选中前面的复选框即可。本书中的实例都引用了 Microsoft ActiveX Data Objects 6.1 Library 对象库。

当打开 VBE 时,系统会加载使用 VBA 必须的对象库。这些库有助于使用 VBA 和宿主应用程序的用户窗体,因此不要轻易更改 VBE 中已加载的对象库。

2. 定义对象变量

变量除了存放值外,还可以引用对象。可以像给变量赋值一样将对象赋给变量,且引用包含对象的变量比反复引用对象本省有更高的效率。

用对象变量创建对象引用时,首先要声明变量。声明对象变量的方法和声明其他变量一样,要使用 Dim 语句,其一般形式如下:

```
Dim 对象变量 As [New] 类
```

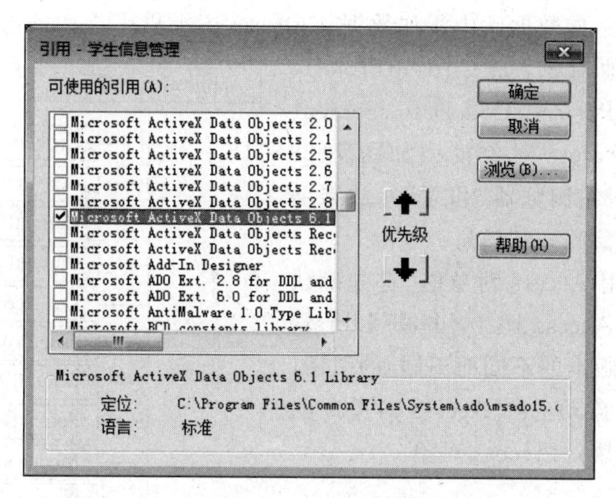

图 7.27　对象引用

其中可选的 New 关键字可以隐式地创建对象。如果使用 New 来声明对象变量，则在第一次引用该变量时将创建该对象的实例，不必再给这个对象引用赋值。如果在声明对象变量时未使用 New 关键字，则需要使用 Set 语句给对象变量赋值：

```
Set 对象变量=[New] 对象表达式
```

一般地，在使用 Set 语句将一个对象引用赋给对象变量时，并未为该变量创建对象的一个副本，而只是创建了对象的一个引用(允许多个对象变量引用同一个对象)。因为这些变量只是同一个对象的引用而不是它的副本，故该对象的任何改动都会影响到这些变量。不过，如果在 Set 语句中使用了 New 关键字，实际上将新建该对象的一个实例。

例如，下面 3 个语句：

```
Dim anyform As New Form
Dim anytext As TextBox
Set anytext=New TextBox
```

第一个语句声明了一个对象变量 anyform，并使用 New 关键字隐式地创建对象，它可以引用应用程序中的任何窗体；第二个语句声明了一个能够引用应用程序中的任何文本框的 anytext 对象变量；第三个语句使用 Set 语句为 anytext 赋值。

在对象变量使用完后，应该将它的值设为 Nothing，以取消这个对象变量，例如：

```
Set anyform=Nothing
```

7.7.2　Access 对象

Access 对象就是 Access 预先定义好了的对象，这些对象与 Access 用户界面及应用程序的窗体和报表互相关联。VBA 提供使用 Access 对象与集合来操纵数据库中的窗体和报表以及它们之中包含的控件，可以利用这些对象所具有的功能来格式化和显示数据，并使用户能够方便地向数据库中添加数据。Access 还提供了一些能够与 Access 应用程序一起工作的其他对象，如 CurrentProject、CurrentData、CodeProject、CodeDate、Screen、DoCmd 对象等。Access 对象模型如图 7.28 所示。可以利用“对象浏览器”和 VBA 的帮助系统来获得某个对象的详细信息。

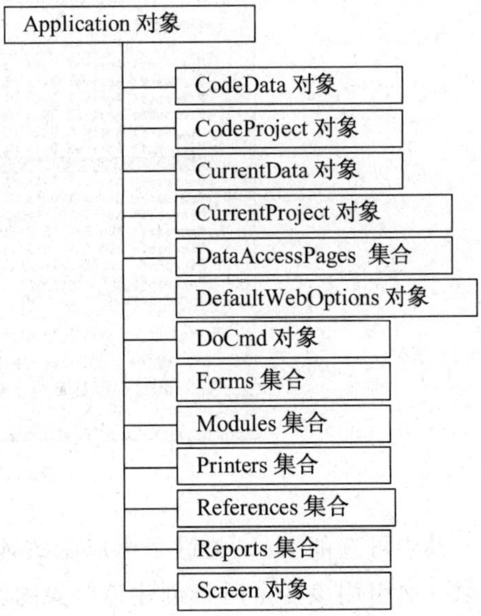

在 VBA 中使用 Access 对象时，首先确认 VBA 对 Microsoft Access 16.0 Object Library 对象库(随 Access 版本的不同而不同)的引用，默认情况下，VBA 自动选择 Access 对象库的引用。下面介绍常用的 Access 对象。

Application 对象
CodeData 对象
CodeProject 对象
CurrentData 对象
CurrentProject 对象
DataAccessPages 集合
DefaultWebOptions 对象
DoCmd 对象
Forms 集合
Modules 集合
Printers 集合
References 集合
Reports 集合
Screen 对象

图 7.28 Access 对象模型

1. Application 对象

Application 对象包含所有 Microsoft Access 对象和集合。可以使用 Application 对象，对整个 Access 应用程序应用方法或属性设置。在 VBA 中使用 Access 对象，需创建 Application 类的新实例并为其指定一个对象变量，例如：

```
Dim appAccess As New Access.Application
```

也可以使用 CreateObject 函数来创建 Application 类的新实例：

```
Dim appAccess As Object
Set appAccess=CreateObject("Access.Application")
```

创建 Application 类的新实例之后，可以使用 Application 对象提供的属性和方法操作其他 Access 对象。例如，可以使用 OpenCurrentDatabase 或 NewCurrentDatabase 方法打开或新建数据库，使用 CommandBars 属性返回对 CommandBars 对象的引用，然后使用这个引用访问所有的 Office 2016 命令栏对象和集合。

例如，使用 Application 对象打开 Northwind 数据库及其中的“产品”窗体，代码如下：

```
Sub displayForm()
    Dim appAccess As New Access.Application        '声明 Application 对象变量
    Dim strDB As String
    strDB="E:\Northwind.mdb"                       '设置要打开的数据的名称
    appAccess.OpenCurrentDatabase strDB            '打开数据库
    appAccess.DoCmd.OpenForm "产品"                '打开"产品"窗体
End Sub
```

2. 有关窗体和控件的对象与集合

Form 对象用于引用一个特定的 Access 窗体。Form 对象是 Forms 集合的成员，该集合是所有当前打开窗体的集合。在 Forms 集合中，每个窗体都从零开始编排索引。通过按名称或按其在集合中的索引引用窗体，可以引用 Forms 集合中的单个 Form 对象。如果要引用 Forms 集合中指定的窗体，最好是按名称引用窗体，因为窗体的集合索引可能会变动。如果窗体名称包含空格，那么名称必须用方括号括起来。引用 Forms 集合中 Form 对象的一般形式如表 7.10 所示。

表 7.10　引用 Forms 集合中 Form 对象的一般形式

语　法	示　例	语　法	示　例
Forms!formname	Forms!OrderForm	Forms("formname")	Forms("OrderForm")
Forms![form name]	Forms![Order Form]	Forms(index)	Forms(0)

每个 Form 对象都有一个 Controls 集合，其中包含该窗体上的所有控件。要引用窗体上的控件，可以显式或隐式地引用 Controls 集合。如果隐式地引用 Controls 集合，代码的速度可能要快一些。

使用两种不同的方法，引用 OrderForm 窗体上名为 NewData 的控件的代码如下：

```
Forms!OrderForm!NewData                '隐式引用
Forms!OrderForm.Controls!NewData       '显示引用
```

3. DoCmd 对象

使用 DoCmd 对象的方法，可以在 VBA 中执行 Access 操作，如打开窗体、关闭窗体、设置控件值等。例如，可以使用 DoCmd 对象的 OpenForm 方法来打开一个窗体。

DoCmd 对象的大多数方法都有参数，某些参数是必需的，其他一些是可选的。如果省略可选参数，这些参数将被假定为特定方法的默认值。例如，OpenForm 方法有 7 个参数，但只有第一个参数 Formname 是必需的。

例如，在“窗体”视图中打开一个窗体并移到一条新记录，代码如下：

```
DoCmd.OpenForm "学生", acNormal
DoCmd.GoToRecord , , acNewRec
```

7.7.3　ADO 对象

为了使 VBA 应用程序能够访问数据库，VBA 为编程者提供了多种数据访问接口。早期提供的是 DAO(Data Access Object，数据访问对象)。利用 DAO 可以编程访问和操纵本地数据库或远程数据库中的数据，并对数据库及其对象和结构进行处理。目前使用较多的数据访问接口是 ADO(ActiveX Data Object，活动数据对象)。

在 Access 2000 以上版本中，既可以通过 DAO 也可以通过 ADO 访问数据库。DAO 是基于 Microsoft Jet 数据库引擎的数据访问对象。而 ADO 是一种基于 COM(组件对象模型)的自动化接口技术，它以 OLE DB 为基础，是数据访问对象 DAO、开发数据库互连 ODBC、远程数据对象 RDO 3 种方式的扩展。ADO 作为最新的数据库访问模式，具有易于使用、访问灵活、应用广泛的特点。

1. ADO的功能

ADO的设计旨在为开发人员提供一个强大的逻辑对象模型，以便他们通过OLE DB系统接口以编程方式访问、编辑并更新各种各样的数据源。ADO最普遍的用法就是在关系数据库中查询一个表或多个表，然后在应用程序中检索并显示查询结果，也允许用户更改并保存数据。通过编程使用ADO还可执行其他任务。

(1) 使用SQL查询数据库并显示结果。

(2) 通过Internet访问文件存储中的信息。

(3) 操作电子邮件系统中的消息和文件夹。

(4) 将来自数据库的数据保存在XML文件中。

(5) 允许用户查看数据库表中的数据并进行更改。

(6) 创建并重新使用参数化的数据库命令。

(7) 执行存储过程。

(8) 动态创建称作Recordset的灵活结构，以保持、浏览和操作数据。

(9) 执行事务型数据库操作。

(10) 根据运行时条件，对数据库信息的本地副本进行过滤和排序。

(11) 创建并操作来自数据库的分级结果。

(12) 将数据库字段绑定到数据识别组件。

(13) 创建远程的、断开连接的Recordsets。

大多数ADO程序中都涉及4种基本操作：获取数据、检验数据、编辑数据和更新数据。

2. ADO对象模型

ADO库定义了一个可编程的分层对象集合，包含9个对象、4个集合。它们之间的关系如图7.29所示。其中，灰色框表示对象，白色框表示集合。

ADO对象模型主要有3个对象成员：Connection、Command和Recordset对象，以及3个集合对象：Parameters、Fields和Errors，这些对象与集合的说明如表7.11所示。其中，Connection对象用于建立与数据源的连接，通过连接可从应用程序访问数据源。Command对象用于从数据源获取所需数据的命令信息，命令通常可以在数据源中添加、删除或更新数据，或者在表中进行数据查询，用来存储数据操作返回的记录集。Recordset对象是在行中检查和修改数据的最主要的方法，所有对数据的操作几乎都是在Recordset对象中完成的。如指定行、移动行、添加、更改、删除记录等。

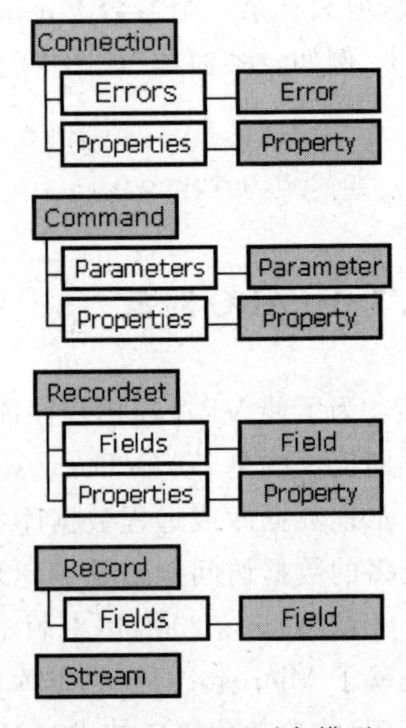

图7.29 ADO对象模型

表 7.11 ADO 库中的对象与集合

对象或集合	说 明 内 容
Connection 对象	代表与数据源的唯一会话。在使用客户端/服务器数据库系统的情况下，该对象可以等价于与服务器的实际网络连接。Connection 对象的某些集合、方法或属性可能不可用，这取决于提供者支持的功能
Command 对象	用来定义针对数据源运行的具体命令，例如 SQL 查询
Recordset 对象	表示从基本表或命令执行的结果所得到的整个记录集合。所有 Recordset 对象均由记录(行)和字段(列)组成
Record 对象	表示来自 Recordset 或提供者的一行数据。该记录可以表示数据库记录或某些其他类型的对象(例如文件或目录)，这取决于提供者
Stream 对象	表示二进制或文本数据的数据流。例如，XML 文档可以加载到数据流中以便进行命令输入，也可以作为查询结果从某些提供者那里返回。Stream 对象可用于对包含这些数据流的字段或记录进行操作
Parameter 对象	表示与基于参数化查询或存储过程的 Command 对象相关联的参数
Field 对象	表示一列普通数据类型数据。每个 Field 对象对应于 Recordset 中的一列
Property 对象	表示由提供者定义的 ADO 对象的特征。ADO 对象有两种类型的属性：内置属性和动态属性。内置属性是指那些已在 ADO 中实现并且任何新对象可以立即使用的属性。Property 对象是基本提供者所定义的动态属性的容器
Error 对象	包含有关数据访问错误的详细信息，这些错误与涉及提供者的单个操作有关
Fields 集合	包含 Recordset 或 Record 对象的所有 Field 对象
Properties 集合	包含对象特定实例的所有 Property 对象
Parameters 集合	包含 Command 对象的所有 Parameter 对象
Errors 集合	包含为响应单个提供者相关失败而创建的所有 Error 对象

7.7.4 使用 ADO 访问数据库的步骤

在使用 ADO 对象前，先设置对 ADO 对象库的引用，以便在程序代码中使用 ADO 对象中的属性或方法。Access 的 ADO 对象库为 Microsoft ActiveX Data Objects x. x Library。

1. 建立连接

要访问数据库中的数据，必须先建立与数据库的连接。使用 ADO 的 Connection 对象，就可以建立与数据库的连接。

首先创建 Connection 对象变量，然后通过调用对象方法和属性设置来进行操作，实现方法如下：

```
Dim cn1 As New ADODB.Connection                    '声明连接对象变量
```

```
Dim cm As ADODB.Command                           '声明 Command 对象变量
Dim rs As ADODB.Recordset                         '声明记录集对象变量
Dim strconnect As String                          '声明连接字符串变量
strconnect="E:\access2010-2011\学生管理练习.mdb"   '设置连接数据库
cn1.Provider="Microsoft.Jet.OLEDB.4.0"            '设置数据提供者
cn1.ConnectionString=strconnect                   '设置连接字符串
cn1.Open                                          '打开与数据库的连接
```

最后两条语句也可以用 cn1. Open strconnect 代替。

Connection 对象至少需要数据提供者和连接字符串,才能正确打开数据库。使用不同的提供程序和连接字符串,可以打开不同类型的数据库,如 SQL Server 数据库等。

通过 ADO 访问当前数据库,后 5 条语句用 set cn1 = CurrentProject. Connection 代替。

2. 创建 SQL 语句

通过 Command 对象的实例,可将一条语句的所有属性和行为封装在一个对象中,以便在运行时方便地与 Connection 建立关联。

封装一个 Command 对象时,至少要先设置 3 个属性,即 CommandText、CommandType 和 ActiveConnection,然后再用 Execute 方法执行命令。

使用 ADO 的 Command 对象对数据源执行 SQL 命令的操作方法如下。

(1) 设置对象的 ActiveConnection 属性为打开的连接。

(2) 将对象的 CommandText 属性设置为要执行的 SQL 语句。

(3) 用对象的 CommandType 属性来指定命令类型为 adCmdText,这是为了优化性能。

(4) 调用对象的 Execute 方法来执行命令产生 SQL 返回集。

(5) 打开一个基于该对象的 Recordset 对象,以便在应用程序中操纵 SQL 返回集,并返回 Recordset 对象。

例如,在定义了 Command 对象类型的 cm 变量后,可进行如下设置:

```
Set cm=New ADODB.Command
With cm
    .ActiveConnection=cn1                      '使打开的连接 cn1 与 Command 对象关联
    .CommandText="select * from [课程成绩]"    '建立查询命令
    .CommandType=adCmdText                     '设置命令类型参数
    .Execute
End With
```

3. 创建 ADO 记录集

在完成数据库的连接与打开后,可以使用 Recordset 对象的 Open 方法,取得记录集。Open 方法的格式如下:

```
Recordset.Open Source, ActiveConnection, CursorType, LockType, Options
```

所有的参数均可选，因为它们传递的信息能够以其他方式传送给ADO。其中，Source参数指SQL语句或表名；ActiveConnection参数指定以哪种连接打开Recordset对象；CursorType参数指要使用的游标类型；LockType参数指定打开Recordset时使用的锁定类型。例如：

```
rs.Open cm, cn1, adOpenStatic, adLockReadOnly, adCmdText
```

将数据从数据源添加到Recordset的方法有很多。要用什么技术取决于应用程序的需要以及提供者的能力。

4. 导航记录集中的记录

在针对数据源执行了命令，并确定结果集中包含的数据之后，就可以使用由Recordset对象提供的导航方法和属性在结果中定位。例如，使用MoveFirst方法将当前记录位置移动到Recordset中的第一个记录，使用MoveLast方法将当前记录位置移动到Recordset中的最后一个记录，使用MoveNext方法将当前记录向前移动一个位置，使用MovePrevious方法将当前记录向后移动一个位置。在使用这些方法时最好检查EOF和BOF属性，并在超出Recordset的任意一端时将游标移回到有效的当前记录位置，方法如下：

```
rs.MoveNext
If  rs.EOF Then rs.MoveLast
```

除了导航记录集中的记录外，还可以添加、修改、删除记录集中记录。例如，使用AddNew方法在现有的Recordset中创建并初始化新记录，使用Update方法保存对Recordset对象的当前记录所做的全部更改，使用Delete方法把Recordset对象中的当前记录或一组记录标记为删除。

5. 断开连接

在应用程序结束之前，应该释放分配给ADO对象的资源，操作系统回收这些资源并可以再分配给其他应用程序，使用的方法为Close，例如：

```
rs.Close
cn1.Close
```

7.7.5 使用ADO访问数据库实例

实例7.5 在“学生信息管理”数据库中创建名字为“ADO应用示例”的窗体，在文本框中输入供应商名称，单击“查找”按钮，在列表框中就将该供应商供应的“产品名称 库存量”列出来，如图7.30所示。数据来源于罗斯文数据库中的“产品”和“供应商”两个表。

操作步骤如下。

(1) 创建用户界面，即创建如图7.30所示的窗体。新建一个名为“ADO应用示例”

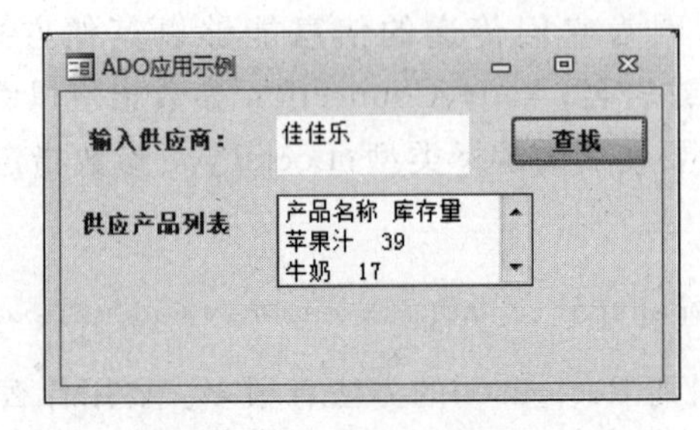

图 7.30 ADO应用窗体

的窗体。名称为Text1的文本框用于存放从键盘输入的供应商的名称，相应标签标题为“输入供应商：”；命令按钮的标题为“查找”，名称为cmd；名称为List1的列表框用于显示查询的结果，列表框相应标签标题为“供应产品列表”。

(2) 编写程序代码。编写“计算”按钮的“单击”事件过程，代码如下：

```
Private Sub cmd_Click()
    Rem 对象及变量声明
    Dim cn1 As New ADODB.Connection                    '声明连接对象变量
    Dim cm As ADODB.Command                            '声明 Command 对象变量
    Dim rs As ADODB.Recordset                          '声明记录集对象变量
    Dim strconnect  As String                          '声明连接字符串变量
    Rem 创建连接
    strconnect="E:\Northwind.mdb"                      '设置连接字符串
    cn1.Provider="Microsoft.Jet.OLEDB.4.0"             '设置数据提供者
    cn1.ConnectionString=strconnect                    '设置连接数据库
    cn1.Open                                           '打开与数据库的连接
    Rem 创建 SQL 语句
    Set cm=New ADODB.Command                           'Command 对象实例化
    With cm
        .ActiveConnection=cn1
        .CommandText="select * from [供应商]" & _
        "inner join [产品] on 供应商.供应商 ID=产品.供应商 ID where 公司名称='" &
        Text1 & "'"
        .CommandType=adCmdText
        .Execute
    End With
    Rem 创建 ADO 记录集
    Set rs=New ADODB.Recordset                         '记录集对象实例化
    rs.CursorType=adOpenStatic                         '设置记录集属性
    rs.LockType=adLockReadOnly
    rs.Open cm                                         '获取记录集
    Rem 导航记录集中的记录
    List1.RowSourceType="值列表"
    List1.RowSource="产品名称 库存量"
```

```
    For i=1 To rs.RecordCount
        List1.AddItem rs("产品名称") & Space(2) & rs("库存量") '将当前记录的数据添
                                                              '加到列表框中
        rs.MoveNext                                           '移动记录
    Next i
    Rem 断开连接
    rs.Close
    cn1.Close
    Set cn1=Nothing
    Set rs=Nothing
End Sub
```

(3) 运行程序。切换到窗体视图,文本框 Text1 中输入供应商名称,如输入"佳佳乐"。单击"查找"按钮,则与该事件相关的 cmd_Click 过程开始运行,运行结果如图 7.30 所示。

实例 7.6 在"学生信息管理"数据库中创建一个窗体。窗体中有用于输入账号和密码的两个文本框。"确定"按钮,用于验证账号、密码的正确性,如果正确(即与"用户"表中的相同),则打开"学生成绩查询窗口",否则重新输入。"取消"按钮用于关闭当前的登录窗体。窗体界面如图 7.31 所示。

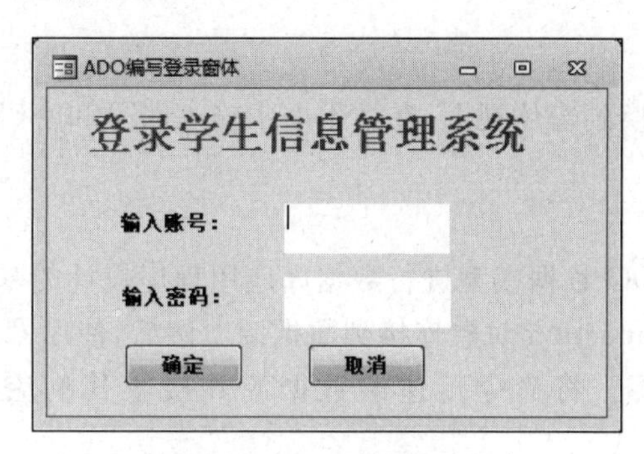

图 7.31 登录窗体界面

操作步骤如下。

(1) 创建用户界面,即创建如图 7.31 所示窗体。新建一窗体。名称为 zh 的文本框存放输入的账号;名称为 mm 的文本框存放输入的密码,"输入掩码"属性为"密码";名称为"确定"的命令按钮的标题为"确定";名称为"取消"的命令按钮的标题为"取消"。

(2) 编写程序代码。验证账号、密码的事件过程代码,即"确定"按钮的"单击"事件过程代码如下:

```
Private Sub 确定_Click()
    Dim cn1 As New ADODB.Connection
    Dim rs  As New ADODB.Recordset
    Dim str As String
    Set cn1=CurrentProject.Connection
    str="select * from [用户] where 账号='" & zh & "' and 密码='" & mm & "'"
```

```
    rs.CursorType=adOpenStatic
    rs.LockType=adLockReadOnly
    rs.Open str, cn1, adCmdText
    If rs.RecordCount=0 Then
        DoCmd.Beep
        MsgBox ("账号或密码不正确,请重新输入")
        Me.zh=""
        Me.mm=""
        Me.zh.SetFocus
    Else
        DoCmd.Close
        MsgBox ("欢迎使用学生信息管理系统")
        DoCmd.OpenForm ("学生成绩查询窗口")
    End If
    rs.Close
    Set rs=Nothing
End Sub
```

"取消"按钮的"单击"事件过程代码如下:

```
Private Sub 取消_Click()
    DoCmd.Close
End Sub
```

(3) 运行程序。切换到窗体视图,在文本框中输入账号和密码,单击"确定"按钮测试程序的正确性。

【归纳】

在 VBA 中使用 ADO 数据模型进行数据库应用程序设计的基本操作方法如下。

(1) 首先,使用 Connection 对象连接到数据源。然后,使用 Command 对象将要做什么的指令传递给数据源。将命令传递给数据源并接收其响应的结果通常将呈现在 Recordset 对象中。

(2) 有选择地创建表示 SQL 查询命令的对象,并在 SQL 命令中指定其值为变量参数。

(3) 执行命令,查询或更新数据,并对返回的结果进行处理。

(4) 结束事务,关闭连接。

7.8 VBA 程序调试

编写代码之后,必须进行调试,检查它是否正确。调试就是查找和解决 VBA 程序代码错误的过程。

7.8.1 错误类型

编写程序不可避免地会发生错误,可以把错误分为如下 4 种类型。

1. 语法错误

语法错误是最常见的错误,通常是由输入错误引起的,例如,标点丢失或不适当地使用某些关键字等。如果某个语句包含语法错误,则VBA编辑器会把该语句显示为红色。VBA采用错误消息指明错误类型,用户只需阅读错误消息,就能够进行适当更改。

2. 编译错误

当VBA在编译代码过程中遇到问题时,就会产生编译错误。常见的编译错误是当使用对象的方法时,该对象并不支持该方法。这时VBA会弹出提示出错信息框,出错的那一行用高亮度显示,同时停止编译。必须单击"确定"按钮,关闭出错提示对话框,才能对出错行进行修改。

3. 运行错误

运行错误是在程序运行的过程中发生的错误。例如,数据传递时类型不匹配、遇到非法数据(如除数为零)或系统条件禁止代码运行(如磁盘空间不足等)时就会发生运行错误。

4. 逻辑错误

逻辑错误是指应用程序未按设计执行或得不到如期的结果。这种错误是由于程序代码中不恰当的逻辑设计而引起的。这种程序设计在运行时并未进行非法操作,只是运行结果不符合要求。这是最难处理的错误,VBA编辑器不能发现这种错误,只有靠用户对程序进行详细的分析才能发现。

7.8.2 "调试"工具栏

VBE提供了"调试"菜单和"调试"工具栏,供用户调试程序。其中"调试"工具栏上包含了对应于"调试"菜单中的某些命令按钮,这些命令都是在调试代码时最常用的命令。选择"视图|工具栏|调试"命令,即可打开"调试"工具栏,如图7.32所示。

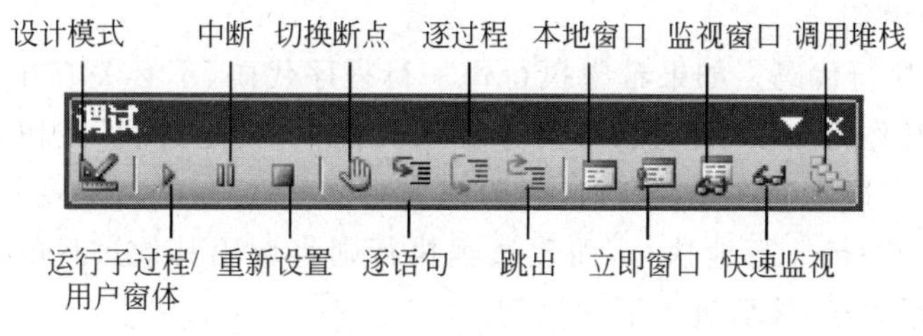

图7.32 "调试"工具栏

"调试"工具栏上一些按钮的功能如下。

(1) "设计模式"按钮:打开或关闭设计模式。

(2)“运行子过程/用户窗体”按钮：如果光标在过程中，则运行当前过程；如果用户窗体处于激活状态，则运行用户窗体，否则将运行宏。

(3)“中断”按钮：终止程序的执行，并切换到中断模式。

(4)“重新设置”按钮：清除执行堆栈和模块级变量并重新设置工程。

(5)“切换断点”按钮：在当前行设置或清除断点。

(6)“逐语句”按钮：一次执行一条语句。

(7)“逐过程”按钮：在代码窗口中一次执行一个过程。

(8)“跳出”按钮：执行当前执行点处过程的其余行。

(9)“本地窗口”按钮：显示“本地窗口”。

(10)“立即窗口”按钮：显示“立即窗口”。

(11)“监视窗口”按钮：显示“监视窗口”。

(12)“快速监视”按钮：显示所选表达式当前值的“快速监视”对话框。

(13)“调用堆栈”按钮：显示“调用堆栈”对话框，列出当前活动的过程调用。

7.8.3 调试方法

为避免程序运行错误的发生，在编码阶段要对程序的可靠性和正确性进行测试与调试。VBA 编程环境提供了许多调试方法，可以在程序编码调试阶段快速准确地找到问题所在，使编程人员及时修改与完善程序。

1. 代码的执行方式

VBE 提供了多种程序运行方式，通过不同的运行方式运行程序，可以对代码进行各种调试工作。

(1) 逐语句执行代码。逐语句执行代码是调试程序时十分有效的工具。通过单步执行每一行程序代码，包括被调用过程中的程序代码，可以及时、准确地跟踪变量的值，从而发现错误。如果要逐语句执行代码，可单击工具栏上的“逐语句”按钮，在执行该命令后，VBE 运行当前语句，并自动转到下一条语句，同时将程序挂起。

对于在同一行中有多条语句用冒号“：”隔开的情况，使用“逐语句”命令时，将逐个执行该行中的每条语句。

(2) 逐过程执行代码。如果希望执行每一行程序代码，不必关心在代码中调用子过程的运行，并将其作为一个单位执行，可单击工具栏上的“逐过程”按钮。逐过程执行与逐语句执行的不同之处在于，执行代码调用其他过程时，逐语句是从当前行转移到该过程中，在此过程中一行一行地执行，而逐过程执行则将调用其他过程的语句当作一个语句，将该过程执行完毕，然后进入下一语句。

(3) 跳出执行代码。如果希望执行当前过程中的剩余代码，可单击工具栏上的“跳出”按钮。在执行跳出命令时，VBE 会将该过程未执行的语句全部执行完，包括在过程中调用的其他过程。执行完过程后，程序返回到调用该过程的过程，“跳出”命令执行完毕。

(4) 运行到光标处。选择“调用”菜单的“运行到光标处”命令,VBE就会运行到当前光标处。当用户可确定某一范围的语句正确,而对后面的正确性不能保证时,可用该命令运行程序到某条语句,再在该语句逐步调试。这种调试方式通过光标来确定程序运行的位置,十分方便。

(5) 设置下一条语句。在VBE中,用户可自由设置下一步要执行的语句。当程序已经挂起时,可在程序中选择要执行的下一条语句,右击,在弹出的快捷菜单中选择“设置下一条语句”命令。

2. 暂停代码运行

VBE提供的大部分调试工具都要在程序处于挂起状态才能有效,这时就需要暂停VBA程序的运行。在这种情况下,程序仍处于执行状态,只是在执行暂停的语句之前,变量和对象的属性仍然保持,当前运行的代码在模块窗口中被显示出来。

如果要将语句设为挂起状态,可采用以下两种方法。

(1) 断点挂起。如果VBA程序在运行时遇到了断点,系统就会在运行到该断点处时将程序挂起。可以在任何可执行语句和赋值语句处设置断点,但不能在声明语句和注释行处设置断点。不能在程序运行时设置断点,只有在编写程序代码或程序处于挂起状态才可设置断点。

可以在代码窗口中将光标移到要设置断点的行,按F9键,或单击工具栏上的“切换断点”按钮设置断点,也可以在代码窗口中,单击要设置断点行的左侧边缘部分,即可设置断点。

如果要取消断点,可将插入点移到设置了断点的程序代码后,然后单击工具栏上的“切换断点”按钮,或在断点代码行的左侧边缘单击。

(2) Stop语句挂起。给过程中添加Stop语句,或在程序执行时按Ctrl+Break组合键,也可将程序挂起。Stop语句是添加在程序中的,当程序执行到该语句时将被挂起。它的作用与断点类似。但当用户关闭数据库后,所有断点都会自动消失,而Stop语句还在代码中。如果不再需要断点,则可选择“调试”菜单中的“清除所有断点”命令,将所有断点清除,但Stop语句须逐行清除,比较麻烦。

3. 查看变量值

在调试程序时,希望随时查看程序中的变量和常量的值,这时候只要将鼠标指向代码窗口中要查看的变量或常量,就会直接在屏幕上显示当前值。但这种方法只能查看一个变量或常量,如果要查看几个变量或一个表达式的值,或需要查看对象以及对象的属性,就需要VBE提供的几种查看变量值的窗口了。

(1) 本地窗口。可以使用本地窗口,在运行时监视变量和表达式的值。当处于中断模式时,本地窗口会显示当前过程中使用的所有变量及其值,还会显示当前加载窗体和控件的属性。当从一个过程切换到另一个过程时,本地窗口的内容会随之改变。每当在运行和中断模式之间进行切换时,就会更新该窗口。

要在本地窗口中查看数据,可单击工具栏上的“本地窗口”按钮,即可打开“本地窗口”。本地窗口有 3 个列表,分别显示表达式、值和类型。有些变量,如用户自定义类型、数组和对象等,可包含级别信息。这些变量的名称左边有一个加号按钮,可通过它控制级别信息的显示。

列表中的第一个变量是一个特殊的模块变量。对于类模块,它的系统定义变量为 Me,Me 是对当前模块定义的当前类实例的应用。因为它是对象的引用,所以能够展开显示当前类实例的全部属性和数据成员。对于标准模块,它是当前模块的名称,并且也能展开显示当前模块中的所有模块级变量。在本地窗口中,可通过选择现存值,并输入新值来更改变量的值。

(2) 立即窗口。使用立即窗口可检查 VBA 代码的结果。可以输入或粘贴一行代码,然后按 Enter 键来执行该代码。可使用立即窗口检查控件、字段或属性的值,显示表达式的值,或者为变量、字段或属性赋予一个新值。立即窗口是一种中间结果暂存器窗口,在这里可以立即求出语句、方法和 Sub 过程的结果。

当处于中断模式时,可以输入一个问号,然后在问号后面输入变量名或要计算的表达式,按 Enter 键,其结果就会直接显示在该命令下。当处于设计模式时,可以将 Debug 对象的 Print 方法加到 VBA 代码中,以便在运行代码的过程中,在立即窗口中显示表达式的值。

(3) 监视窗口。在程序执行过程中,可利用监视窗口查看表达式或变量的值。可选择“调试”菜单中的“添加监视”命令来设置监视命令表达式。通过监视窗口,可展开或折叠级别信息、调整列标题大小以及就地编辑值等。

(4) 调用堆栈。在调试代码的过程中,当暂停 VBA 代码执行时,可使用调用堆栈窗口查看那些已经开始执行但还未完成的过程列表。如果持续在“调试”工具栏上单击“调用堆栈”按钮,Access 会在列表的最上方显示最近被调用的过程,接着是早些被调用的过程,依次类推。

7.8.4 错误处理

VBA 通过显示错误信息并阻止代码执行来响应运行期间错误。然而,在代码中引入错误处理特征,也能够处理运行期间错误,使用这些特征可以捕获错误,从而进一步提示程序采取适当措施。

1. 避免错误

为了避免不必要的错误,应该保持良好的编程风格。通常应遵循以下几条原则。

(1) 模块化。除了一些定义全局变量的语句以及其他的说明性语句之外,具有独立作用的非说明性语句和其他代码都要尽量地放在 Sub 过程或 Funtion 过程中,以保持程序的简洁性,并清晰明了地按功能来划分模块。

(2) 多注释。编写代码时要加上必要的注释,以便以后或其他用户能够清楚地了解程序的功能。

(3) 变量显式声明。在每个模块中加入 Option Explicit 语句,强制对模块中的所有变量进行显式声明。

(4) 良好的命名格式。为了方便地使用变量,变量的命名应采用统一的格式,尽量做到"顾名思义"。

(5) 少用变体类型。在声明对象变量或其他变量时,应尽量使用确定的对象类型或数据类型,少用 Object 和 Variant 类型,这样可加快代码的运行,且可避免出现错误。

2. 捕获错误

在 VBA 中,一般通过设置错误陷阱来纠正运行错误。即在代码中设置一个捕捉错误的转移机制,一旦出现错误,便无条件转移到指定位置执行。VBA 提供了以下两种方法来构造错误陷阱。

(1) On Error 语句。使用 On Error 语句可以建立错误处理程序,当发生运行错误时,执行就会跳转到 On Error 语句指定的标号处。On Error 语句的格式如下:

```
On Error GoTo<标号>
```

例如,使用 On Error 语句截获错误的代码:

```
Private Sub division()
    On Error GoTo zero_error
    result=n1 / n2
    Debug.Print result
    Exit Sub
    zero_error:
    MsgBox "Runtime error:Division by zero"
End Sub
```

当第 3 行发生错误时,程序将跳转到 zero_error 错误处理程序,并显示提示内容为 Runtime error:Division by zero 的消息框。

指定错误处理程序的标号可以是符合变量名约定的任意名字,但标号的末尾必须包含一个冒号。通常把 On Error 语句放在过程的开始部分,以便对该过程的后续部分都有效。如果在程序代码中没有执行 On Error GoTo 语句捕捉错误,或使用 On Error GoTo 0 语句关闭了错误处理,则当程序运行发生错误时,系统会提示一个对话框,显示相应的出错信息。

(2) Err 对象。在捕获到了错误后,为确定要采取哪些行动,首先应识别错误的类型。使用系统提供的 Err 对象,可以存储有关运行错误的信息。当发生了运行错误时,就会自动填充 Err 对象,可以使用其中的信息识别错误并进行处理。关于 Err 对象的详细说明请查看 VBA 帮助文档。

(3) Error() 函数。Error()函数返回出错代码所在的位置或根据错误代码返回错误名称。在实际编程中,不能期待使用上述错误处理机制来维持程序的正常运行,要对程序的运行操作有预见,采用正确的处理方法,避免运行错误发生。

本章小结

VBA 是 Microsoft Office 系列软件的内置编程语言，其语法与 VB 编程语言互相兼容。本章简要介绍了 VBA 中的常量、变量、运算符和表达式及常用的内置函数，程序流程的控制语句，面向对象的程序设计方法等 VBA 程序设计的基础知识。

模块是将 VBA 程序设计语言的声明和过程集合在一起的程序单位。模块分为标准模块和类模块。Access 中使用较多的类模块是窗体和报表。标准模块包含的是不与任何对象关联的通用过程和常用过程。在模块中可以创建 Sub 过程、Function 过程，过程的调用通过参数的传值或传址实现数据的传递。

在程序代码中可以使用 ADO 对象对数据库进行操作，但在使用前要先引用相应的对象库，还要定义相应的对象变量，通过使用对象变量的属性、方法来完成对当前数据库或其他数据库的访问。

思考题

1. VBA 和 Access 有什么关系？
2. VBA 和 VB 有什么联系和区别？
3. 什么是模块？模块分哪几类？
4. 什么是对象？对象的属性和方法有什么区别？
5. 什么是事件过程？它有什么作用？
6. 如何在窗体上运行 VBA 代码？
7. 为什么要声明变量？未经声明而直接使用的变量是哪种数据类型？
8. VBA 程序基本结构有几种？
9. Sub 过程和 Function 过程有什么不同，调用的方法有什么区别？
10. 什么是形参？什么是实参？
11. 在窗体 1 通用声明部分声明的变量，能否在窗体 2 中的过程中使用？
12. VBA 主要提供了几种数据访问接口？
13. 简述使用 ADO 对象访问数据库的基本过程。
14. 简述 RecordSet 对象的用法。
15. 常用的程序调试工具和方法有哪些？

第8章　数据库系统实例

本章导读

数据库系统是在数据库管理系统支持下建立的，以数据库为基础和核心的计算机应用系统。本章以“图书信息管理系统”为例，描述一个完整的数据库应用系统的开发过程。

8.1　数据库需求分析

在数据库管理系统的基础上，开发数据库应用系统是一个复杂的过程，从分析用户需求开始到投入运行使用，需要经过需求分析、数据库设计、数据库实现、系统功能实现、系统测试、运行和维护等阶段。其中，数据库分析指的就是需求分析。需求分析是面向用户具体的应用需求，是建立数据库的第一步，也是最基础、最重要的步骤。在这一阶段，数据库的设计人员要与数据库的最终用户进行充分的交流，明确建立数据库的目的；通过了解用户需求，确定数据库汇总需要存储哪些数据，用户需要完成哪些处理功能。

一般通用的“图书信息管理系统”包含基本信息管理、图书流通管理、统计分析管理等功能。读者可分为教师、研究生和本科生等，不同类型的读者所具有的借阅权限是不一样的，例如教师一次可以借10本，研究生则是7本，本科生则是5本；教师借期为3个月，研究生为2个月，本科生为1个月等。基本管理实现对书目和读者的信息管理，包括入库、编码等操作。图书流通环节是最重要的部分，包括借书和还书两个过程。

经过需求分析，确定该“图书信息管理系统”的功能模块组成，如图8.1所示。

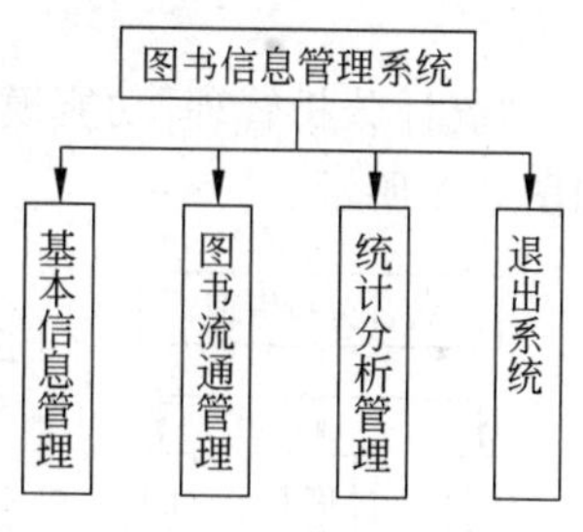

图8.1　图书信息管理系统包含的基本功能

8.1.1　基本信息管理

“基本信息管理”功能模块可以实现对图书信息、读者信息等进行管理。所包含的功能模块如图8.2所示。

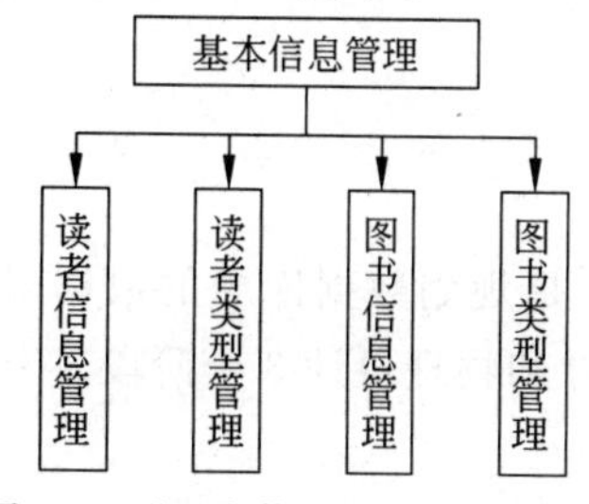

图8.2　“基本信息管理”功能模块

“图书信息管理”模块主要用于管理读者的相关信息，包括读者信息的浏览、查找、修改、删除以及添加新读者等操作。

“读者类型管理”模块可对读者类型进行维护，对各类型读者的可借图书数、续借次数、是否有限制图书等进行设置。

“图书信息管理”模块主要用于管理图书的相关信

息,包括图书信息的浏览、查找、修改、删除以及添加新图书等操作。

"图书类型管理"模块可对图书类型进行维护,对各类图书的编号、名称及可借天数进行维护。

8.1.2 图书流通管理

"图书流通管理"功能模块用于管理图书流通环节相关的操作。所包含的功能模块如图 8.3 所示。

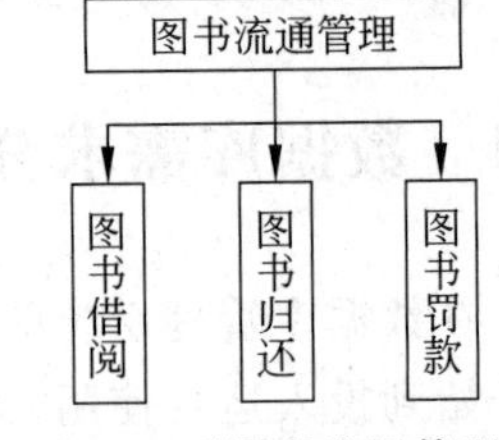

图 8.3 "图书流通管理"功能模块

"图书借阅"模块用于登记读者借阅图书的记录,并减少图书在库的库存,登记内容包括借阅编号、图书编号、读者编号、借阅时间、应还时间、操作员等。

"图书归还"模块用于登记读者归还图书的记录并增加图书在库的库存,登记内容包括归还编号、图书编号、读者编号、归还时间、操作员等。

"图书罚款"模块用于对图书超期等情况的罚款管理,内容包括罚款编号、图书编号、读者编号、罚款日期、应罚金额、实收金额、是否交款、备注等。

8.1.3 统计分析管理

"统计分析管理"功能模块为图书管理人员的分析决策提供依据,所包含的功能模块如图 8.4 所示。

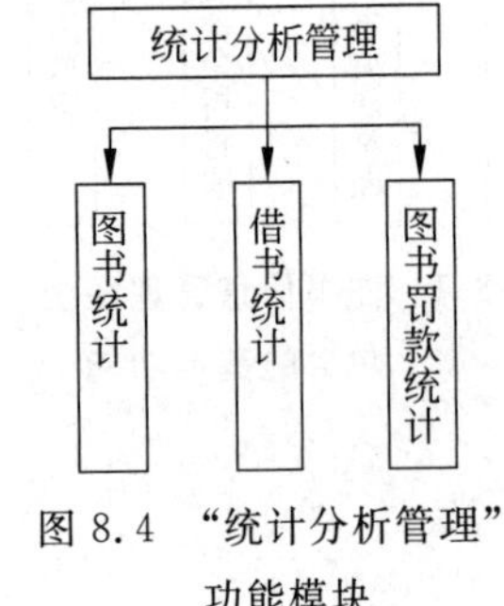

图 8.4 "统计分析管理"功能模块

"图书统计"模块可以对图书按类别统计,形成报表进行打印操作。

"借书统计"模块可以按借书编号进行借出次数统计。形成报表进行打印操作。

"图书罚款统计"模块可以按读者编号,进行罚款金额小计,形成报表进行打印操作。

根据以上分析,一个基本的"图书信息管理系统"数据库中大致有 6 张表,分别存放相应子功能的数据信息,其中"读者信息"和"图书信息"是关键的表,其他涉及的表都只记录相应的编号,根据作为外键的"编号"字段与其他表相对应。

8.2 数据库设计

数据库设计是数据库应用系统开发过程中关键的一步,是规划数据库中的数据对象以及这些数据对象之间关系的过程,包括概念设计、逻辑设计和物理设计 3 个阶段。

8.2.1 概念设计

概念设计是通过对用户需求进行综合、归纳和抽象，形成不依赖于任何数据库管理系统的概念模型，即确定实体集、属性及实体集之间的联系。

通过需求分析，可以从图书管理中抽象出图书信息、读者信息、图书类型、图书罚款、读者类型和图书借阅6个实体集及其关键属性，其E-R图如图8.5～图8.10所示。

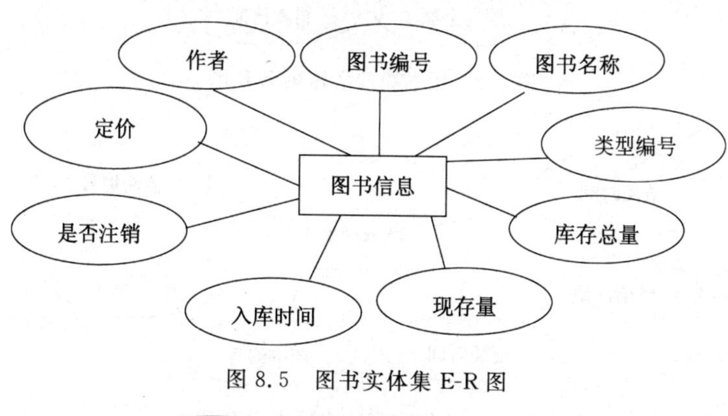

图8.5 图书实体集E-R图

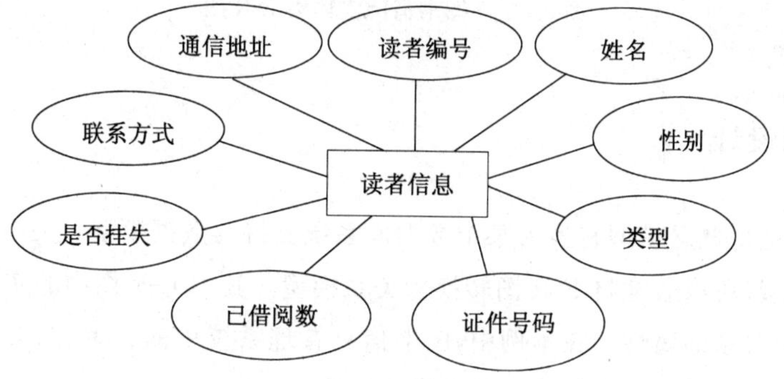

图8.6 读者实体集E-R图

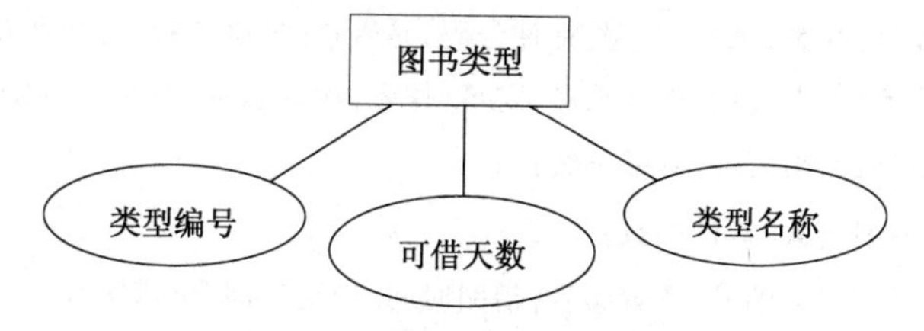

图8.7 图书类型实体集E-R图

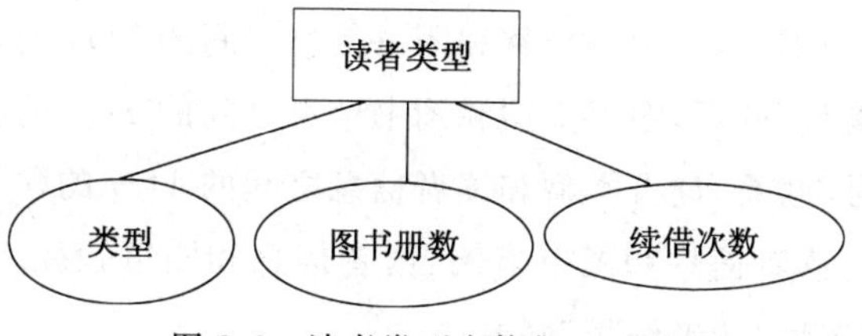

图8.8 读者类型实体集E-R图

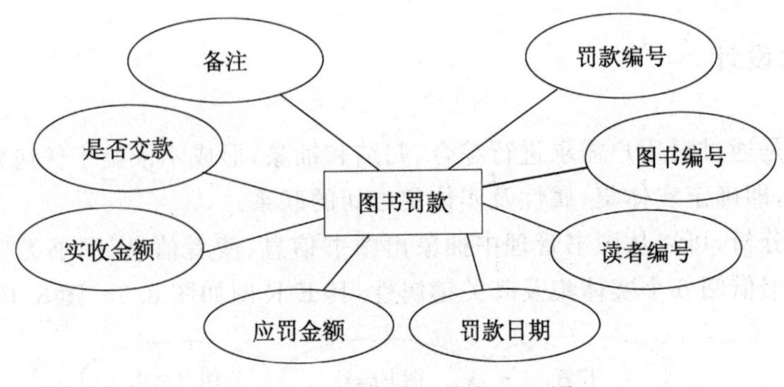

图 8.9 图书罚款实体集 E-R 图

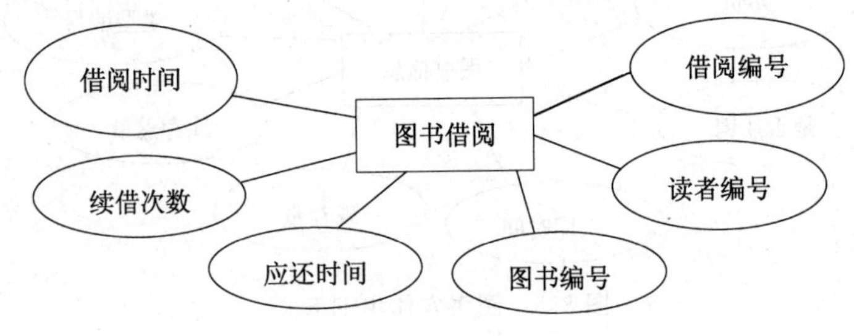

图 8.10 图书借阅实体集 E-R 图

8.2.2 逻辑设计

逻辑设计是将概念模型转换为某个数据库系统支持的数据模型。关系模式是目前最流行的数据模型，所以通常将 E-R 图转换为关系模型。其中 E-R 图中的实体集转换为关系，属性转换为关系的属性。在本例中，图书信息管理系统中的读者、图书、图书类型、图书借阅、读者类型和借阅罚款转换为关系模式如下。

读者信息(读者编号，姓名，性别，类型，证件号码，是否挂失，已借阅数，联系方式，通信地址)

图书信息(图书编号，图书名称，类型编号，定价，作者，库存总量，现存量，入库时间，是否注销)

图书类型(类型编号，类型名称，可借天数)

读者类型(类型，图书册数，续借次数)

图书借阅(借阅编号，图书编号，读者编号，借阅时间，应还时间，续借次数)

图书罚款(罚款编号，图书编号，读者编号，罚款日期，应罚金额，实收金额，是否交款，备注)

其中图书借阅和图书信息、图书罚款和图书信息之间的 1∶m 的联系通过各实体集之间的公共属性“图书编号”联系，图书类型和图书信息之间的 1∶m 的联系通过实体集之间的公共属性“类型编号”联系，读者类型和读者信息之间的 1∶m 的联系通过实体集之间的公共属性“类型”联系，读者信息和图书借阅、读者信息和图书罚款之间的 1∶m 的联系通过实体集之间的公共属性“读者编号”联系。

8.2.3 物理设计

物理设计是对数据库的存储结构和物理实现方法进行设计，以提高数据库的访问速度及有效利用存储空间。根据概念设计和逻辑设计得到数据库中需要建立的各个数据表的结构如表 8.1～表 8.6 所示。

表 8.1 “图书信息”表结构

字段名	类型	字段大小	说明
图书编号	短文本	10	主键
条形码	短文本	20	
书名	短文本	10	
类型编号	短文本	10	
价格	货币		
作者	短文本	10	
译者	短文本	10	
ISBN	短文本	12	
页码	数字	整型	
库存总量	数字	字节	
现存量	数字	字节	
书架名称	短文本	20	
出版社名称	短文本	20	
入库时间	日期/时间		
简介	长文本		
操作员	短文本	10	
借出次数	数字	字节	
是否注销	是/否		

表 8.2 “读者信息”表结构

字段名	类型	字段大小	说明
读者编号	短文本	10	主键
条形码	短文本	20	
姓名	短文本	10	
性别	短文本	1	
出生日期	日期/时间		

续表

字段名	类型	字段大小	说明
类型	短文本	5	
有效证件	短文本	10	
证件号码	短文本	18	
登记日期	日期/时间		
有效期至	日期/时间		
操作员	短文本	10	
是否挂失	是/否		
已借阅数	数字	字节	
联系方式	短文本	16	

表 8.3 “图书类型”表结构

字段名	类型	字段大小	说明
类型编号	短文本	2	主键
类型名称	短文本	20	
可借天数	数字	字节	

表 8.4 “读者类型”表结构

字段名	类型	字段大小	说明
类型	短文本	5	主键
图书册数	数字	字节	
续借次数	数字	字节	
限制图书	是/否		

表 8.5 “图书借阅”表结构

字段名	类型	字段大小	说明
借阅编号	短文本	10	主键
图书编号	短文本	10	
读者编号	短文本	10	
借阅时间	日期/时间		
应还时间	日期/时间		
续借次数	数字	字节	
操作员	短文本	10	
状态	短文本	10	

表 8.6 “图书罚款”表结构

字段名	类型	字段大小	说明
罚款编号	短文本	10	主键
图书编号	短文本	10	
读者编号	短文本	10	
读者条形码	短文本	12	
罚款日期	日期/时间		
应罚金额	数字	单精度型	
实收金额	数字	单精度型	
是否交款	是/否		
备注	长文本		

6个表间关系如图 8.11 所示。

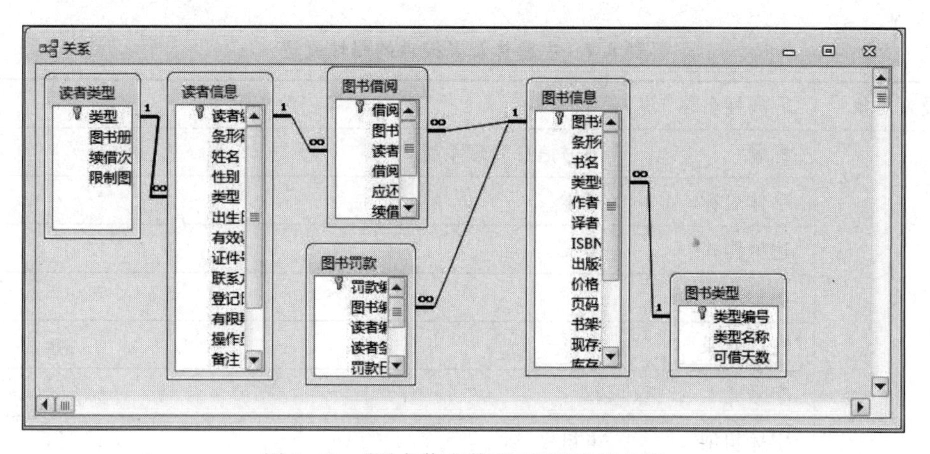

图 8.11 “图书信息管理系统”表间关系

8.3 系统功能实现

8.3.1 窗体设计

1. 主窗体的设计和建立

根据图书管理系统要实现的各功能，建立一个主窗体，用户可以从主窗体中单击相应命令按钮进入要操作的界面。主窗体界面如图 8.12 所示，该窗体及其控件的属性设置如表 8.7 所示。

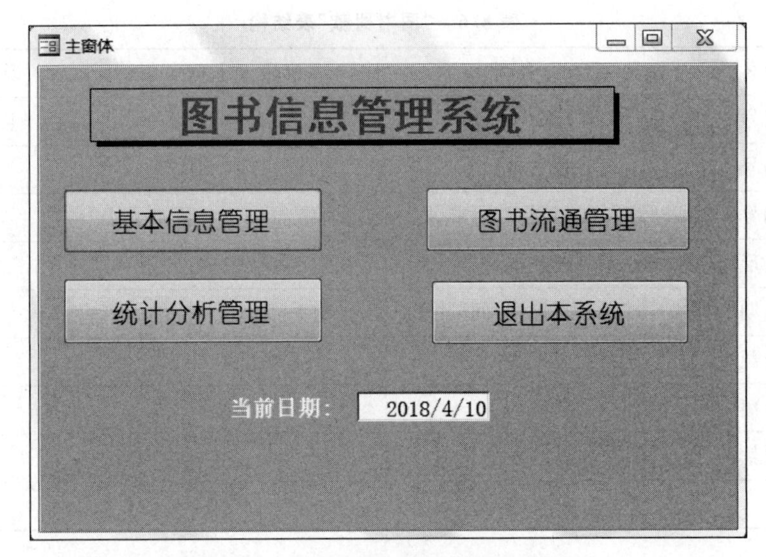

图 8.12 “图书信息管理系统”的主窗体

表 8.7 主窗体及其控件的属性设置

设置对象	属性名称	属 性 值
标签 1	标题	图书信息管理系统
	字体名称	黑体
	边框样式	实线
	边框宽度	3pt
	特殊效果	阴影
	字号	22
	字体粗细	半粗
命令按钮	标题	基本信息管理、图书流通管理、统计分析管理、退出本系统
	字体名称	幼圆
	字号	14
窗体	记录选择器	否
	导航按钮	否
	分割线	否
	边框样式	细边框
	背景色	＃9CD1E0

操作步骤如下。

(1) 打开窗体设计视图。

(2) 添加控件。利用“窗体设计工具|设计”选项卡“控件”组中的控件按钮，在窗体主

体节中添加一个标签控件用来显示窗体标题，添加4个命令按钮控件，并按表8.7设置窗体及其控件的属性。

(3) 保存窗体。单击快速访问工具栏中的“保存”按钮，在弹出的“另存为”对话框中将窗体名称设置为“主窗体”。

2. “基本信息管理”窗体的设计和建立

“基本信息管理”窗体主要为了浏览读者、图书等信息的链接窗体，创建方法与主窗体类似，界面如图8.13所示，该窗体及其控件的属性设置如表8.8所示。

图8.13 “基本信息管理”窗体

表8.8 “基本信息管理”窗体及其控件的属性设置

设置对象	属性名称	属 性 值
标签1	标题	基本信息管理
	字体名称	黑体
	边框样式	实线
	边框宽度	3pt
	特殊效果	阴影
	字号	22
	字体粗细	半粗
命令按钮	标题	读者信息管理、读者类型管理、图书信息管理、图书类型管理
	字体名称	宋体
	字号	14

续表

设置对象	属性名称	属 性 值
窗体	记录选择器	否
	导航按钮	否
	分割线	否
	边框样式	细边框
	背景色	#77DD79

3. “读者信息管理”窗体的设计和建立

“读者信息管理”窗体主要为了对读者信息的管理,包括查找、浏览、添加、删除和修改读者信息。这里通过窗体向导生成读者信息窗体,然后通过控件向导添加命令按钮实现相应的操作。

操作步骤如下。

(1) 通过窗体向导建立窗体。选择“读者”表中的所有字段作为数据源,其他采用默认设置,将窗体标题修改为“读者信息管理”。

(2) 修饰窗体。将窗体中所有标签的“字体粗细”属性修改为“加粗”,将窗体的“记录选择器”“导航按钮”和“分割线”属性均设置为“否”。

(3) 添加命令按钮。选择命令按钮添加到窗体中,在弹出的“命令按钮向导”对话框中选择命令按钮的类别和操作,输入显示文本,指定按钮名称。为了方便用户操作,另外添加一个“返回主窗体”命令按钮。各个命令按钮的具体设置如表 8.9 所示。

表 8.9 “读者信息管理”窗体中命令按钮控件的属性设置

按钮类别	按钮标题	操 作	按钮名称
记录导航	查找记录	查找记录	CmdFind
	第一条记录	转至第一项记录	CmdFirst
	下一条记录	转至下一项记录	Cmdnext
	上一条记录	转至上一项记录	CmdPrevious
	最后一条记录	转至最后一项记录	CmdLast
记录操作	添加新记录	添加新记录	CmdAdd
	保存记录	保存记录	CmdSave
	删除记录	删除记录	CmdDelete

(4) 运行窗体。切换到窗体视图,运行“读者信息管理”窗体,如图 8.14 所示。

4. “读者类型管理”窗体的设计和建立

“读者类型管理”窗体只有 3 个字段的内容,可以直接使用窗体向导生成“读者类型管

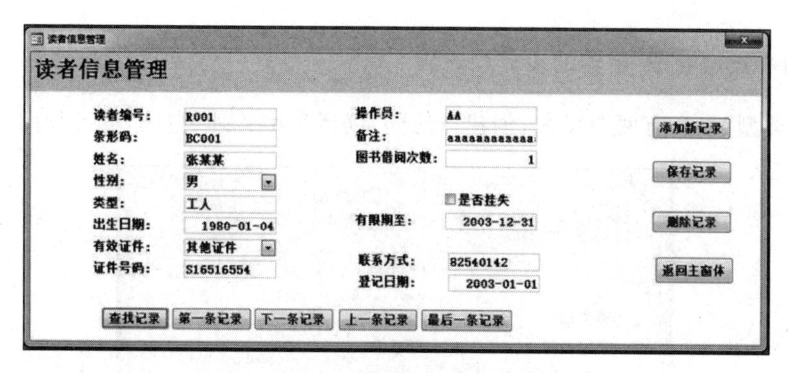

图 8.14 “读者信息管理”窗体

理”窗体。界面如图 8.15 所示。窗体属性设置与“基本信息管理”窗体类似,不再赘述。

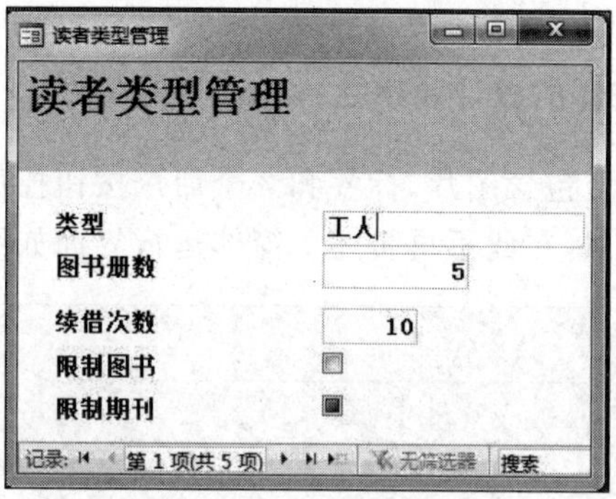

图 8.15 “读者类型管理”窗体

5. “图书信息管理”窗体的设计和建立

“图书信息管理”窗体主要为了对图书信息的管理,包括查找、浏览、添加、删除和修改图书信息。这里通过窗体向导生成图书信息窗体,然后通过控件向导添加命令按钮实现相应的操作。窗体运行界面如图 8.16 所示。建立“图书信息管理”窗体的步骤和建立“读者信息管理”窗体的步骤基本相同,在此不再赘述。

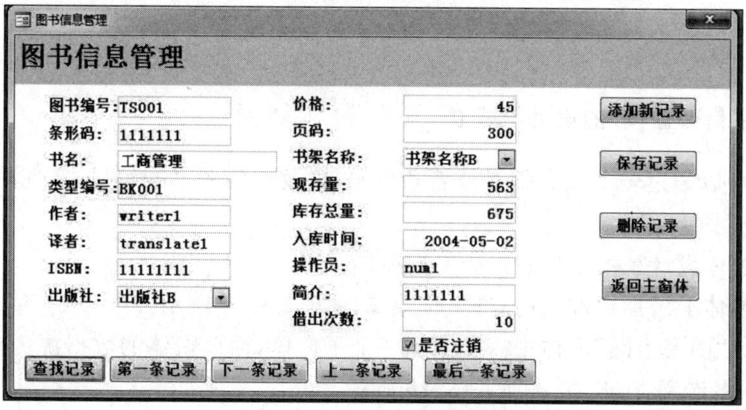

图 8.16 “图书信息管理”窗体

6. “图书类型管理”窗体的设计和建立

“图书类型”表只有两个字段，创建方法同“读者类型管理”窗体，界面如图 8.17 所示。

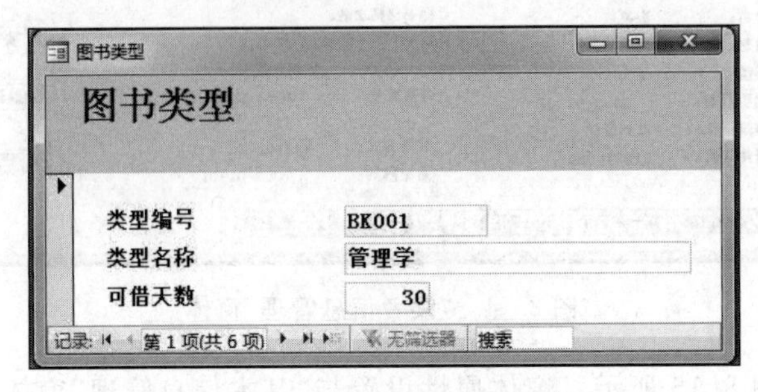

图 8.17 “图书类型管理”窗体

7. “图书流通管理”窗体的设计和建立

“图书流通管理”窗体上包含图片、标签和 3 个命令按钮控件，与“基本信息管理”窗体的控件属性与创建方法类似，在此不再赘述。窗体运行界面如图 8.18 所示。

图 8.18 “图书流通管理”窗体

8. “图书借阅窗体”的设计与建立

该窗体可以通过输入读者编号或者条形码，以及所借图书的编号，实现图书的借阅。操作步骤如下。

(1) 在窗体设计视图下创建一个空白窗体。

(2) 在窗体上添加控件，各控件名称及属性如表 8.10 所示。

(3) 在该“图书借阅”窗体中需要添加一个子窗体，而该窗体的数据源为查询，因此接下来建立“图书借阅查询”查询，如图 8.19 所示。

表 8.10 “图书借阅窗体”控件及其属性

设置对象	属性名称	属性值
标签 1～标签 6	标题	读者信息、姓名、类型、可借册数、借阅图书信息、操作员
命令按钮	标题	确定借书、退出
单选按钮 1	名称	OptionReaderNum
	标题	读者编号
单选按钮 2	名称	OptionBarCode
	标题	条形码
单选按钮 3	标题	图书编号
单选按钮 4	标题	条形码
文本框 1～文本框 6	名称	TxtReaderMsg、姓名、类型、可借次数、TxtBorrowBookMsg、操作员
子窗体/子报表	数据源	图书借阅子窗体
命令按钮 1、命令按钮 2	标题	确定借书、退出

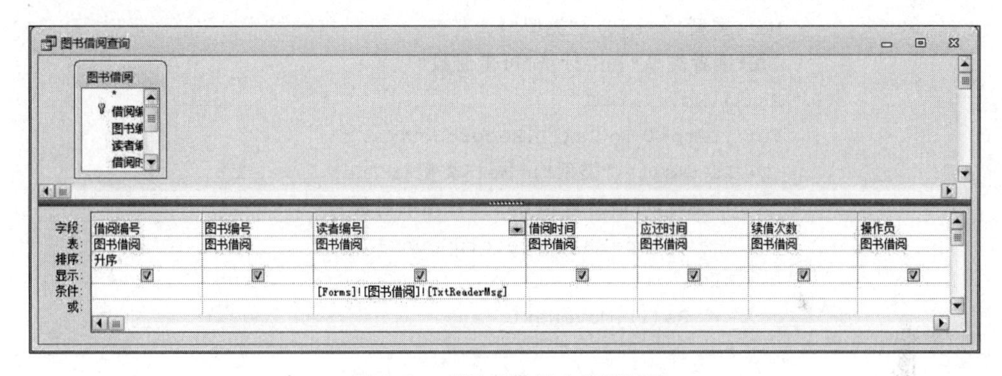

图 8.19 “图书借阅查询”界面

(4) 为文本框 TxtReaderMsg 和 TxtBorrowBookMsg 的“更新后”事件过程分别编写如下代码：

```
Private Sub TxtReaderMsg_AfterUpdate()
On Error GoTo Err_TxtReaderMsg_Click
    '打开"读者信息"表
    Set Rs(0)=New ADODB.Recordset
    StrTemp="Select * From 读者信息"
    Rs(0).Open StrTemp, CurrentProject.Connection, adOpenKeyset, adLockOptimistic
    '打开"读者类型"表
    Set Rs(1)=New ADODB.Recordset
    StrTemp="Select * From 读者类型"
    Rs(1).Open StrTemp, CurrentProject.Connection, adOpenKeyset, adLockOptimistic
    '判断"读者信息"表记录是否为空
```

```
If Rs(0).RecordCount <=0 Then
    MsgBox "读者信息记录为空!", vbOKOnly, "提示!"
    DoCmd.Close
End If
'判断"读者类型"表记录是否为空
If Rs(1).RecordCount <=0 Then
    MsgBox "读者类型记录为空!", vbOKOnly, "提示!"
    DoCmd.Close
End If
'在"读者信息"表中循环操作
Rs(0).MoveFirst
For iTemp=0 To Rs(0).RecordCount . 1
    '如果选中"图书编号"单选按钮,则……
    If Me![Frame0].Value=1 Then
    '如果"读者信息"表中"图书编号"等于输入的值,则添加新记录
        If (Rs(0)("读者编号")=Me![TxtReaderMsg]) Then
    '把"读者信息"表中"姓名"和"类型"对应的值赋予窗体对应的文本框内
            Me![姓名]=Rs(0)("姓名")
            Me![类型]=Rs(0)("类型")
            '在"读者类型"表中计算"可借册数"
            Rs(1).MoveFirst
            For jTemp=0 To Rs(1).RecordCount . 1
                If (Rs(1)("类型")=Me![类型]) Then
                  Me![可借册数]=Rs(1)("图书册数")
                   jTemp=Rs(1).RecordCount+1
                Else
                    Rs(1).MoveNext
                End If
            Next jTemp
            '跳出循环
            iTemp=Rs(0).RecordCount+1
        Else
    '如果"读者信息"表中"图书编号"不等于输入的值,则转至下一条记录
            Rs(0).MoveNext
        End If
    Else
      '如果选中"条形码"单选按钮,则……
        If (Rs(0)("条形码")=Me![TxtReaderMsg]) Then
    '把"读者信息"表中"姓名"和"类型"对应的值赋予窗体对应的文本框内
            Me![姓名]=Rs(0)("姓名")
            Me![类型]=Rs(0)("类型")
            '在"读者类型"表中计算"可借册数"
            Rs(1).MoveFirst
            For jTemp=0 To Rs(1).RecordCount . 1
```

```
                If (Rs(1)("类型")=Me![类型]) Then
                    Me![可借册数]=Rs(1)("图书册数")
                    jTemp=Rs(1).RecordCount+1
                Else
                    Rs(1).MoveNext
                End If
            Next jTemp
            '跳出循环
            iTemp=Rs(0).RecordCount+1
        Else
       '如果"读者信息"表中"条形码"不等于输入的值,则转至下一条记录
            Rs(0).MoveNext
        End If
    End If
  Next iTemp
  Me![BorrowBookMsgFrm].Requery
  '释放记录集空间
  Set Rs(0)=Nothing
  Set Rs(1)=Nothing
Exit_TxtReaderMsg_Click:
  Exit Sub
Err_TxtReaderMsg_Click:
  MsgBox Err.Description
  Resume Exit_TxtReaderMsg_Click
End Sub
Private Sub TxtBorrowBookMsg_AfterUpdate()
On Error GoTo Err_TxtBorrowBookMsg_AfterUpdate
  '打开"图书借阅"表
  Set Rs(0)=New ADODB.Recordset
  StrTemp="Select * From 图书借阅"
  Rs(0).Open StrTemp, CurrentProject.Connection, adOpenKeyset, adLockOptimistic
  '打开"图书信息"表
  Set Rs(1)=New ADODB.Recordset
  StrTemp="Select * From 图书信息"
  Rs(1).Open StrTemp, CurrentProject.Connection, adOpenKeyset, adLockOptimistic
  '打开"图书类型"表
  Set Rs(2)=New ADODB.Recordset
  StrTemp="Select * From 图书类型"
  Rs(2).Open StrTemp, CurrentProject.Connection, adOpenKeyset, adLockOptimistic
  '判断"图书信息"表记录是否为空
  If Rs(1).RecordCount <=0 Then
    MsgBox "图书信息记录为空!", vbOKOnly, "提示!"
    DoCmd.Close
  End If
```

```
'判断"图书类型"表记录是否为空
If Rs(2).RecordCount <=0 Then
    MsgBox "图书类型记录为空!", vbOKOnly, "提示!"
    DoCmd.Close
End If
Rs(1).MoveFirst
'在"图书信息"表中循环操作
For iTemp=0 To Rs(1).RecordCount . 1
    '如果选中"读者编号"单选按钮,则……
    If Me![Frame1].Value=1 Then
        '判断"读者编号"表中"图书编号"是否等于输入的值
        If (Rs(1)("图书编号")=Me![TxtBorrowBookMsg]) Then
        '如果"图书编号"表中"图书编号"等于输入的值,则添加新记录
            Rs(0).AddNew
            '实现对"借阅编号"的自动编号
            Rs(0)("借阅编号")="000000" & Rs(0).RecordCount+1
            Rs(0)("图书编号")=Rs(1)("图书编号")
            Rs(0)("读者编号")=Me![TxtReaderMsg]
            Rs(0)("借阅时间")=Date
            '找出某种"读者类型"对应的"可借天数"
            Rs(2).MoveFirst
            For jTemp=0 To Rs(2).RecordCount . 1
                If (Rs(2)("类型编号")=Rs(1)("类型编号")) Then
                    KeepDay=Rs(2)("可借天数")
                    jTemp=Rs(2).RecordCount+1
                Else
                    Rs(2).MoveNext
                End If
            Next jTemp
            '计算"应还时间"
            Rs(0)("应还时间")=Rs(0)("借阅时间")+KeepDay
            Rs(0)("续借次数")=0
            Rs(0)("操作员")=Me![操作员]
            '设置"状态"为"新借"
            Rs(0)("状态")="新借"
            Rs(0).Update
            '跳出循环
            iTemp=Rs(1).RecordCount+1
        Else
    '如果"图书编号"表中"图书编号"不等于输入的值,则转至下一条记录
            Rs(1).MoveNext
        End If
    Else
        '如果选中"条形码"单选按钮,则……
```

```
            If (Rs(1)("条形码")=Me![TxtBorrowBookMsg]) Then
                '如果"图书编号"表中"条形码"等于输入的值,则添加新记录
                Rs(0).AddNew
                Rs(0)("借阅编号")="000000" & Rs(0).RecordCount
                '实现对"借阅编号"的自动编号
                Rs(0)("图书编号")=Rs(1)("图书编号")
                Rs(0)("读者编号")=Me![TxtReaderMsg]
                Rs(0)("借阅时间")=Date
                '找出某种"读者类型"对应的"可借天数"
                Rs(2).MoveFirst
                For jTemp=0 To Rs(2).RecordCount . 1
                    If (Rs(2)("类型编号")=Rs(1)("类型编号")) Then
                        KeepDay=Rs(2)("可借天数")
                        jTemp=Rs(2).RecordCount+1
                    Else
                        Rs(2).MoveNext
                    End If
                Next jTemp
                '计算"应还时间"
                Rs(0)("应还时间")=Rs(0)("借阅时间")+KeepDay
                Rs(0)("续借次数")=0
                Rs(0)("操作员")=Me![操作员]
                '设置"状态"为"新借"
                Rs(0)("状态")="新借"
                Rs(0).Update
                '跳出循环
                iTemp=Rs(1).RecordCount+1
            Else
          '如果"图书编号"表中"图书编号"不等于输入的值,则转至下一条记录
                Rs(1).MoveNext
            End If
        End If
    Next iTemp
    '如果借阅成功,则弹出"图书借阅成功"信息
    MsgBox "图书借阅成功!", vbOKOnly, "提示"
    '刷新"图书借阅 子窗体"子窗体数据
    BorrowBookMsgFrm.Requery
    '关闭记录集
    Rs(0).Close
    Rs(1).Close
    Rs(2).Close
    '释放记录集空间
    Set Rs(0)=Nothing
    Set Rs(1)=Nothing
    Set Rs(2)=Nothing
Exit_TxtBorrowBookMsg_AfterUpdate:
```

```
    Exit Sub
Err_TxtBorrowBookMsg_AfterUpdate:
    MsgBox Err.Description
    Resume Exit_TxtBorrowBookMsg_AfterUpdate
End Sub
```

为“确定借书”按钮编写如下单击事件代码：

```
Private Sub CmdBorrowBKSave_Click()
On Error GoTo Err_CmdBorrowBKSave_Click
    '打开"图书借阅"表
    Set Rs(0)=New ADODB.Recordset
    StrTemp="Select * From 图书借阅"
    Rs(0).Open StrTemp, CurrentProject.Connection, adOpenKeyset, adLockOptimistic
    '打开"图书信息"表
    Set Rs(1)=New ADODB.Recordset
    StrTemp="Select * From 图书信息"
    Rs(1).Open StrTemp, CurrentProject.Connection, adOpenKeyset, adLockOptimistic
    Rs(0).MoveFirst
    '判断借阅的数量是否大于"可借册数"
    If Rs(0).RecordCount >Me![可借册数] Then
        '如果借阅的数量大于"可借册数",则弹出错误信息并退出操作
        MsgBox "您只可以借" & Chr(13) & Chr(10) & Me![可借册数] & _
                "本图书,您多借了,请检查!", vbOKOnly, "错误"
        DoCmd.Close
    End If
    '在"图书借阅"表中循环操作
    For iTemp=0 To Rs(0).RecordCount . 1
        '判断"状态"是否等于"新借"
        If Rs(0)("状态")="新借" Then
        '如果等于,则在"图书信息"表中找到与该图书编号相同的记录
            Rs(1).MoveFirst
            For jTemp=0 To Rs(1).RecordCount . 1
                If Rs(0)("图书编号")=Rs(1)("图书编号") Then
                '更新"现存量"数据
                    Rs(1)("现存量")=Rs(1)("现存量") . 1
                    Rs(1).Update
                    Rs(1).MoveNext
                Else
                    Rs(1).MoveNext
                End If
            Next jTemp
            '设置"状态"值为"未还"
            Rs(0)("状态")="未还"
            Rs(0).Update
            Rs(0).MoveNext
        Else
```

```
            Rs(0).MoveNext
        End If
    Next iTemp
    '如果保存成功,则输出"借阅图书保存成功"信息
    MsgBox "借阅图书保存成功!", vbOKOnly, "提示"
    '刷新"图书借阅 子窗体"子窗体数据
    BorrowBookMsgFrm.Requery
    Rs(0).Close
    Rs(1).Close
    Set Rs(0)=Nothing
    Set Rs(1)=Nothing
Exit_CmdBorrowBKSave_Click:
    Exit Sub
Err_CmdBorrowBKSave_Click:
    MsgBox Err.Description
    Resume Exit_CmdBorrowBKSave_Click
End Sub
```

为"退出"按钮编写如下单击事件代码:

```
Private Sub CmdBorrowBkClose_Click()
On Error GoTo Err_CmdBorrowBkClose_Click
    DoCmd.Close
Exit_CmdBorrowBkClose_Click:
    Exit Sub
Err_CmdBorrowBkClose_Click:
    MsgBox Err.Description
    Resume Exit_CmdBorrowBkClose_Click
End Sub
```

(5) 窗体运行界面如图 8.20 和图 8.21 所示。

图 8.20　窗体运行界面(1)

图 8.21　窗体运行界面(2)

9. “图书归还”窗体的设计与建立

该窗体可以实现图书的归还,若图书超期,还可以进行罚款操作。窗体的建立与“图书借阅”窗体的创建方法类似,不再赘述。该窗体的子窗体的数据源为“图书归还子窗体”,子窗体的数据源为“图书归还查询”查询,如图 8.22 所示。

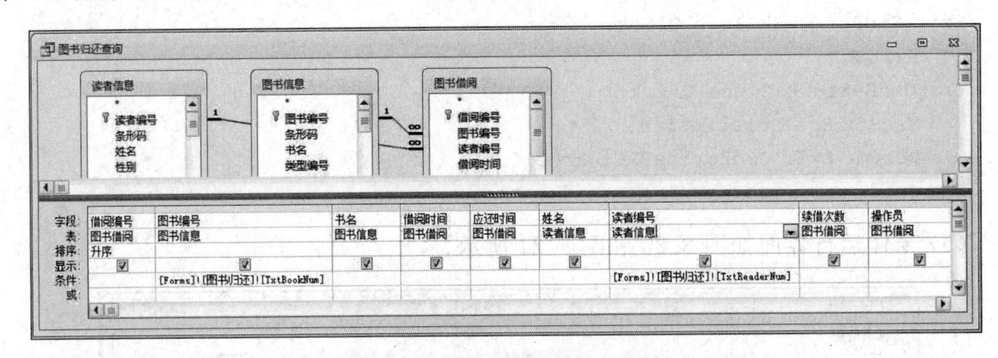

图 8.22　“图书归还查询”界面

窗体中“归还选择的图书”按钮的单击事件过程代码如下:

```
Private Sub CmdGiveBackBook_Click()
On Error GoTo Err_CmdGiveBackBook_Click
Dim Rs(5) As ADODB.Recordset
Dim StrTemp As String
Dim iTemp As Integer
Dim jTemp As Integer
Dim PenaltyNum As Single
'打开"图书信息"表
Set Rs(0)=New ADODB.Recordset
StrTemp="Select * From 图书信息"
```

```
Rs(0).Open StrTemp, CurrentProject.Connection, adOpenKeyset, adLockOptimistic
'打开"图书罚款"表
Set Rs(1)=New ADODB.Recordset
StrTemp="Select * From 图书罚款"
Rs(1).Open StrTemp, CurrentProject.Connection, adOpenKeyset, adLockOptimistic
'打开"读者信息"表
Set Rs(2)=New ADODB.Recordset
StrTemp="Select * From 读者信息"
Rs(2).Open StrTemp, CurrentProject.Connection, adOpenKeyset, adLockOptimistic
'打开"图书借阅"表
Set Rs(3)=New ADODB.Recordset
StrTemp="Select * From 图书借阅"
Rs(3).Open StrTemp, CurrentProject.Connection, adOpenKeyset, adLockOptimistic
'如果"图书信息""读者信息"和"图书借阅"表中一个为空,则退出当前子过程
  If(Rs(0).RecordCount<1) And(Rs(2).RecordCount<1) And(Rs(3).RecordCount<1) Then
      Exit Sub
  End If
   '更新"图书信息"中的"现存量"
   Rs(0).MoveFirst
   For iTemp=0 To Rs(0).RecordCount . 1
       If Rs(0)("图书编号")=Me![GiveBackBookFrm]![图书编号] Then
           Rs(0)("现存量")=Rs(0)("现存量")+1
           Rs(0).Update
           Exit For
       Else
           Rs(0).MoveNext
       End If
   Next iTemp
   '更新"图书借阅"中的"状态"
   Rs(3).MoveFirst
   For iTemp=0 To Rs(0).RecordCount . 1
       If Rs(3)("图书编号")=Me![GiveBackBookFrm]![图书编号] Then
           Rs(3)("状态")="已还"
           Rs(3).Update
           Exit For
       Else
           Rs(3).MoveNext
       End If
   Next iTemp
   '判断图书是否过期
   If Me![GiveBackBookFrm]![应还时间] . Date <0 Then
       '如果过期,则提示输入罚款金额
 PenaltyNum=InputBox("该图书已经过期,请输入罚款金额!", "输入罚款金额", 0)
       '判断输入的"罚款金额"是否为 0
```

```
        If PenaltyNum <>0 Then
            '如果输入的"罚款金额"如果不为 0,则在"图书罚款"中添加新记录
            Rs(1).AddNew
            '实现"罚款编号"的自动编号
            Rs(1)("罚款编号")="000000" & Rs(1).RecordCount+1
            Rs(1)("图书编号")=Me![GiveBackBookFrm]![图书编号]
            Rs(1)("读者编号")=Me![GiveBackBookFrm]![读者编号]
            '确定与该"读者编号"对应的"条形码"
            Rs(2).MoveFirst
            For iTemp=0 To Rs(2).RecordCount . 1
                If Rs(2)("读者编号")=Me![GiveBackBookFrm]![读者编号] Then
                    Rs(1)("读者条形码")=Rs(2)("条形码")
                    iTemp=Rs(2).RecordCount+1
                Else
                    Rs(2).MoveNext
                End If
            Next iTemp
            Rs(1)("罚款日期")=Date
            Rs(1)("应罚金额")=PenaltyNum
            Rs(1)("是否交款").Value=False
            Rs(1)("备注")="罚款没有提交"
            Rs(1).Update
            '如果实收图书归还成功,则弹出相关提示信息
            MsgBox "归还借阅的图书成功!", vbOKOnly, "提示"
        Else
            '如果输入的"罚款金额"为 0,则弹出相应的提示信息
            MsgBox "罚款金额不可为 0,请重新输入!", vbOKOnly, "提示"
        End If
    End If
    '刷新窗体数据
    GiveBackBookFrm.Requery
    '关闭记录集
    Rs(0).Close
    Rs(1).Close
    Rs(2).Close
    '释放记录集空间
    Set Rs(0)=Nothing
    Set Rs(1)=Nothing
    Set Rs(2)=Nothing
Exit_CmdGiveBackBook_Click:
    Exit Sub
Err_CmdGiveBackBook_Click:
    MsgBox Err.Description
```

```
    Resume Exit_CmdGiveBackBook_Click
End Sub
```

窗体运行界面如图 8.23 和图 8.24 所示。

图 8.23 “图书归还”窗体(1)

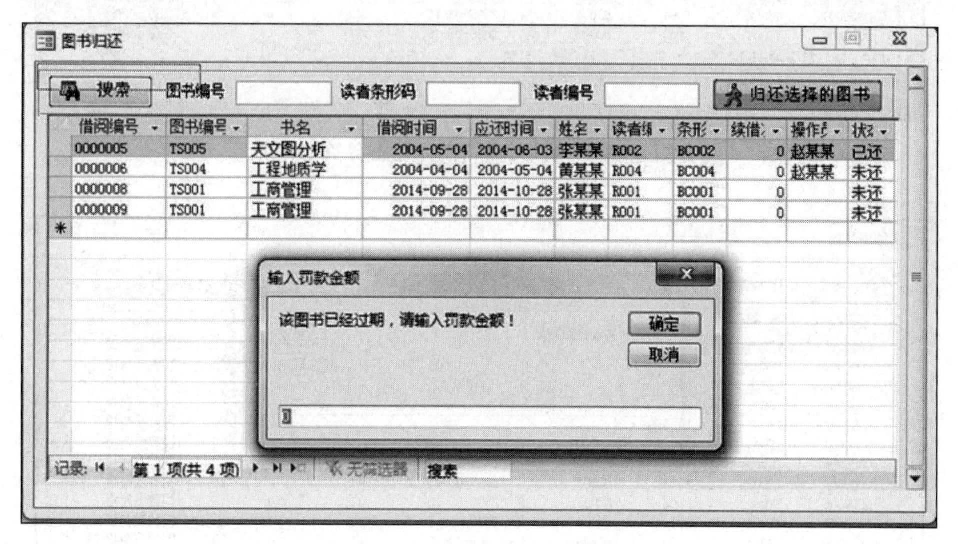

图 8.24 “图书归还”窗体(2)

10. “图书罚款”窗体的设计与建立

“图书罚款”窗体可以实现录入对逾期图书的罚款操作。需要用的查询界面如图 8.25 所示。窗体运行界面如图 8.26 和图 8.27 所示。

“收回罚款金额”命令按钮单击事件过程的代码如下：

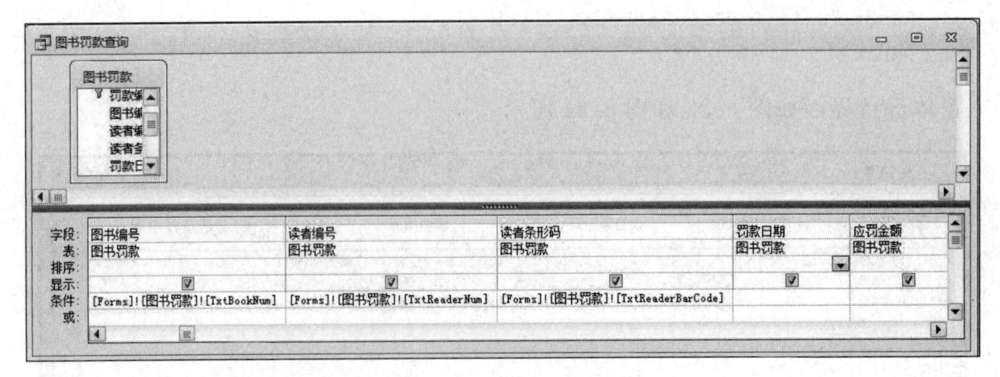

图 8.25 “图书罚款查询”界面

图书罚款

搜索 图书编号 读者条形码 读者编号 收回罚款金额

罚款编号	图书编号	读者编号	读者条形码	罚款日期	应罚金额	实收金额	是否交款	备注
00000010	TS006	R004	BC004	2005-03-15	45	0	☐	罚款没有提
00000011	TS006	R004	BC004	2005-03-15	12	0	☐	罚款没有提
00000012	TS006	R004	BC004	2005-03-15	12	0	☐	罚款没有提
00000013	TS006	R004	BC004	2005-03-15	212	0	☐	罚款没有提
00000014	TS007	R003	BC003	2005-03-15	12	0	☐	罚款没有提
00000015	TS003	R001	BC001	2013-04-16	5	0	☐	罚款没有提
0000004	TS002	R003	BC003	2005-03-15	99	0	☐	罚款没有提
0000005	TS002	R003	BC003	2005-03-15	1	0	☐	罚款没有提
0000006	TS002	R003	BC003	2005-03-15	12	0	☐	罚款没有提
0000007	TS006	R004	BC004	2005-03-15	12	0	☐	罚款没有提
0000008	TS007	R003	BC003	2005-03-15	121	0	☐	罚款没有提

记录: 第 1 项(共 12 项) 无筛选器 搜索

图 8.26 “图书罚款”窗体运行界面(1)

图书罚款

搜索 图书编号 收回罚款金额

实收金额

请输入实收金额数量!

确定

取消

0

图 8.27 “图书罚款”窗体运行界面(2)

```
Private Sub CmdGetBackPenalty_Click()
On Error GoTo Err_CmdGetBackPenalty_Click
Dim Rs As ADODB.Recordset
Dim StrTemp As String
```

```
Dim iTemp As Integer
Dim GetBKPenalty As Single
    '打开"图书罚款"表
    Set Rs=New ADODB.Recordset
    StrTemp="Select * From 图书罚款"
    Rs.Open StrTemp, CurrentProject.Connection, adOpenKeyset, adLockOptimistic
    '判断"图书罚款"表记录是否为空
        If Rs.RecordCount <=0 Then
            MsgBox "图书罚款记录为空!", vbOKOnly, "提示!"
            DoCmd.Close
        Else
            '提示用户输入"罚款金额",并把其值赋予 GetBKPenalty
            GetBKPenalty=InputBox("请输入实收金额数量!", "实收金额", 0)
            '判断用户输入的"实收金额"不为 0
            If GetBKPenalty <>0 Then
                '在"图书罚款"表查找与搜索出相同的记录
                Rs.MoveFirst
                For iTemp=0 To Rs.RecordCount . 1
                '判断"图书罚款"表中"罚款编号"值是否与窗体中对应的值相同
                  If (Rs("罚款编号")=Me![BorrowBKPenaltyFrm]![罚款编号]) Then
                        '把用户输入的 GetBKPenalty 值赋予"实收金额"
                        Rs("实收金额")=GetBKPenalty
                        Rs("是否交款").Value=True
                        Rs("备注")="罚款已经提交"
                        '跳出循环
                        iTemp=Rs.RecordCount+1
                    Else
                        '如果不相同,则转至下一条记录
                        Rs.MoveNext
                    End If
                Next iTemp
                '刷新记录
                Rs.Update
            Else
                '如果用户输入的"实收金额"为 0,则弹出错误信息
          MsgBox "输入的"实收金额"不能为 0,请重新输入!", vbOKOnly, "错误"
            End If
        End If
    '如果实收金额保存成功,则弹出相关提示信息
    MsgBox "罚款已经提交成功!", vbOKOnly, "提示"
    '刷新窗体数据
    BorrowBKPenaltyFrm.Requery
    '关闭记录集
    Rs.Close
    '释放记录集空间
    Set Rs=Nothing
Exit_CmdGetBackPenalty_Click:
```

```
    Exit Sub
Err_CmdGetBackPenalty_Click:
    MsgBox Err.Description
    Resume Exit_CmdGetBackPenalty_Click
End Sub
```

8.3.2 报表设计

本系统的“统计分析管理”模块是通过报表实现的。下面以“读者统计”模块介绍报表的设计过程。其他两个模块实现方法类似。

“读者统计”模块是按读者类型来统计读者人数的，该报表的数据源为“读者信息统计查询”，其设计界面如图 8.28 所示。

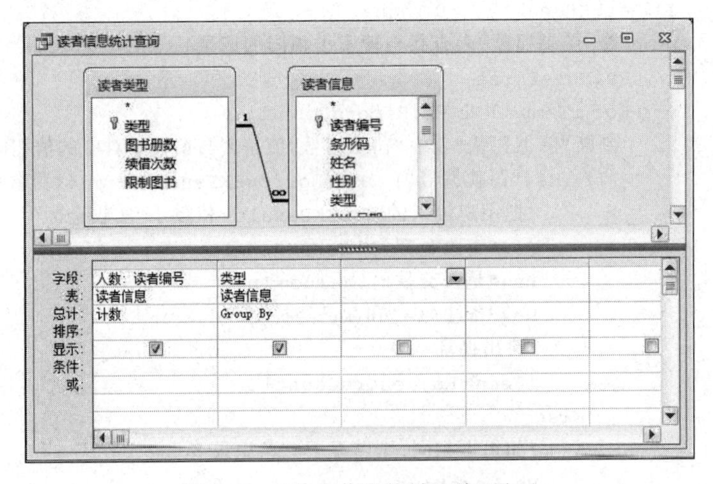

图 8.28 “读者信息统计查询”界面

该数据源只有两个字段，较为简单，可以直接选择“报表向导”方式创建报表，采用“块状”布局，其他步骤参数均为默认。报表界面如图 8.29 所示。

读者信息统计查询

读者信息统计查询

类型	人数
工人	1
公务员	1
教师	1
商人	1
学生	1

2014年10月9日　　共 1 页，第 1 页

图 8.29 “读者信息统计查询”报表界面

8.3.3 宏与菜单设计

1. 宏设计

在 8.3.1 节设计的各窗体之间的切换,主要是通过宏设计实现的。下面以“主窗体”和“基本信息管理”窗体为例,说明宏的设计和应用。其他窗体的设计类似。

右击“主窗体”的“基本信息管理”命令按钮,在快捷菜单中选择“属性”命令,打开如图 8.30 所示窗格,选择“事件”选项卡,单击“单击”事件过程后的向下箭头按钮,选择“宏命令”选项,即可打开如图 8.31 所示的窗口,在其中添加宏命令 OpenForm,参数设置如图 8.31 所示。

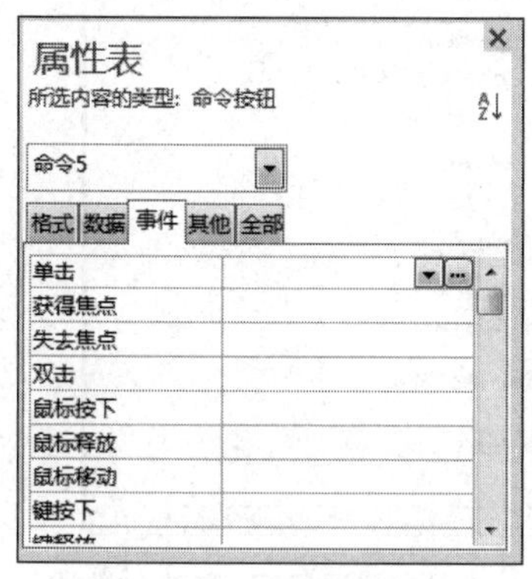

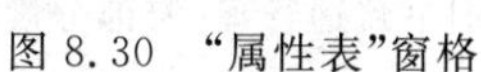
图 8.30 “属性表”窗格

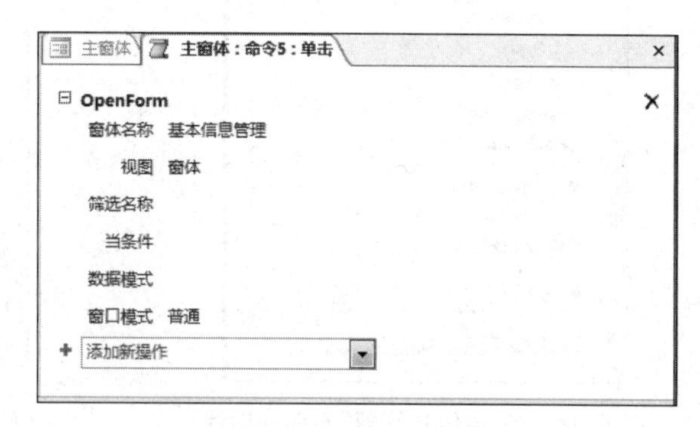

图 8.31 宏命令设计窗口

以上操作也可以通过建立宏组实现。

2. 菜单设计

一个完整的数据库管理系统,还需要添加符合本系统的菜单。

“图书信息管理系统”中共有 4 个主菜单项,分别是“基本信息管理”“图书流通管理”“统计分析管理”和“退出系统”。其中“基本信息管理”包括“读者信息管理”“读者类型管理”“图书类型管理”和“图书信息管理”4 个子菜单项,所建立的“基本信息管理”宏部分设计如图 8.32 所示。“图书流通管理”包括“图书借阅”“图书归还”和“图书罚款”3 个子菜单项,所建立的“图书流通管理”宏部分设计如图 8.33 所示。“统计分析管理”包括“读者统计”“借书统计”和“图书罚款统计”3 个子菜单项,所建立的“统计分析管理”宏部分设计如图 8.34 所示。“退出本系统”包括“退出系统”一个子菜单项。主菜单设计如图 8.35 所示。

8.3.4 系统运行

应用系统设计完成之后,需要运行系统查看结果。“图书信息管理系统”的启动窗体是“主窗体”窗体,通过该窗体来实现所需功能。选择“文件|选项”命令,在弹出的“Access

选项”对话框中的“当前数据库”选项卡中完成主窗体的设置，如图 8.36 所示。

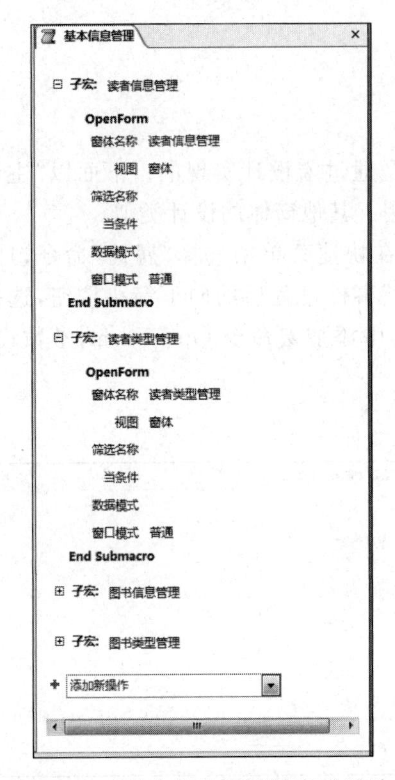

图 8.32 “基本信息管理”宏部分设计

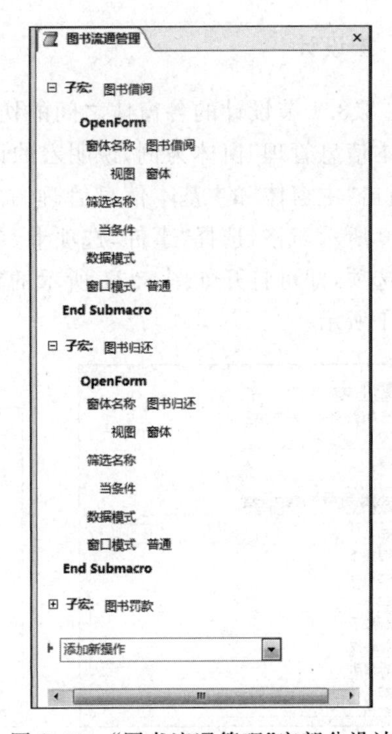

图 8.33 “图书流通管理”宏部分设计

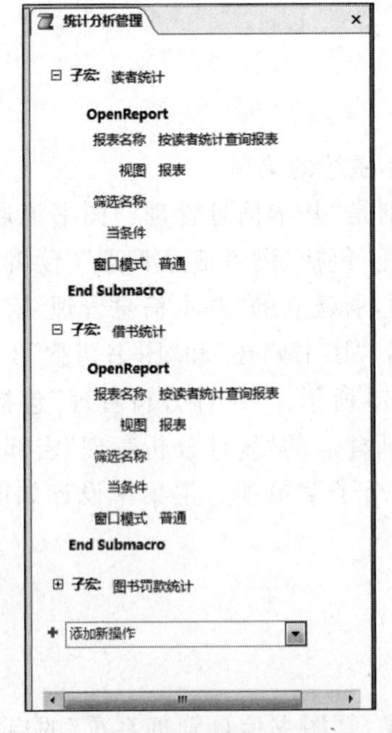

图 8.34 “统计分析管理”宏部分设计

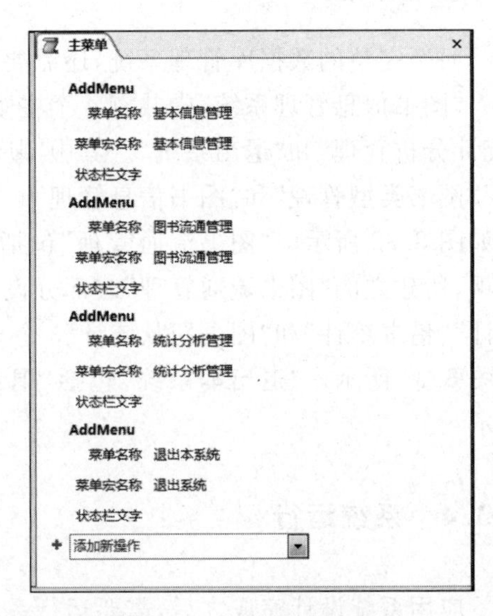

图 8.35 “主菜单”宏设计

图 8.36 “Access 选项”对话框

8.4 系统任务说明书

系统说明书是对系统分析阶段工作的全面总结，是主管人员对系统进入设计阶段的决策依据。系统说明书是后续各阶段工作的主要依据之一，它是整个系统开发工作最重要的文档之一。系统说明书应达到的基本要求是全面、系统、准确、翔实、清晰地表达系统开发的目标、任务和系统功能。系统任务说明书应该包含以下 5 个方面的内容。

一、系统功能

二、系统需求分析

三、数据库设计

1. 概念设计

2. 逻辑设计

3. 物理设计(包含数据表设计、表间关系设计)

四、主要模块设计

1. 窗体设计

2. 报表设计

3. 宏与菜单设计

五、系统开发体会

本章小结

本章以“图书信息管理系统”为例，从需求分析、数据库设计、功能实现等方面阐述了一个完整的 Access 2016 数据库系统的开发过程，也是对整个课程内容的回顾和总结，可以加深读者对该软件的用途的理解，了解系统开发的流程，培养计算思维。其中表设计是整个数据库系统设计的关键，查询和窗体使用的也比较多，较为复杂的是代码设计部分。

思考题

1. 参考本章内容，利用 Access 2016 软件开发一个“进销存管理系统”。
2. 参考本章内容，利用 Access 2016 软件开发一个“商品信息管理系统”。
3. 参考本章内容，利用 Access 2016 软件开发一个“酒店管理系统”。

参 考 文 献

[1] 王秉宏. Access 2016 数据库应用基础教程[M]. 北京：清华大学出版社，2017.
[2] 苏庆堂，徐效美，薛梅，等. 数据库应用技术[M]. 2 版. 北京：高等教育出版社，2015.
[3] 崔洪芳，李凌春，包琼，等. Access 数据库应用技术[M]. 3 版. 北京：清华大学出版社，2014.
[4] 孟强，陈林琳. Access 2010 数据库应用实用教程[M]. 北京：清华大学出版社，2013.
[5] 谭浩强. Access 数据库技术与应用[M]. 北京：清华大学出版社，2007.